山东味道

郝桂尧 著

山东人民出版社·济南
国家一级出版社 全国百佳图书出版单位

图书在版编目（CIP）数据

山东味道／郝桂尧著．--济南：山东人民出版社，2022.9

ISBN 978-7-209-13917-5

Ⅰ．①山… Ⅱ．①郝… Ⅲ．①饮食-文化-山东 Ⅳ．①TS971.202.52

中国版本图书馆CIP数据核字(2022)第117609号

山东味道

SHANDONG WEIDAO

郝桂尧 著

主管单位 山东出版传媒股份有限公司
出版发行 山东人民出版社
出 版 人 胡长青
社　　址 济南市市中区舜耕路517号
邮　　编 250003
电　　话 总编室（0531）82098914
　　　　　市场部（0531）82098027
网　　址 http://www.sd-book.com.cn
印　　装 青岛国彩印刷股份有限公司
经　　销 新华书店

规　　格 16开（169mm×239mm）
印　　张 21.5
字　　数 270千字
版　　次 2022年9月第1版
印　　次 2022年9月第1次
ISBN 978-7-209-13917-5
定　　价 68.00元

序　言

民以食为天。这是一片多么辽远、开阔、深邃的“天”啊。读完这本《山东味道》，我不由发出这样的感慨。曾经被温饱问题困扰了几千年的中华民族，终于解决了吃饭问题，而且把饮食作为一种文化现象加以研究，这是应该铭记的伟大历史时刻。

人间烟火气，最抚凡人心。在我们这个有着五千年以上文明史的农耕国度里，吃不仅关乎肚子、味蕾，还关乎故乡和乡愁，关乎精神和思想。饮食伴随着人类起源，既被人类不断完善和发展，又不断改变着人类和历史进程。美好的食物，以及食物带来的心理愉悦，成为一代代人讴歌和赞美的对象，关于饮食的描述和著作，汗牛充栋，数不胜数，但是我格外喜欢这本《山东味道》，其特点有三。

一是具有强烈的历史纵深感。全书20多万字，时间跨度近万年，从人类主食和副食的起源说起，娓娓道来，关于“五谷”和“六畜”的来历，以及在每个不同历史时期的角色转换，关于山东物产的底气和底色，关于鲁菜的发展脉络和流派，关于解决温饱之后的种种不良现象，关于山东当今饮食的特点和走向，关于文化对于饮食的重要作用……洋洋洒洒，蔚为大观。吃，是一个时代最生动的表情。作者以山东饮食和鲁菜为主要线索，既着眼中国餐饮文化的大背景，又突出齐鲁餐饮文化的独创性；既描述鲁菜形形色色的人物、故事、菜品，又把它们融汇在时代、地域和经济社会的大潮里；既有对山东本土资源优势、食材特色、风味菜系的追踪，又对外来饮食文化进入山东的来龙去脉进行梳理……凡此种种，确实像给读者端上一道复合味的中式大餐，让人大朵快颐，回味无穷，内心深处回荡着一种馨香和醇香滋味。强烈的历史纵深感，使《山东味道》拉开了和其他饮食类书籍的距离，它不表达小我的味觉，而是放眼整个世界的胃口；不仅讲述遥远的过去，更注重表现当今时代；不仅是餐饮流派、技艺和从业者的群像图，也是一幅纵贯古今的社会风情画。

二是呈现独特的思想饱满度。《山东味道》一书读来趣味盎然，且让人掩卷之后，陷入深深的思索，关键在于其思想和文化深度。作者长期关注山东地域文化，并从多个角度去研究，作品里有一种浓郁的文化气息，达到较高的思想境界。书中不仅涉及食物的历史起源、发展更迭、逸闻趣事、烹饪技巧，破译“谷豖是飨”的文化密码，更讲述山东人为中国饮食“铸魂”“塑形”的过程。通俗地讲，中国文化就是饮食文化，吃喝拉撒睡是人生的基本需求，吃被摆在第一位。中国传统文化的特征在齐鲁饮食中都有反映，如“天人合一”说、“阴阳五行”说、“中和为美”说，以及重“道”轻“器”、注重领悟、忽视实证、不确定性等等。它们都渗透在饮食心态、进食习俗、烹饪原则之中。在孔子“仁”“礼”“和”思想影响下，齐鲁饮食进入一种中和为美、敦厚平和、大味必淡的化境。外来的佛教文化等，也对齐鲁饮食产生过重大影响。另外，中国古代有四大农书，其中3本是山东人撰写的……因为有文化和思想的支撑，冰冷的历史变得有温度，形形色色的物质形态被赋予灵魂。更难能可贵的是，作者还站在现代角度，以新理念对餐饮文化中的一些糟粕和恶习进行批判和反思，指出了齐鲁饮食应该选择的方向，提出“新鲁菜”“融合菜”的概念。

三是浓郁的人间烟火气。作者从每一种食物、每一道菜品、每一个菜系讲起，以一个“吃货”的视野，带领读者来到饮食现场，聆听饮食参与者的故事，感受美食细节，使大家仿佛品尝到美味，闻到鲁菜的清香。关于前辈对于吃的追求，自己对于吃的渴望，家乡对于食物的贡献等等，用一个个故事去讲述，亲切，熟悉，生动。因为痴迷和醉心，作者对于每一种食物都有着独特的自我认识，主观感受和客观表述融为一体；作者的世界，随着对一种种食品和一道道菜品的不断认识，在扩展和提升着。在作者笔下，一个个鲁菜大师、酒店老板、小吃摊主、美食家、企业家、农学家，不仅仅是餐饮历史的创造者，也是一个个活生生的人，是自己的朋友和老师；对于由济南菜、胶东菜和孔府菜等流派构成的鲁菜，作者倾注了强烈的个人感情，认为作为“菜系之首”的鲁菜，正在以润物细无声的方式，强势归来，再度崛起，并使山东成为中国餐饮第一大省。当下坐标、百姓视角、个人情怀，成为《山东味道》引人入胜的重要原因。

当前，我国正在大力弘扬优秀传统文化，中华民族的“文化自信”空前提高。山东也正在打造“好客山东”“好品山东”和“好人山东”等系列品牌。《山东味道》成为一本讲好山东饮食故事、讲好山东文化故事、讲好山东人故事的新教材。这本书既有强烈的现实情怀、生动故事和细腻表达，甚至还有具体的烹饪技巧，又有宏阔的历史视野、理论深度和专业水准，值得一读。

山东省政协原副主席　**陈　光**

目　录

中篇　菜系之首

下篇　和美之道

上篇　鲁味之源

第一章
“谷家是飨”的文化密码

“五谷”寻根：小米和小麦的角色互换

那是我这一辈子过得最凄惨的一个春节。

我们本来计划春节回家，以父母为圆心，全家几十口人大团聚。可是，父母好像约定好了一样，在春节前半个月内先后驾鹤西去。我和大哥回到家中，满院子的人影和嬉笑均烟消云散。装满温暖记忆的家，像一个空空的壳。父母不在，天就塌了，夜晚是黑的，白昼也是黑的。褪色的春联，在寒风中瑟瑟发抖。除夕夜，我和大哥学着母亲的样子，包好饺子，打着一盏红色的灯笼，走到村东麦地里，朝着父母的坟头一声声轻轻呼喊：“爹，娘，咱回家吃饭吧”“爹，娘，咱回家吃饭吧”……可是没有了爹娘，哪里还有家啊？我们是没有爹娘的孩子了！

眼泪扑簌簌滴下来，眼前的一切变得迷惘而朦胧。暮色苍茫的麦田里，仿佛有很多人影在晃动，有很多声音在私语。他们都是急着回家和亲人们团聚的前辈吗？我们为什么不请他们回家拉家常、看电视、听吕剧、闻花香，而只是请他们回家吃饭？难道只有吃才能连接阴阳两界，打通不同时空？爹娘啊，你们回家到底想吃什么？饺子，年糕，

按照旧俗，过春节要用食品等祭奠先辈

海鲜面，小米粥……

回家之后，我和大哥一个烧火，一个下饺子。饺子熟了，先装满两大碗，摆上筷子，这是给爹娘准备的。爹娘啊，你们为孩子操劳一辈子，没享什么清福，现在可以吃一口我们包的饺子了。此刻，很多过去的场景，像潮水一般冒出来，和水汽烟雾一块儿，把我淹没了。我看到父亲在播种、收割，母亲在洗衣、做饭……我看到一株株庄稼萌芽拔节成熟，一个个庄户人像一茬茬庄稼生老病死，传承着家族、村庄和国家的根脉。

又一个春节到来的时候，我决定写写“山东味道”这个题目，不仅仅要讲述鲁菜，以及山东如何成为第一餐饮大省，还要深究其背后的文化和精神诉求。中国文化的核心是饮食，西方文化的根本是情爱。自我们的老祖宗开始，就留下“民以食为天”的思想，追求“五谷丰登，六畜兴旺”。即使进入信息化时代，山东作为一个农业大省的特征还极其鲜明，农耕文明发达，这里有非常深厚的历史因素。

我觉得，母亲就像这块土地上的一棵谷子，渺小、谦卑，但是顽强、坚韧，耐得住任何贫瘠、灾害和苦难，有一点阳光雨露就拼命生长，成熟后低下沉甸甸的穗子，给人们提供无穷的生命能量。

“有饭吃”，这么简单的几个字，却是一种文明形成的必要条件，也是打开一个区域文明演进之门的钥匙。山东是中华文明的重要发源地之一。自四五十万年前的“沂源猿人”开始，第一批山东人在泰沂山脉逐水草而居，遍尝百草，搏杀猎物，顽强生存着。约在距今1万多年至8000年前后，山东进入新石器时代。在距今9000年至3500年间，经历北辛、后李、大汶口、龙山、岳石5个时期，海岱地区形成一个连续、稳定的文化传统，由依赖自然的采集渔猎经济跃升到改造自然的生产经济，农耕和畜牧的出现成为划时代的标志。在寻找食物的过程中，先民们驯服了一部分植物和动物，发现了“五谷”。在秦汉以前的文化遗址中，山东大地上出土的农作物遗存只有6种：黍、粟、麦、稻、菽、麻，其中黍、粟、麦最为重要。

黍和粟是“五谷”之中的老祖宗，充满温暖的雌性。

黍又称“糜”，山东民间称大黄米，它是先民们从野生黍驯化而来的，大约距今1万年前就开始栽培，8000年前广泛种植。黍生长期短，耐寒耐涝，适应性强，非常适合游牧的人群在处女地上开垦种植。在粟广泛种植后，黍的种植量退居次席，却一直是山东最重要的辅助性作物。

“小米成长路线图”精准地描绘出山东新石器时代原始农业的发展轨迹：谷子古称粟、稷，去壳后山东人称之为小米。大约距今1万年前，东夷人开始在泰沂山脉的山前谷地种植黍和粟。粟由狗尾巴草驯化而成，古代称之为“莠”，至今这种狗尾巴草仍到处可见；距今七八千年的后李文化和北辛文化时期，除了狩猎和捕鱼外，原始农业唱起经济的“主角”，并发现了粟类碳化颗粒。当时在淄博临淄一带，既有旱生植物、水草及灌木丛，也有低地及水体，考古学家在遗址中分析出一些禾本科植物花粉，形态很像现在的谷子。在北辛文化时期一些窖穴的底部，也发现了粟粒碳化颗粒，这是中国北方发现较早的农作物之一。辉煌了近2000年的大汶口文化以农业经济为主，同黄河流域其他原始文化一样，主要种植的是粟。胶州三里河遗址一个窖穴出土了1立方米朽粟，说明粮食生产已有相当可观的数量。到龙山文化时期，粟和黍在经济生活中的地位更加重要。用碳十三测定古代人类的食谱表明，粟黍类在食物中的比重，大汶口文化时期为50%，龙山文化时期为70%。

商代之前，没有准确的文字记载，这些都是考古发掘的成果。考古工作者利用“浮选法”，从多处考古遗址获得大量碳化植物遗存，为探讨古代农业的形成提供了直接实物资料。据介绍，常见黍属植物的种子一般为长扁形，腹部扁平、背部微隆，长度在1毫米左右。现代黍的谷粒为圆球状，直径在2毫米左右。

殷商时期，无论干什么事都要在龟背上占卜，由此产生了中国最早的成熟文字——甲骨文。在此之前，传说仓颉造字之后“天雨粟”，就是下了一场小米雨，这当然是夸大。甲骨文里，占黍的记载108条，占稷的记载36条。周代文献有关记载更多。《诗经》492次提到动物，505次提到植物，有大量黍、稷的记载。《论语》里孔子说过一句话：“四体不勤，五谷不分”，后世儒家对此有很多解释，其中最著名的是东汉两位学者，赵岐说五谷是水稻、糜子、粟、小麦、大豆。经学大师郑玄同意后四种，但认为第一种不是水稻，而是大麻。《论语》中粟作为俸禄和赋税，出现的次数最多。黍还是待客的细粮，“丈人止子路宿，杀鸡为黍食”。《左传》里提到“社稷”这个词，社为土神，稷为谷神。稷在西周时被尊为“五谷之长”，用于帝王和诸侯祭祀，“社稷”成了国家的代名词。根据《周礼》记载，社稷坛设于王宫之右，与设于王宫之左的宗庙相对，是国家的根本所在，人民安身立命之必需。

比一滴水还渺小的小米，成为民族生命力的象征。中国古代很多事物都和“五行”相对应，“五谷”中稻属金对应肺，麦属木对应肝，豆属水对应肾，黍属火对应心，粟因其色正黄，属土对应脾胃，如中轴带动肝心肺肾的升降，而轴心的转动力就来源于谷神的运化，小米是身体的社稷之本。《老子》说：“谷神不死，是谓玄牝。玄牝之门，是谓天地根。绵绵若存，用之不勤。”谷神即生养之神，是原始的母体。万物都从这原始母体之门产生，可以说它是万物的本根，绵绵不绝，似亡实存，使用它永远不会穷尽。这就赋予“谷神”“道”的力量。有人这样说，当年八路军能够打败800万国民党军队，关键在于占据黄土高原，“小米加步枪”，应了“江山社稷”之象。这样的传说有附会之意，但是在山东民间，确实认为小米蕴藏着源源不绝的生气。小米最适合煮粥，米粒成形养阴，米汤化气养阳。山东妇女产后坐月子，每顿饭都要喝一碗热气腾腾的小米粥，喝大黄米酿造的黄酒，再加上鸡蛋，以恢复生产消耗的血气。过去每家都有很多孩子，母乳不够吃，只有用小米汤代替，喝米汤长大的孩子筋骨硬实，吃苦耐劳，这是粟之种子生生不息的表现。

“只有青山干死竹，未见地里旱死谷。”谷子不仅仅埋藏在遗址和故纸堆里，也挺直腰杆，穿越历史厚重的土壤，在现代社会摇曳着敦厚的身姿。一位老农民说，如果足够安静，耳朵贴在大地上倾听，就会听到谷子在地下生长的声音。这是一种怎样惊心动魄的旅程啊。沿着小米成长的足迹，我们会走到历史的根部。

清朝至今，我国有4个地方产的小米被称为“贡米”，分别是山东金乡小米、龙山小米，山西沁州小米，河北桃花小米。种植了30多年小米的章丘农民雷长清说：章丘区龙山街道方圆5公里是龙山小米主产地。一方水土孕育了龙山小米优良的品质：色泽金黄，性黏味香，出米率高，营养丰富。因为谷味随生长期长短而增减，所以在种植方法上，他们采取旱田春播。耕前施足农家肥，谷雨前后下种，品种以“东路阴天旱”为基础，还与山东省农科院合作研发了“龙珠一号”新品种，生长期在120天以上。无论是龙山小米还是金乡小米，都得到过大人物的赞赏。金谷小米是金乡县马庙镇的著名特产。相传当年康熙南巡私访，有一天住在金乡城西赵河边的大吴庄军马场，品尝到用当地小米熬成的稀饭，大加赞赏，称为“奇米”。新中国成立十年大庆之际，周恩来曾用金乡小米招待过中外嘉宾。美国前总统尼克松访华期间品尝过金乡小米粥，他对此赞不绝口，并将金乡小米带回美国。马庙镇现有40多个村庄种植小米，面积在1万亩以上。乾隆四次巡游山东，第二次来的时候经过章丘，当地首富献上“龙米金汤”，只见粥色金黄，粘凝均匀，表面氤氲浮着一层淡淡的米油。未曾入口，香气扑鼻，细细品味，温和绵柔，清香沁脾，余味无穷。乾隆龙颜大悦，定为“贡米”。过去，龙山小米的品种叫“阴天旱”，在阴天或下雨时，谷叶儿全像大旱时那样蜷缩起来，是一种奇异现象。还有那奇特的小米油，色如琥珀，香气扑鼻，小米中的脂溶性营养物质融入其中，非常养人。

割谷姑娘的喜悦

在距济南一个小时车程的龙山，拔起一棵谷子，就会抖落出历史的尘土。这里是龙山文化的发源地，其代表性器物蛋壳黑陶闻名世界。随着考古发掘的不断进行，这里的历史一再被提前。就在龙山文化命名地城子崖西边1000多米的龙山三村，西河遗址贯穿了后李文化、大汶口文化、龙山文化，乃至唐宋的文化遗存。在后李文化时期，这里的30多处半穴居式房屋，就分成居住、炊饮和活动3个区域。炊饮区由三组烧灶组成，烧灶由三个石支脚组成，三个支脚内有一个下凹的火塘，前面还有一个石灶门。这可能是如今农村灶台的前身。一个烧灶的上面，还残留着一个陶釜底座，考古人员从中发现粟的成分，也就是说，早在8000年前，济南先民就已经吃上小米了。距城子崖4公里的地方，还有一个焦家遗址，属于大汶口文化，发现100多处房址和200多处墓葬，在一处原始墓室中发现了一具较为完整的骨骼。根据推算，墓主身高超过1.9米，而其余墓室中身高超过1.8米的很多。专家说，这和饮食结构有关，这些人吃得又多又好，黍和粟是他们的主食。

小米滋养了一代又一代齐鲁儿女。从商代开始，一直到秦汉时期，小米都是山东人的主要粮食，后来才逐渐被小麦取代。世界各地栽培的小米，都是由中国传去的。至迟在距今4500年前，黍已从中国北方传播到中亚地区，并向西传播最终到达欧洲；至迟在距今4000年前，粟已经传播到东南亚和南亚，现在全世界小米栽培面积达到约10亿亩。

我小的时候，小米和黍子已经成为小杂粮，但仍是一种难以忘怀的味道。一是生产过程特别复杂，不说生长和收获过程的艰辛，仅小米脱粒的过程，就烦琐而细微，石碾压、石磨推，黍子还要在一种耙子上尽全力摔打。记得谷子和黍子成熟的季节，麻雀来争食，村里人就在地里扎上稻草人，但不久会被聪明的麻雀识破，我们这些小孩就会上阵，被派去看护庄稼，轰走麻雀。二是味道留在记忆深处。小米主要用于熬稀饭，也偶然用来做米饭，金黄色的小米饭口感一般，倒是烤煳了的锅巴味道奇香。大黄米有两种主要用途，包元宵和做年糕，把大黄米磨成粉，和成面，包进花生芝麻香油搅拌成的馅，在面粉里

黍子加工

滚动一会儿就成了，所以叫“滚元宵”；大黄米做的年糕晾干了，切成块状，可以放很长时间，而且黏性极强，蒸好之后拌上白糖吃，是一道难得的美味，只能在过年时吃，寓意“步步高”。

虽然小米和黍子营养丰富、味道醇香，在山东人的主食谱上延续两千年，但也有一个致命弱点，就是产量太低，满足不了人口逐渐增长的需要，这就导致一个革命性的作物——小麦出现了。

我发现一个有趣的现象：从小米、黍子、麻，到大豆、小麦、水稻，再到后来的玉米，作物随着人类成长足迹一点点增大。这也许是为了不断满足人口的增加、胃口的增大?

我与山东土生土长的小麦相遇在4600年之后。在17岁离开老家莱州到济南上大学之前，我最大梦想就是天天能吃上白面馒头。那是一种牵肠挂肚的想念。在我童年的记忆里，胃像一个空旷的大仓库，里面堆满了苞米面和地瓜干，偶尔才能见到面粉。在充满金黄色玉米的饭桌上，见到白腾腾的馒头，我的心会激动得颤悸起来。我盼望着麦子早日成熟，盼望着麦收季节的到来。

这是一个漫长而揪心的过程，在麦子成长的煎熬中，我们青涩而饱满地成长着。小麦是唯一经历过春夏秋冬四个季节的农作物。它在金秋时节播种，第二年夏天收割，中间要经历严冬酷寒、初春干旱、盛夏冰雹和暴雨，还有各种病虫害的侵蚀。我曾经吃力地拉着木制的“耧”，帮助父辈把麦种撒播在地里；春天拉着碌碡，碾压疯长的麦苗，防止它们被冻死；钻进拔节的麦田深处，拔掉一棵棵麦蒿等杂草，让小麦健康成长；麦子成熟后，又和大人一起担忧突如其来的冰雹，为倒伏的麦田流泪；要在村里找一块空地，洒水之后用碾子反复压实，开辟一处结实光洁的“打麦场”；手拿锋利的镰刀，喝着防止中暑的“十滴水”，弯下稚嫩的腰，收割小麦；脱粒后，把麦秸运回家，垛成结实的麦垛，这是要用半年的柴火。

最难忘小麦脱粒的场景，那一般都是在晚上进行，巨大的脱粒机轰鸣着，男女老少齐上阵，喊着震天响的号子，把一座座小山似的麦秸，推到脱粒机旁，再不断扔到传输带上，另一边麦粒就吐出来了。烟尘弥漫，大家像被烟雾吞没了，即使头上包着毛巾，麦芒也能轻易刺透，全身红肿奇痒……我最拿手的活儿是拾麦穗。一个人在收割之后的寂静原野里，蹲在地上，一步步向前挪动，把大人遗漏的麦穗，一颗颗捡起来，再打成捆，送到生产队里，会换来父母赞许的眼神和馒头的奖赏。

我喜欢站在五月的田野，看麦子从油绿、鹅黄变成金黄。成熟的麦子仰着钢针般的麦芒，像一束束炽烈的火焰，农人的眼睛被点亮了，心肠被温暖了。许多诗人都喜欢写麦子，写麦田里的农人。一望无际的麦浪，在纯净的阳光里翻滚，扬起醉人的馨香。这馨香进入生命与意识的深处，使每一个从麦田里走出的人都带着这股香味。

一棵小麦，一个孩子，一个物种，一个民族，是否都有同样的成长史？

世界有4个农业起源中心区，即西亚、中国、非洲北部和中南美洲，水稻、大豆、谷子、糜子等重要农作物起源于中国。按照传统说法，小麦的故乡在西亚，诞生于1万年之前。距今8500年至7500年之间，小麦在当地已经相当普及并陆续向欧洲、北非和中亚等地扩散。最早的驯化小麦是一粒小麦和二粒小麦，传播到伊朗后，再与当地的山羊草杂交，慢慢进化成今天普遍种植的六倍体小麦，也称之为“普通小麦”或“面包小麦”。通过分析国内出土早期小麦遗存的考古遗址分布状况，中国社会科学院考古所研究员赵志军得出结论，小麦传入中国有3条路线：主体为北线的欧亚草原大通道，中线为河西走廊绿洲通道，南线则是沿着南亚和东南亚海岸线的古代海路。在处于草原大通道最东端的山东多处龙山文化遗址，发现了中国最早的小麦遗存。考古学家在聊城校场铺、胶州赵家庄、日照两城镇和六甲庄四处遗址发现碳化小麦遗存，绝对年代在距今4500年至4000年之间。其中胶州赵家庄遗址发现的小麦遗存最具代表性。碳十四测年结果显示，这里的小麦遗存年代距今4450年左右。山东，是中国最早种植小麦的地方。

春秋战国之前，先民的主食仍以小米和黍子为主。汉代小麦种植面积日渐扩大，并推广到南方。中唐以后，粟麦轮作推广，小麦逐渐取得与粟并驾齐驱的地位。到宋代，虽然中国主粮为粟、麦、稻，但相对地位发生重大变化，山东的小麦生产消费已远超小米，形成中国“南稻北麦”的农作物生产格局。和西方烘烤的面包传统不同，馒头是中国蒸食传统的代表，和面条一样深得人心。

在西方，小麦被视为“神下凡的时候留给人间的粮食”，它为什么选择首先在山东落脚？这得从山东历史说起。最早的山东人被称作“东夷人”，“夷”字宛如一个身躯高大的猎人，将“弓”背负于“大”人的身上，这是一个游猎民族的文化符号。经过从后李文化到岳石文化5000年的发展，东夷由原始社会向阶级社会转变，到大汶口文化中晚期和龙山文化时期，山东原始农业已经相当发达。据《竹书纪年》和《后汉书》东夷传记载，夷有九种。在古代，九是“数量很多”的意思。东夷人的领袖很多，其中以太昊、少昊、蚩尤、大舜最为著名。太昊和少昊存在于大汶口文化中晚期；蚩尤崛起在大汶口文化晚期和龙山文化早期；而大舜创造了龙山文化的巅峰。伏羲和少昊可能是同一个人或者部落，他教人结绳为网，捕鸟打猎，并发明了八卦。据《阳谷县志》记载，阳谷是伏羲教民种谷之地。从少昊开始，东夷人正式以“鸟”为图腾，设有24个大的部落，它由“五鸟”“五鸠”“五雉”“九扈”组成，形成“凤”的信仰。到蚩尤时期，东夷人势力不断壮大，并沿黄河西进，发生涿鹿大战，炎黄得胜，蚩尤大败，死后被东夷人奉为“战神”，成为齐地八神之一的兵主武神。大舜成为东夷最后一个部落领袖，“舜耕历山”，他亲率东夷人大力发展农业、畜牧业、渔业和制陶业，东夷族人口激增，社会发展，文化繁荣……

小麦就是在这一背景下，开始在齐鲁大地上繁衍生息。

大舜时代，炎黄和东夷集团的关系日趋缓和，组成一个庞大的部落联盟，共同创建了最初的华夏文明。尧舜之际，东夷和炎黄的领袖可以轮流担任部落联盟领袖。尧是炎黄族，舜是东夷人，尧却把自己的位置禅让给舜。在一部关于大舜的传记上，记载着尧携舜巡视，看到“菜花绽放，麦子初黄”的景象。舜又把位置禅让给炎黄族的禹。约在4000年前，禹的儿子启夺取王位，改变了部落时代的禅让制，开了世袭制的先河，建立起我国第一个奴隶制社会。东夷人此时进入岳石文化时期，还基本不是夏王朝的势力范围。

《尚书》里有一篇名著《禹贡》，记录了大禹治理洪水、划分九州的故事，并概括介绍了九州的山川、地形、土壤、物产等情况。其中有一篇介绍青州的文章说：渤海和泰山之间是青州。嵎夷治理好以后，潍水和淄水也已经疏通了。那里的土又白又肥，海边有一片广大的盐碱地。那里的地是第三等，赋税是第四等。那里进贡的物品是盐和细葛布，海产品多种多样。还有泰山谷的丝、大麻、锡、松和奇特的石头。莱夷一带可以放牧……

夏朝之前，山东半岛是莱夷人和嵎夷人的天下，后来有莱子国和莱国出现。今天，山东还有莱州、莱阳、莱西、蓬莱、莱芜、徂徕山、莱水、胶莱河等地名的存在。这个“来”字背后，就有着深厚的小麦背景。

“来”代表小麦。在甲骨文里，它是一棵麦子的形象，上部是穗，中间两侧是叶子，下面是根；而“麦”字的写法，是在“来”下加了一只脚趾朝下的脚，也就是倒写的止，表示来去的意思。这个加了一只脚趾的“麦”字，金文里脚印写在旁边，小篆又回到下面，隶书后不断楷化就有了“麥”字，简化以后就是今天的“麦”字。本来代表麦子的“来”，“承用互易”变成到来的“来”。

在这般变化中，我们会发现一个事实，中国最早种植小麦的是东夷莱人。一个叫叶桂桐的大学教授说，莱州是中国最早种植小麦的地方，以此形成的麦作文化是莱州最具特色的代表性文化。

叶桂桐曾经师从钟敬文、张紫晨教授，他从《诗经》《卜辞》《说文》等古文献典籍以及当代学者的研究成果中发现，古代的莱族人，国家叫“来国”，即“莱子国”，是他们首先发明了种植小麦的技术。

麦田里劳作的人们

郭沫若认为，以“莱”作地名的，即为“来”。这就是“莱州”得名的原因。据著名学者王献唐考证：“莱人首先发明麦种者，亦即原始之农业民族。”他在《炎黄氏族文化考》一书中说：莱人为神农氏后裔，是从西部迁徙来的。《诗经》有“贻我来牟，帝命率育”句，明代的理学家朱熹注为“来，小麦；牟，大麦也”，大意是“留给我们小麦大麦，让我们用于种植，养育生命”；《说文》称“来”“象芒束之形。天所来也，故为行来之来。”徐灏注笺：“来本为麦名。”李孝定的《甲骨文集释》认为，“来”“麦”在甲骨文中是一个字。

《禹贡》里提到的“莱夷作牧”，还有另外一层含义，就是莱夷大力发展农业，种植大麦和小麦。“牧”其实就是“麦”。没有文字的年代，历史靠口口相传。牧、牟、麰、麦的读音相同，可以互相借用。至今在烟台一带，麦还读成“沫”。有相关文献分析，汉代以前，中国普通小麦的主产区在齐鲁大地，而不是中原和关中地区。战国以来，小麦主产区才由黄河下游向中游扩展。

出土文物可证，莱国是莱夷所建的商、周时的诸侯国。莱国都城在今龙口市兰高镇境内。进入商周时期，莱夷无论是种植业、鱼盐业、矿冶业，还是麻丝纺织业、交通业等，都很发达。姜太公封齐以后，齐国与莱国多次发生战争。公元前567年，齐国灭莱。

这种“小麦基因”，也延续到齐文化里。

齐国同莱夷一样，与麦文化有关。关于“齐”字的来源，学术界观点有三种：第一，“齐”之得名与天齐渊有关。临淄有天齐渊而叫“齐”。在古代，“齐”与“脐”相通，“天齐”就是天的肚脐和中心；第二，“齐”之得名与小麦和农业种植有关。《说文·齐部》记载：“齐，禾麦吐穗上平也。象形。”从甲骨文和金文“齐”字字形分析，很像小麦吐穗的形状；第三，“齐”之得名与弓箭和尚武习俗有关。“齐”字在甲骨文和金文中，很像三枚箭头，齐地是崇尚弓箭的东夷人所居中心之地。

叶桂桐认为：莱州有小麦种植的悠久历史，从而形成一系列的社会活动和风俗习惯，造就了富有特色的麦作文化。这又可以反证古莱州是中国麦作文化的发源地。

龙山文化时期，山东地区五谷齐备，除了麦子外，稻作农业也广为扩散。鲁西北仍坚守着粟黍的阵地，鲁东南出现了以种植水稻为主的稻作区，胶东半岛则粟稻混作。

少年时期，我偶然吃过几次米饭。那种糯糯的感觉，引发了我对江南水乡的无限想象。考古发现证实，距今1万年之前江浙一带把野生稻驯化成水稻，并以长江中下游为起点向外扩展。在距今大约5000年至4000年左右，水稻推进到黄河流域。夏商周时期，栽培区域进一步扩大，基本形成中国古代水稻分布的大格局。

2019年底，山东烟台宣布了一个消息：距今五六千年前，烟台就有了水稻。水稻种植历史由此提前1000年。这是山东和日本考古工作者联手对烟台大仲家遗址发掘后得出的结论。在这个遗址的大汶口文化陶片中，共检测到植物种子157粒，其中包括水稻、粟、黍等农作物种子；在龙山文化陶片中检测到包括黍、野生粟等的植物种子。

其实水稻北向传播的历史应该更早。济南长清有一个后李文化末期的月庄遗址，距今约8000年。其中2个灰坑内，集中发现了28粒稻子，其他灰坑也有发现，可能是刚刚驯化成熟的野生稻。这是一个重大事件，说明人类已经把野生稻带出它的野生祖本分布地。大汶口文化时期，海岱地区的稻作农业开始发展，但稻作遗存发现不多，加上王因遗址的水稻花粉资料和陵阳河、小朱家村的人骨碳十三食谱测定，达到8处。之后，山东地区的水稻种植一直在增加。龙山文化时期，海岱地区水稻大发展，水稻遗存地点数量明显增多，遍及海岱大部分地区；不仅发现了炭化稻和稻壳、稻茎、稻叶的印痕，还发现水田遗迹。到距今4000年前后，水稻种植在齐鲁大地达到顶峰，与粟和黍几乎平分秋色。日照两城镇龙山文化遗址出土炭化种子570粒，包括稻谷、粟及少量黍和小麦。日照人的主要食物来源是种植的水稻、粟、小麦和大麦，其中以水稻为主。据传说，大禹治水后曾经有组织地在黄河流域推广水稻种植。

从汉代开始，南方水稻大规模栽种与北方小麦种植显著增长，一起改变了早先的作物种植格局，稻、麦上升到谷子之上。唐宋之后，水稻成为我国最重要的农作物。

我上大学的时候，每个月发的饭票里有两三斤大米，都被南方同学兑换走了。他们是“大米胃”，而我是“玉米胃”“小麦胃”。大学毕业到西藏工作之后，我用近半年时间，忍着火烧火燎的胃酸，彻底把自己的胃改造得兼容大米，实属不易。再回到山东，我发现米饭已成为山东人稀松平常的主食，而且都是山东产的大米。山东大米生长周期长，有韧性，味道特别香甜。

最吃香的是鱼台大米。20世纪八九十年代，送朋友几斤鱼台大米是很像样的礼物。鱼台就在微山湖边上，大运河穿境而过，河流和池塘星罗棋布，非常适合稻类生长。这里曾发现过一处龙山文化遗址，叫栖霞堌堆。堌堆顶8米以下发现穿孔石斧、石镰等磨光过的农业工具。当地的汉墓里也曾发现过稻谷的遗存。明清时期，鱼台大米被列为贡赋，在文庙祭祀孔子等先贤时，普遍用“稻”作为祭品。20世纪60年代初，鱼台“稻改”，变成“夏季小麦翻金浪，秋季一片稻谷香”的南国水乡。杂交水稻之父袁隆平曾经给这里题过“江北米镇”的牌匾。2008年“鱼台大米”成为地理标志产品。

济南和滨州之间有一条60公里长、15公里宽的“黄金米带”，自明清时期开始种植黄河大米。1958年，毛泽东到济南视察北园人民公社时说，可以尝试引黄灌溉，种大米。20世纪60年代“稻改”后，一些人在黄河边尝试种植水稻，产量很低，他们带着大米走街串巷，为了换一口别的粮食吃。黄河两岸土壤中富含钙、镁、铁；昼夜温差大，

稻花飘香

大米蛋白质积累多；盐碱地赋予大米先天的碱性，煮饭时香味十足，这一切，造就了“晶莹剔透、软筋香甜”的黄河大米。目前，黄河大米遍地开花，让人难辨真假。

临沂有一种“塘崖贡米”，是临沂三大宝之一，素有“沙沟芋头孝河藕，塘崖大米香满口”的美誉。这种俗称“水牛皮”的水稻，产于罗庄区西高都街道大塘崖村，有1000多年栽种史，自唐代该地所产大米多被官府征收。村西北有一个月牙状“塘圈”，面积不足1000平方米，是真正产塘米的地块。此处地势低洼，长年湿润，土质黑黄、性温，干燥后的土块，坚硬难摧，水泡数日仍保持原形不变。该处泥土中含有大量稀有元素硒，可使酶活性化，促使基因的形成和转化，这造就了大米香味浓郁和黏性极强的特点，所谓“一家煮米四邻香，四邻煮米香全庄”。它可以用来制作粽子、汤圆和年糕，粘润滑腻，劲道十足。

在“五谷”之中，大豆更像山东人。山东德州的企业家刘锡潜认为，中华民族是“大豆民族”，大豆可以提供人类成长的所有营养和能量。大豆基因造就了温和、驯顺、包容、守成、坚韧的民族性格。

大豆也称黄豆，古称“菽”。中国是世界公认的栽培大豆起源地，现今世界各地的大豆都直接或间接从中国引进，并且保留了“菽”的语音。它是老大，但是从不骄傲；它营养丰富，号称“植物肉”，富含蛋白质、脂肪、维生素和矿物质，蛋白质含量比禾谷类高六七倍；它是主食却又兼着副食的功能，可以制作成豆腐、豆浆、豆干等各种豆制品。大豆根部有一个独特的根瘤，既能为自身提供养分，又能固氮肥地，可以与粟麦倒茬轮作、间作……胶东的大豆就常在玉米地里间作，每隔一段距离，高高的玉米地就会有几垅大豆，并不怕玉米遮挡阳光。

正因为这样，后来“菽”字被古代的礼器“豆”替代。在篆字中，“菽”像豆类在生长；而“豆”在甲骨文中就有，像一个有盖的高脚盘，它用于盛装祭祀、进献的谷物或者肉食。秦汉以后，“豆”字逐渐代替“菽”字。

山东是我国最早种植大豆的地区之一。因为大豆富含脂肪，碳化后不易长期保存，所以出土实物不多，山东从月庄遗址一直到龙山文化时期的两城镇遗址，都发现了碳化的大豆。据相关专家认定，黄河下游的豆类遗存，从距今9000年至4000年一直存在，而且豆类开始从尺寸上分为大小两组，暗示着野生大豆和栽培大豆共存。《史记》记载，轩辕黄帝时已种菽。甲骨文卜辞里也有菽。《诗经》中有“中原有菽，庶民采之”“采菽采菽，筐之筥之”等诗句。《夏小正》中说：“五月参见初昏大火中，大火者心也，心中种黍菽时也。”西周、春秋时，大豆成为仅次于黍稷的重要粮食作物。战国时，大豆与粟同为主粮，但栽培地区主要在黄河流域，长江以南栽种不多。两汉至宋代以前，大豆种植除黄河流域外，又扩展到东北地区和南方。

山东人和大豆的密切关系，有两件事可以作为生动的例子。

一是山东地区肯定有野生豆类存在，这是栽培大豆的祖先。野生大豆植株秀美，花色艳丽，茎叶细软，豆小而黑，酷似黑豆，尤其喜欢和芦苇一起生长。祖先逐步把它驯化成栽培植物。《史记》记载："武王已平殷乱，天下宗周，而伯夷、叔齐耻之，义不食周粟，隐于首阳山，采薇而食之。"商周时期，孤竹国的伯夷叔齐反对商末暴政，也反对武王灭商，就在北海边的首阳山隐居。他们不吃周朝的粮食，采薇而食。采薇时还唱着歌。"薇"是一种野豌豆，属于一年或者两年生草本植物，开紫色的花，能结出大约1寸长的豆角，一个豆角里有五六个种子。据当地人传说，一个上山挖野菜的妇女遇到伯夷叔齐，告诉他们这里的树木和野菜也都属于周朝，二人听说之后，"薇"也不吃了，饿死在山上。

二是山东曹县人氾胜之，在西汉末年写出中国最早的一部农学专著《氾胜之书》，该书记载了粟、麦、豆等13种农作物的栽培技术，奠定了中国传统农学作物栽培总论和各论的基础，其写作体例也成了中国传统综合性农书的重要范本。氾胜之提出农业丰收12字诀："趣时""和土""务粪""务泽""早锄""早获"。对于农时的选择，他认为要适时，不能太早也不能太迟，"早种则虫而有节，晚种则穗小而少实"。他提醒农民要"早获"，指出大豆要在"荚黑而茎苍"时收获，等到豆粒掉落时，就会遭受损失。"谷帛实天下之命"，氾胜之有明确的备荒思想，提出以大豆和稗草作为备荒作物，要求农户家庭根据人口确定大豆种植面积，每人以五亩为宜。

最后再简单说几句"麻"。记得我小时候生产队种植过，植株有两三米高。我们在里面捉迷藏、玩游戏，在大麻成熟之后，偷偷剥下皮来，自己制作成鞭子，抽在身上生疼。秋天收获麻秆之后，生产队会挖几个大坑，把麻秆扔进去，泡很长时间，直到臭不可闻才捞上来，制作成各种不同的绳子，可以纳鞋底，也可以搓成缰绳，用处很多。在古代，它是庶民布衣的主要原料，麻秆可以为薪烛。除此以外，麻子也是粮食的一种，周人将麻与禾麦并称，说明麻很受重视。

我老家的村庄叫“麻渠”，大概祖先们在一条水渠边上种过麻。我也吃过麻子，有一种芝麻的焦煳香味，好像至今还残存在味蕾里。

故乡的“五谷”，是否已经离我们越来越远？其实，故乡永远跳动在我们的口腔里，成为我们精神和躯体的一部分。我用味道重温着故乡。

“六畜兴旺”：猪为首，还是马为首？

2015年盛夏，山东举办国际历史科学大会。这个世界级盛会第一次走进亚洲。山东为什么能取得主办权？五年前的大会上，山东的申报材料很过硬，其中章丘西河遗址出土的一只陶猪，更是以其古朴造型和神秘美感征服了评委们。

后来我看到过这只“八千岁”陶猪的模型，非常抽象：一个圆长的身子，黑褐色，尖尖的头部，有管状物戳刻而成的眼睛、鼻子，双耳是用手捏出来的。它诞生于后李文化时期，看来早在8000年之前，东夷人已经开始驯养猪了。

几千年来，我们祖先最大愿望是“五谷丰登，六畜兴旺”，这“六畜”就是马牛羊鸡犬豕。“六畜”在新石器时代末期已经全部驯养成功，其概念始见于2000多年前春秋战国时代的文献。豕（以下称“猪”）、犬（以下称“狗”）、鸡常见于新石器时代文化遗址，与定居的农业生产方式相关，是东亚独特的家畜；马、牛、羊多见于青铜时代文化遗址，与游牧生活方式有关，为欧亚大陆所共有。“六畜”之中，狗和猪是中国最早驯养的家畜。狗的历史比猪还要长久，在旧石器时代，人们以采集和渔猎为生，狗从狼开始慢慢进化，依靠机敏、忠诚的特性，成为古人狩猎的好帮手。在世界范围内，四大农业起源中心都发现过狗的身影。在我国，到周代人们把狗分为三类，分别用于打猎、看家和食用。汉唐盛世，还用于娱乐。到明清更是出现了很多新品种。山东胶州三里河和大墩子龙山文化遗址发现了用于祭祀和陪葬的狗……

憨态可掬的猪，是中国农耕文明的一个代表性符号。它后来居上，抢了风头。

我们小时候能见到的肉类主要是猪肉，而且不能经常吃到。胶东在山东是富裕地区，一年也就在婚庆、盖房、大年除夕等重要节点，吃上几顿带肉的菜。肥肉最受百姓喜欢，炼出的油可以炒菜，用猪油炒的菜特别香，炼油之后剩下的油脂渣，能放很长时间不变质。家里炒一碗瘦肉，可以做一桌菜。每年最丰盛的一顿饭是除夕夜，再穷的人家，也要准备几个菜，有肉，有鱼，有鸡，甚至连小孩也可以喝酒。给我留下最深印象的，就是一大碗肥猪肉片，十几片，足有拇指那么厚，肥得流油，我一个人能吃好几块。所有这些菜，连汤也不能倒掉，而是要留着，直到全部吃完……

为了把猪请到我们的餐桌上，祖祖辈辈奋斗了最少8000年。

家猪的祖先是野猪。野猪是一种极为凶猛的动物，头颈部粗大，嘴长而有力，长长的獠牙是攻防兼备的武器，身体后部略细。野猪是杂食性动物，经常跑到东夷人驻地寻找食物，人们了解它的习性后，就开始慢慢驯养。距今9000多年前，在河南舞阳贾湖遗址出现了家猪。山东后李文化遗址中，发现猪的遗骸最多。又经过2000年的漫长时光，到大汶口文化时代，野猪被驯化为家猪。比起健美的野猪，家猪体态臃肿，头部和嘴大为缩短，犬齿退化，屁股则越来越大。

当时，山东是养猪业最为发达的地区。一是以猪为主的家畜，成为人们主要的肉食，也是财富的象征。据称，猪肉占当时肉食总量的70%—90%。在大汶口遗址中，1/3以上的墓葬有猪随葬。在一次对大汶口遗址的挖掘中，43座墓中出土猪头骨96个，其中一个双人墓里有14个大猪头，其他墓里也有幼猪和一两年以上的大猪。另外还

山东省博物馆里的兽型壶，灵感可能来自猪

发现了一批猪下颌骨、猪蹄骨，甚至发现了4件盔形器，并且和猪头放在一起，这可能是烹食猪头的大型炊煮器。胶州三里河遗址用猪下颌做随葬品的墓有18座，最少的两块，最多的达37块。二是东夷人不仅养猪、吃猪，也把猪的形象融汇到生活用品和艺术品之中。山东省博物馆珍藏着一件兽形壶，像一只可爱的小猪。它大约20多厘米高，通体施红色陶衣，两只耳朵耸起，拱鼻，头部仰起，短尾上翘，尾根一筒形口，背部有一个提手。它是一件盛水或者酒的器具，从尾部注入，从嘴里倒出。这件红陶兽形壶嘴部的张开角度、背部提手的造型设计，已超越对动物具体形象的模仿，而是一种出于实用性的创作了。从造型可以看出，先民们已掌握动物各部位的比例结构和体形外表，并能够进行艺术的抽象和升华。胶州三里河遗址出土了一件猪形灰陶鬶，整器呈猪形，四肢缺失，外表呈灰褐色，类似猪皮的颜色。头部粗短，双耳上翘，嘴两侧微露獠牙。猪身肥胖，脊背平直，圆臀上安有较高的器口，与猪的身体相通，背部有扁圆的横把手，臀部有上翘的短尾巴。

猪在山东先民的生活中越来越重要，它在甲骨文中留下很多踪迹。古人根据猪的外形，把猪称为“豕”，在甲骨文里它像一只直立起来的黑猪，大腹便便，四个蹄子，还有一个小尾巴，非常生动形象。定居才有家，有了家才能养猪。人们追杀猪就是“逐”，猪的身后跟着人类的脚印。追近后手持叉去制服野猪即为“敢”……

猪的大脑结构和人类似，一些重要器官和人类几乎一模一样。其在生理结构和社会行为方面的复杂性，决定了猪的独特性。在中国几千年的农业文明中，猪能够脱颖而出，成为最重要的家畜，原因大致有三：

首先因为猪是杂食动物，五谷秸秆、谷壳，人类弃之不用的食物，野生的杂草，都能成为它的美食；圈养的家猪不像牛羊需要一片草场，它只需要一个很小空间，非常适合农业民族；它生长速度快，繁殖能力强，母猪一年可以产仔两次，每次产数只，半年到一年就可长成，而牛羊每次只能生产一只；它是把碳水化合物转化为蛋白质和脂肪效率最高的动物之一，每吃100磅饲料，大约能长20磅肉，而牛吃同样的饲料约长7磅肉，以每卡饲料所产出的热量看，效率是牛的3倍多，是鸡的2倍多。

其次，因为猪粪改良了土壤，为作物生长提供了充足养分。山东地区没有大面积的草原，无法采取类似欧洲的轮作法，不能以草来维持土地肥力。年年耕种不止，地力下降在所难免，只有靠施肥来维持。在没有化肥的岁月，牲畜的粪肥是最好的肥料。猪粪中氮、磷、钾含量高且比例适中，肥效全面。而且猪粪是速效肥，可以直接施到地里，适用于各种土壤和作物，不像牛马粪要经过发酵才能施用。养的猪多，猪粪就多，粮食就增产，形成一个可持续的良性循环，由此支撑了中国几千年的农耕文明。

再次，是因为历史的沉淀，数千年来，猪几经沉浮，成为中华民族重要的精神文化符号之一。几万年前，在先民眼中，猪是勇敢者的象征，形成古老的猪崇拜现象，猪的形象被刻在各种陶器上，日用品也被做成猪的模样。甚至有学者认为，猪最终演变成甲骨文中的“龙”。四五千年之前，猪开始用于祭祀，占所有祭祀动物的80%以上。最晚到春秋时期，官方建立起固定的祭祀用牲制度，皇帝祭祀社稷使用三种动物，名为“太牢”，猪是其中之一。古诗词中多次提到猪，《诗经》里有“有豕白蹢，烝涉波矣”“执豕于牢，酌之用匏”的诗句。猪安分守己，憨厚老实，象征善良忠厚；体质丰厚，体态圆润，体现财富和富足；性格温顺，生活恬静，正是世人追求的境界。在民俗中，猪是纳福消灾的象征。在农村，一头猪就是一个家庭最主要的经济来源之一。

在山东几个博物馆里，我看到过汉代出土的陶制猪圈，或是绿釉的，或是陶土的，或是青瓷的，都非常精美。一个个典型的农家四合院里，有正房、仓房、门房等，院落一角有一个厕所猪圈的混合体。如果是两层的建筑，正房一侧上层是厕所，下层则是猪圈；如果是平层建筑，则茅屋内有蹲坑，侧壁有洞，有些洞大得可让猪进去进食，有些洞口比猪头小，可能仅供收集猪排泄物作肥料。据说春秋时期的《国语》里有“少溲于豕牢”的记载，“豕牢”就是养猪的厕所，让猪直接吃掉人拉出来的粪便。汉代称之为“溷轩”。陶猪圈模型是汉代墓葬中最常见的明器之一，反映了汉代“事死如事生”的厚葬礼俗。

居住在这种肮脏地方，猪陷入一种困境。一方面，秦汉时期养猪业大发展，家猪数量急剧增加。汉代以前，猪主要靠放牧，汉代家养和圈养两种方式并存。养猪专业户出现了，他们以猪致富，《史记》称“羊彘千双，比千乘之国”，饲养很多羊和猪，富裕程度相当于一个“千乘之国”。皇帝和贵族平时佩戴把玩玉猪，死了还用陶制猪圈殉葬。另一方面，猪的地位莫名其妙地急剧下降。曾经非常神圣的猪，被安排在厕所旁边，陷入狭小、逼仄、臭气熏天的环境，把人类的排泄物吞咽下去，把鲜美的肉贡献出来。这种猪厕西汉时从山东和江苏发源，随后普及到全国。也许因为当时征战需要骏马，耕地需要黄牛，猪的地位降低了。秦始皇出巡时，警告私通的人“夫为寄猳，杀之无罪”，公猪被戴上“随意交配”的帽子；汉高祖的皇后吕雉将反对自己的人断手断脚，扔进厕所，并命名为“人彘”，就是人形的猪……

从魏晋开始，因为游牧民族迁入中原，一直到宋朝，羊肉取代猪肉900年，成为主要肉食。《洛阳伽蓝记》说“羊者是陆产之最”“羊比齐鲁大邦”。到宋代，每天有上万头猪运进首都汴梁；苏东坡等文人开始吃猪肉，在杭州修筑苏堤时，他还用此犒劳民工。明清时期，人口剧增，土地开发殆尽，马牛羊的养殖受到限制，猪再次成为国人消费量最大的肉食。可是猪的形象似乎还没改变，《西游记》里，猪八戒成为好吃懒做、好色懦弱的象征。猪还是一直委屈地在厕所里生存。

徒河黑猪体验店里的“猪神”塑像

直到20世纪末，山东农村的厕所和猪圈还是连在一起的。院子一角，有一个很大的粪坑，一边是人方便的地方，另一边是猪圈。为了去掉臭气，人们会定期撒上草木灰、杂草、谷壳，让猪践踏，混合上猪粪，就成了最优质饲料。每当深耕土地之前的一段时间，农人们会把积攒一年的粪肥挖出来，再运到地里。这是重体力劳动，需要精壮汉子来完成，他们光着脊梁，拿着粪叉，穿着雨靴，挥汗如雨。主人家需要好酒好菜伺候，生产队记最高工分。那时候，整个村庄弥漫着一股猪粪的味道……

养猪的模式延续了2000年，杀猪竟然也一样。我记忆中的杀猪，一般都是在春节之前，腊月“二十八把猪杀”，养肥了猪的人家，在这一天把猪五花大绑起来，抬到大队部旁边的屠宰场。这里有一个笨重的木头架子，还悬挂着一排刀具斧头，寒光闪闪，令人胆寒。屠夫是一个眼睛有点歪斜的高个子男人，眼睛里露着凶光。等几个壮汉把肥猪抬到木头架子之上，他们七手八脚地尽全力按住猪，屠夫在猪脖子上蹭几下锋利的尖刀，然后拿着一根粗重的木棍，对准猪耳朵后面狠狠抡下去，拼命挣扎的猪一下子伸直了四条腿。说时迟那时快，屠夫敏捷地把刀子捅进猪脖子里，暗红色的猪血，喷溅出来。下面接着一个搪瓷盆，有人在搅动，并加上一点盐，猪血凝固时成了鲜红色……杀猪是一个村的节日。小屁孩们更是嘴里咽着口水，憧憬着一碗碗热气腾腾的猪肉端上来。后来我在山东诸城汉画像石“庖厨图”中看到同样的情景：一人持棒赶猪，一人双手拉住拴猪的绳子，另一人右手持刀准备给猪放血，下面是盛猪血用的盆子。2000年前，老祖宗们竟然也这样杀猪。

有专家提出一个很有趣的问题：为什么中国人的姓氏中有马牛羊，而没有猪狗鸡？

我也有一个问题：源于南宋的《三字经》说，“马牛羊，鸡犬豕。此六畜，人所饲”。“六畜”成了“唯马首是瞻”，猪排在了最后一位。这是为什么？

这实在是一种耐人寻味的文化现象，反映着时代沧海桑田的变迁。猪狗鸡原产于中国，马牛羊从欧亚大陆传入，这两类家畜分别是农耕文明和游牧文化的缩影。

我小时候基本没吃过牛肉和马肉，羊肉也很稀罕，更何况闻到那种很大的膻味，我就想吐。这种生命基础阶段造就的胃，决定了我本性上就是一个农耕文明的传人，不是那种骑着高头大马驰骋疆场的大人物。

山羊和绵羊在距今1万年左右起源于西亚地区，距今5000年至4000年左右传入中国。羊在西方是众神之神宙斯的化身，在我国则是炎帝部落最早的图腾。绵羊和山羊从龙山文化时期已开始被饲养。在章丘城子崖龙山文化遗址发现过羊骨，被考古界鉴定为殷羊，看来羊在商朝已经成为一个稳定品种。夏商周时代，羊是一种美食，主要供富人食用，广泛应用于士大夫之间的宴席、馈赠和赏赐。到春秋战国时期，统治者对羊的繁殖非常重视，将无故杀羊当作大夫不守礼教的象征。人们不仅自己吃羊，还把它奉献给祖先和神灵。用于祭神的物品叫牺牲，羊是仅次于牛的祭品。据《论语》记载，春秋时期贵族们将羊作为祭品献祭祖先，来祈祷家族兴旺。这一制度叫作饩羊，经常在朔日举行。

在甲骨文中，“羊”至少有98种写法：上面两笔代表两个羊角，上下两横是四条腿，中间一横与竖则代表身躯。这说明我国文字已经以部分特征象征整体，并延伸出很多含义。“羊”和“祥”通用，衍生出“美”“善”“群”“鲜”等。羊大为美，有学者通过研究甲骨文，认为“美”字像一个人头顶羊角，参加某种神圣的仪式。这不仅表明人类审美意识在觉醒，也和道德规范结合在一起了。《庄子》有云，“具大牢以为善”，羊是善的象征。《诗经》用羔羊比喻品德高尚的卿大夫；秉性温和保守，合群是羊的一个重要特性。《诗经》有“谁谓尔无羊，三百维群”的说法。《说文》徐铉注：“羊性好群。”由此产生“群众”一词，体现了中华民族注重群体的特征。羊跪着吃奶，象征着孝；为祭祀而牺牲，体现着“义”。汉代，羊也是财富和地位的代名词，董仲舒将儒家仁、义、礼等核心思想赋予羊身上，使其逐渐人格化，成为仁人君子标榜的对象。

有人说，中国传统文化应该是“羊文化”，而不是“龙文化”。“羊”不仅作为一种生物存在，还作为一种观念或者说精神，渗透进中国传统文化之中，铸就了传统中国人的性格特征和思维方法：封闭保守，勤劳务实，和平文弱，消极避世，因循守礼，纯朴简单。

羊的味道，就是中国传统文化的味道。

从魏晋到宋代的近千年，羊肉取代猪肉，成为主要肉食。北魏贾思勰所著《齐民要术》记载，养马和养羊分别占到牲畜养殖量的45%和25%，养猪的比例不到4%，甚至低于鸡鸭饲养。唐宋流行吃羊肉，特别是宋代，从皇帝到大臣都喜欢吃羊肉，但草原被游牧民族占领，疆域缩小，能养羊的地方少，以至于俸禄低的官员吃不起羊肉。苏东坡发明了“羊蝎子”。宋朝宫廷御厨一年的开销中，羊肉就有43万斤，而猪肉只有4100斤；元代具有鲜明的游牧民族特色，太医忽思慧所写《饮膳正要》记录的食谱，含有羊肉的占80%；明清时期，羊肉的吃法发挥到极致，山东莱州人孙振清在北京开了第一家涮羊肉店“正阳楼”，比东来顺还早……

羊的功能最终体现在吃上，而牛和马，一个可参与农耕，一个可征战沙场。

山东的小尾寒羊

黄牛拉着木犁，行走在夕阳下的黄土地上，这曾是一幅田园牧歌式的中国传统乡村风情图。和羊差不多同期，距今5000年至4000年，黄牛由西亚传入中国，并在山东地区广泛养殖，城子崖遗址首次发现的商代卜骨，用牛和鹿的肩胛骨制成，这说明畜牧业发达，牛骨容易得到。甲骨文中，“牧”字的主体是牛，而不是羊和马。“牺牲”二字的偏旁都是“牛”，说明黄牛广泛应用于祭祀，并成为等级最高的祭品。在卜辞中，牛是最大量用于祭祀的牺牲和运载的力畜。

牛更重要的功能是耕田，是人类生产劳动中不可或缺的好帮手，牛能在“六畜”中排名第二，绝非浪得虚名。有人考证，我国早在商代就有了牛耕的方式。一些小点像犁头起土，辔在牛上，就是后来的“犁”字。商人传说，其祖先王亥能服牛驾车，想必也会用牛拉犁。

更多学者认为，牛耕源于春秋时期。只不过铁犁产生以后，人们仍沿用过去对农具的称呼，叫“耒耜”，据《管子》记载，铁制的耒——犁，重六七公斤，是当时最主要的农具。管子就是管仲，他为相辅助齐桓公时，非常重视发展农业，增加粮食产量。《管子》一书多次提到铁耜，为了富国强兵，政府强制出售铁犁，让农民像冲锋陷阵一样去耕田。当时，赤色牛犊犄角长得周正，适合用于祭祀的牺牲，但是因为农业生产急需，舍不得杀死。齐桓公时有一个名臣叫宁戚，来自卫国，以《饭牛歌》毛遂自荐，著有《相牛经》一卷，这是中国最早的畜牧专著。他发现齐国冶铁业发达，建议农民使用铁犁耕地，大大促进了生产力发展。齐国兴兵伐东莱，宁戚死于行军途中，士兵用战袍兜土筑成宁戚冢，墓地位于平度，曾是古平度八景之一。牛耕是一种新生事物，所以人们喜欢以“牛”和“耕”作为名字。孔子的弟子中，冉伯牛名耕，司马牛名耕，或称司马耕，字子牛。可见牛、耕、犁3个字成为丰收与吉祥的象征。

到战国时期，秦国普遍使用牛耕。商鞅为了发展农业，规定“盗马者死，盗牛者加。”秦简记载：各县对牛的数量要严加登记。如果由于饲养不当，一户有三头以上的牛死去，养牛的人就有罪，主管牛的官吏要受惩罚，县丞和县令也有罪。由于农业发展，秦国国力增强，于是合纵连横，远交近攻，实现了统一。燕国大将乐毅连克齐国70余城，仅剩即墨和莒在坚守。相持数年中，即墨守将田单，在城内集合起1000多头牛，摆出“火牛阵”，牛角上捆着两把尖刀，尾巴上系着浇油的苇草，野性大作的“火牛”冲出城外，大破燕军……牛参与军事行动，也是战争史上的奇迹，它从另一个角度说明齐地耕牛很多。

西汉初年，经济萧条，人民贫困。从汉武帝讨伐匈奴后，马匹多用于战争，连皇帝也不能乘驷驾马车，将相或乘牛车，一匹马的价钱竟达“百金”之多；官吏和游侠只能乘小牛拉的车。在山东省滕州市桑村镇大郭村出土的画像石上，就出现了代马坐人的牛车。为了促进耕畜繁殖，汉律规定“不得屠杀少齿”，对杀牛的惩罚十分严厉，犯禁者诛，要给牛偿命。后来经过“文景之治”，国家财力雄厚，已有充足的战马可以抵御外侮，牛继续回到田间地头，开始默默无闻地耕耘。到了唐宋时期，牛不管老弱病残，都在禁杀之列，只有自然死亡，或者病死的牛才可以宰杀。到了宋朝，法律规定：诸故杀官私牛者，徒一年半。由于禁食牛肉，羊肉成为士大夫阶层的主要肉食。梁山好汉大碗吃牛肉，纯粹是为了表达一种反叛精神。

据《齐民要术》记载：“赵过始为牛耕。”《汉书·食货志》提到：西汉武帝时，搜粟都尉赵过，实行代田法，“以人挽犁”，“用耦犁，二牛三人”，这是我国史籍明载的第一次大规模推广牛耕技术，表明西汉中叶直到东汉，由北到南，已广泛实施牛耕。各地发现的汉画像石牛耕图，多是二牛牵一犁。山东滕县黄家岭东汉牛耕画像石上，下层中部为一人扶犁架一牛一马耕田，后面一人使牛拉一横长之器物，耙田碎土。整幅画面表现了畜力耕田，平整土地、耘田、播种的劳动过程。滕县滕道院东汉画像石的牛耕图是一牛牵一犁。除了一牛挽犁和二牛挽犁之外，耕种后的覆土填埋及平田碎土，均用畜力完成，这就是牛拉的“耙”。“耙”一面多齿，可碎土，至今有些农村仍在使用……

有两种和牛有关的记忆，至今还在我大脑中珍藏着。一是生产队的牛棚。这里以牛为主，也有马和驴。我上小学和初中时，学校教室后边就是饲养室，长长一大排房子，里面有石槽和牛栏；外面是一个巨大的院子，牛在外面晒太阳，反刍。我们生产队有十几头牛，饲养员是一个长眉毛的邻居老头，穿着辨不清颜色的旧衣服，常年住在牛棚里，忙着铡草，挑水，拌饲料。牛性情温和，眼神温柔，所以尽管牛棚又臭又臊，我们还是忍不住跑进去，大胆的孩子还会去揪一根马尾巴回来。二是牵着牛去地里耕耘。放假了，大人扛着犁，我们拉着牛，到地头进行组合。犁套在黄牛瘦骨嶙峋的身上，它们把蹄子踩进泥土，大口喘气，身体前倾。我丝毫不敢懈怠，手拿缰绳，沿着一条直线走在田野中。背后，牛把式、牛、犁浑然一体。铁犁冲破泥土，如船行分水，泥土像一朵朵野花绽开，土地开始畅快地呼吸。厮守土地是牛的宿命。那些牛把式，把一个个村庄，一片片土地，犁得自由酣畅，蓬松新鲜。

现在，铁犁已经被尘封，成为一种遥远的回忆。

马能够后来居上，成为“六畜”之首，是因为它既可以作为肉食资源，还可以作为运输工具和战争工具。有力促进了人类迁徙、民族融合、文化交流和社会进步。简言之，马让农耕社会局促的空间陡然变大了。战马成群的时代都是盛世。

传说里，女娲用泥巴塑造了华夏第一个人。在人出现之前的6天时间，女娲每天创造一个动物，分别是鸡、狗、猪、羊、牛、马。也就是说，在造人之前，最后一个动物就是马。

家马是距今5500年左右由中亚的野马驯化而成，距今4000年至3600年传入中国西北地区，黄河中下游几乎没有发现距今3300年之前的马骨。考古学家梁思永在城子崖发现过几块马的趾骨，但是无法断定是家马还是野马。商周时期，山东地区突然出现大量家马，这可能和外来文化传播有关。甲骨文里有“王畜马于兹牢”的记载，也就是说王在“兹牢”这个地方养马。据郭沫若考证，甲骨文中已有阉割马的记载。商周时期，出现了专门养马的官牧，商代有管理王室马匹的官吏“马小正”，出现了带辐的双轮马车。

在殷商之前的夏朝，山东人奚仲已经在滕州一带发明了马车，被称为“造车鼻祖”。滕州有一个林深谷幽的奚公山，就是奚仲造车的地方。奚仲是大舜的后裔，父亲番禺发明了船，但在造车时去世。奚仲受尽挫折，受石磨盘的启发，设计出车轮，并制造出马车。大禹听说此事后，封他为“车正”，也就是负责车辆制造的官员，后来又封他为薛国的国君。这件事在《左传》里有记载。《管子》称：“奚仲之为车也，方圆曲直，皆中规矩钩绳，故机旋相得，用之牢利，成器坚固。”从一些资料可以看出，舟与车是以奚仲父子为代表的薛人发明的。

马是游牧文化的标志。齐文化对这种来自游牧民族的高贵动物，显示出极大的消融能力。齐国是“春秋五霸之首，战国七雄之一”，其国都临淄是一个著名大都市，人口达四五十万。人们过着奢华的生活。齐人以勇武著称，酷爱练武竞技和研究兵法，赛马、比剑、角力等是他们生活的重要内容。这里至今保留着大量和马有关的成语、故事和传说，如田忌赛马、老马识途、塞翁失马、白马非马等，被专家认定为中国马术和赛马运动的发源地之一。

近年来，齐文化正在从地下走到地上，和马有关的遗迹有后李春秋殉车马、东周殉马坑和田忌赛马的发生地遄台遗址等。

淄博市临淄区有一个著名的中国古车博物馆，长约30多米的车马坑内，金褐色的黄土中，整齐地排列着10辆古车，32匹战马。古车一字排开，殉马侧卧车旁，仍高高地昂着马首，呈一种奔跑姿态。它们像一组浑厚凝重的雕像，记录着辉煌的往事。

齐景公时，强大的齐国已经衰败。景公在位58年，是齐国执政最长的一位国君，但他是一个庸碌之辈，对喝酒唱歌和养马养狗最感兴趣，《论语》中有“齐景公曾有马千驷”的记载。在淄河北岸河崖头村西，发现了一组殉马坑，殉马达600匹，数量之多，规模之大，令人瞠目。它们多是六七岁的壮年马，是用麻醉剂或者钝器撞击马头之后处死的，按照顺时针方向，分两列埋葬，它们侧卧着前后衔接，好像一个即将冲向敌阵的马队。军事力量历来都是衡量国家实力的标志之一，此时，马和战车已成为主要军事力量。一辆四驾战车配三个士兵被称为“一乘”，“千乘之国”即为大国。600匹马可装备150乘，超过一般小诸侯国的实力。一个大国虽然衰败了，但是它的战马还带着一股雄风，一种气势。这种气势来自哪里？

在陕西西安的秦兵马俑，我被那些色彩艳丽的陶马所吸引。据说这里的马分为两种，背上没有马鞍的，用于拉车，全部被阉割过了；为了保持血性，用于作战的战马没有被阉割。秦国崛起并统一中国，战马立下“汗马功劳”。秦人根在东夷，秦始皇的老家在莱芜羊里镇，这一结论已得到专家肯定。秦始皇在位期间5次出巡，其中在11年时间内3次来到齐鲁大地，并留下很多传说。有一次，他率李斯等随员，沿着大海东进，战马如云，看到海中一座孤岛峰峦叠翠、水草茂盛，遂封为“养马岛”，并下旨各地送马派员，进岛驯马，专供御用。据明代《登州府志》记载：“系马山，在州东四十里。世传秦始皇揽草系马，至今草生如系结之状。”现在岛上有一组马的青铜群雕，骏马腾空

春秋中晚期的殉马坑

而起，颇有冲击力。

骏马和山东大汉是一种绝配。

在山东蒙阴岱崮地貌旅游区，我见过秦国大将蒙恬的塑像，他骑着一匹高头大马。马的前身跃起，好像还在嘶鸣。蒙恬头戴盔甲，手提长枪，一副威风凛凛的样子。他祖籍是山东蒙阴，作为秦国大将，曾率军攻下齐都临淄，后率30万大军北击匈奴，被誉为“中华第一勇士”，他还曾监修过万里长城。蒙恬能够战胜以骑兵见长的匈奴，得益于他发明了一种重装战车，载满各种箭弩，部骑随后掩杀，大败敌军。

魏晋南北朝时期，游牧民族南侵，山东人开始混血，产生了山东大汉这一称号。到隋唐，出现了以秦琼、程咬金等为代表的好汉群体。在《说唐》中，秦琼手持黄铜锏，胯下黄骠马，锏打山东六府，马踏黄河两岸。传说秦琼年轻时在历城县衙门当捕快，为人慷慨仗义，江湖上尊其为“秦二哥”。一次，他手持双锏骑着黄骠马追赶贼人，交战中，战马猛一回头，因用力过猛，马蹄落处出现了泉眼，一泓清泉从地下汩汩冒出，后人命名为“回马泉”。有老济南人说，现在泉底长满绿苔，当年秦琼坐骑留下的蹄印之处，则呈现出浅黄色沙土，沙砾深处会溢出串串泉珠来……

马在元朝纵横欧亚大草原，逐渐成为一种精神象征。《周礼》称“马八尺以上为龙”。龙马精神，马到成功，马力十足……大眼睛、长尾巴、身材健美的马，是人类曾做到的最高贵征服。

在农村，如果家中院子的墙外有拴马桩，一定是深宅大院、富裕人家，否则不可能养得起一匹马。改革开放前，整个村子会有一两匹马，归大队所有，用于拉车，拉农资，送公粮。赶车人一般都是强壮汉子，能够制服烈马，会甩长鞭，叭叭地响，那神情比现在的人开着豪车还牛。

在山东寿光稻田镇的一个村子里，有一种大公鸡，羽毛纯黑，散发着金属般的光泽，鸡冠则像一束红色火焰。当地的朋友说，这种“寿光鸡”独一无二，它与上海琅山鸡、广东三黄鸡、河南固始鸡同称为中国四大地方鸡种，是唯一被载入《大不列颠百科全书》的中国鸡种。

当地朋友认为，寿光可能是我国养鸡的起源地之一。

在稻田镇，流传着一个“凤凰化鸡”的故事。远古的时候，有一只美丽的凤凰飞过，发现这里有两条灵水汇集，遂动了凡心，化成硕大的鸡，飞到寻常百姓家繁衍生息。

传说透露出一个信息，寿光流传着东夷“凤”图腾崇拜习俗。中国是世界上最早养鸡的国家，有人说可以追溯到8000年前的后李文化时代，也有人说4000年前龙山文化遗址发现鸡骨，还有人说3300年前才有了家养的鸡。东夷人以“凤”为图腾，以鸟为官职。从鸟到凤凰，鸡可能是一种过渡。东夷人在养鸟的过程中，逐渐驯化出家鸡。凤凰是一种虚构的动物，其原型有家鸡的影子。《山海经》就说，丹穴之山有鸟，“其状如鸡，五彩而文，名曰凤凰”。《孝子传》记载：“舜父夜卧，梦见一凤凰，自名为鸡。”古籍里这种说法很多。东夷人的另一种信仰是太阳，公鸡司晨报晓，是一种送走黑暗、迎接光明之禽，又称“司晨鸟”，隐隐反映着鸡和凤凰的关系。也许鸡就是凤凰在尘世的化身。

传说中，女娲第一个创造出的是鸡，是不是因为日出东方，文明发出自己的第一声鸣叫呢?

甲骨文上可以看到一群叽叽喳喳的鸟，似乎有华丽的羽毛在风中抖动。其中一种是长尾鸟，另一种是短尾鸟——家鸡、野鸡和禽类。古篆文把“奚”和“隹”联在一起。鸡字由“爪”和“系”二字上下相叠，象征鸡爪用绳子拴着，以防飞逸。《诗经》里有“鸡鸣篇”，且有“鸡栖于埘”“鸡栖于桀”的诗句，3000年前古人已经将家鸡养在墙洞中、树桩上。《周礼》称青州和兖州是主要养鸡地区，青州“其畜宜鸡狗；其谷宜稻麦”，而寿光就在古青州范围之内。

春秋战国时代，齐鲁大地养鸡斗鸡成风。孔子的弟子子路勇猛无比，常常戴着一顶雄鸡冠，以显示自己勇力过人。齐都临淄的老百姓喜欢斗鸡。鲁国卿大夫季平子与郈昭伯斗鸡，季平子给鸡套上护甲，郈昭伯给鸡套上金属爪子，两家各自作弊发生争斗。鲁昭公攻伐季孙，季孙和叔孙、孟孙三家共同攻打鲁昭公，鲁昭公出逃，后来死于外地。一次斗鸡，改变了一个国家的历史。《庄子》里记载了一个“呆若木鸡”的故事：齐王请纪渻子训练斗鸡，把心浮气躁、跃跃欲试的斗鸡，训练成“木鸡”一般，气定神闲、纹丝不动，每斗必胜。《史记》记载：齐国贵族孟尝君被秦昭王礼聘为相，后秦昭王听信谗言，想杀了他，孟尝君仓皇逃走。跑到函谷关时城门紧闭，多亏手下门客学了几声鸡叫，引得远近的公鸡纷纷叫起来，关吏打开城门，孟尝君趁“鸡”逃走……很多涉及鸡的成语典故，都有着深厚的齐鲁文化渊源。

寿光一带自古以来有斗鸡的风俗，留吕、古城等地设有斗鸡台。每到斗鸡的时候，很多村民前来围观。寿光鸡高大雄伟，长冠巨爪，与斗鸡有很大关系。菏泽、聊城等地也有着悠久的斗鸡传统，每年都要举办斗鸡大赛。有一次，两只斗鸡对攻4个小时，杀红了眼，每隔15分钟，还要像拳击运动员一样，给它们头上浇点水，降降温。最后伤痕累累，毛快被啄光，仍互不认输，成了平局。

从汉代开始，鸡从散养进入圈养。《齐民要术》中有“养鸡篇”，记述了寿光鸡的形态特征、圈养技术等，并提到“一鸡生百余卵”。

公鸡好斗，司职报晓。而在山东农村，每家院子里都会有一个鸡窝，饲养着下蛋的母鸡。鸡窝由青砖、木头搭建，上面覆盖着几片瓦，下面可以掏鸡粪。有一个小小的门，供老母鸡们出来放风。小小的鸡窝，记着农家的流水账，平日里打点酱油醋，买个针头线脑，都要依

临沂民俗馆里的沂蒙炒鸡雕塑

靠鸡蛋；它还是一个家庭的营养站。老人、病人和重体力劳动的人，偶然会吃上鸡蛋。母鸡不下蛋或者老了，才会被宰杀，一锅鸡汤，香了整个村庄。鸡窝是我们的乐园，我放学后经常到鸡窝里掏鸡蛋，刚下的鸡蛋还带着温度，我们会小心翼翼地双手捧着，交给母亲。还会在鸡窝边玩游戏，学“半夜鸡叫”的周扒皮。

一只老母鸡，带着几只小雏鸡，漫步在街头巷尾，树荫林下，寻找到吃食，就给小鸡吃……小鸡金黄色的绒毛，快被慈祥的母爱融化了。这是画家王志学笔下的作品。见到这样的画面，我不由自主会想到母亲，在那些苦难的岁月里，她像老母鸡一样呵护着我们，为我们遮风挡雨。

王志学是大写意画家。鸡是他的精神符号之一。他说，鸡有五德：雄鸡头戴高高的火红鸡冠，文质彬彬，是为文；鸡善于斗争，足趾是天生的进攻武器，是为武；在强敌面前敢于一拼，是为勇；鸡找到食物后不独自占有，母鸡对子女关爱有加，是为仁；雄鸡每天不管风雨准时报晓，是大自然的闹钟，是为信。这是春秋时期田饶对鲁哀公说的，田饶以此来提醒鲁哀公注意用人之道。

“鸡犬之声相闻”的村庄充满乡愁。鸡比猪更重要，不仅可以食用，还能打鸣。在没有钟表的年代，就是人们的时刻表。明代诗人唐寅在画上题诗，“头上红冠不用裁，满身雪白走将来。平生不敢轻言语，一叫千门万户开”，说的就是鸡。“一唱雄鸡天下白”，更是一种新社会景象。鸡和“吉”同音，是一种吉祥的动物。过年祭祖，必须有鸡。平日招待客人，宴席要“鸡打头，鱼打尾”。年画里的鸡表示“大吉大利”。

我在山东工作多年，吃过德州扒鸡、聊城铁公鸡、蒙山炒鸡、莱芜炒鸡、枣庄辣子鸡、五更炉熏鸡等，各具特色。还见识过生长在河岸芦苇荡中的汶上芦花鸡，其身材酷似元宝，羽毛丰满，尾羽高翘，体貌俊俏清秀，擅长飞奔打斗，价格不菲。琅琊鸡和百日鸡也是山东名品。

在寿光，鸡种从来不外传，村里的姑娘嫁到外乡生小孩以后，娘家人去送喜蛋要把鸡蛋煮熟，从不送生鸡蛋，怕鸡种外传。农民很重视养鸡，有“妇女有三急，闺女、外甥和鸡”之说。

现在，寿光鸡还衍生出东北大骨鸡，南方琅山鸡、浦东鸡，又输出国外选育，培育出芦花鸡、澳洲黑鸡、奥平顿鸡等。

山东经典：大葱、大蒜和胶白

很多人认为煎饼卷大葱是山东人的最爱，这实在是一种误解。煎饼这种食品，只在鲁中和鲁南盛行。有人统计过，吃煎饼者其实不到山东人口的1/3。

不过，山东人爱吃葱确实是事实。

山东的葱分为两种，春天的小葱，秋天的大葱。小葱像一根筷子，翠绿的叶子，洁净的葱白，全身晶莹剔透，宛如琥珀。在春天的原野上，小葱像一个纤细柔弱的美少女，见风就长，清香四溢。我喜欢吃小葱拌豆腐、炒鸡蛋，吃了口齿生津。大葱生长初期叶子很好吃，成熟之后主要吃葱白。还有白色的葱花，像一个圆球，饱满的籽粒外面是绒毛，葱花也可以吃，有一种甜丝丝的清香，长成种子之后就没法吃了。大葱陪我们度过漫长的寒冬。院子里挖一条条沟垅，培上土，大葱就自顾自地活着，当看到它玉笋般的嫩芽冒头，我们呼唤的春天就来了。我小的时候，玉米面窝头是主食，放学之后，饥肠辘辘，母亲下地干活去了，来不及做饭，我就会啃着冰凉的窝头，一口一口地吃大葱。长长的大葱，仿佛是我孤独的影子。

山东大葱的历史也很悠久。

先秦时期，也应该有两种葱：小葱和大葱。小葱是在我国西部及西伯利亚由野生葱驯化选育而成，居于“葵、藿、薤、韭、葱”五大名菜之末。《山海经》《尔雅》对于葱的地理位置、味道、颜色都有记载。《诗经》里描写了很多自然界的植物，提到46种蔬菜，但是没有一种蔬菜出现在甲骨文里，只有极少数出现在金文里，可能是因为当时不种植蔬菜，或者蔬菜不是主要食物。

山东人第一次从山戎引进了大葱。春秋时期，“春秋五霸之首”齐桓公，打着“尊王攘夷”的旗号，九合诸侯，北击山戎。山戎是匈奴的一支，生活在今河北北部的燕山丛林中，以狩猎和放牧为主，农作物里以“冬葱”和“戎菽”为最佳。山戎各部常侵犯中原，是燕、齐等国主要边患。齐国曾经两战山戎，最后一战齐桓公兴兵10万，管仲和鲍叔牙随军出征，与燕军共同大败山戎。齐桓公是一个美食家，在激烈的征战之余，发现了大葱这一美味。当时的胡葱，冬天收获，白粗杆壮，被齐桓公带回齐国，试种成功，称为“大葱”，流传至今则被冠名为“山东大葱”。

从汉朝之后，大葱开始在山东的土地和史籍中“郁郁葱葱”。汉朝大葱种植更为普遍，官府有专门种菜供应膳食的措施，冬季有土温室或加温阳畦生产。这是寿光大棚蔬菜的文化基因。《汉书》记载，渤海太守龚遂，在公元前70多年，就把大葱种植作为一项任务，要求每个农民种植五十株。魏晋南北朝时期，《齐民要术》有“种葱篇”，对大葱的留种、栽培、管理、越冬有详细论述。至五代时，山东地区有了关于大葱贩卖业的记载。元朝时，山东人王祯编著的《农书》中，记载了大葱的种植方法：“先以小畦种，移栽，却作沟垅，粪而壅，俱成大葱，皆高尺许，白亦如之，宿根在地，来春并得作种，移栽之。”明清两代山东各地县志、乡土志等出版日增，大都有对大葱种植的简单记载……在辣椒、胡椒、姜等进入中国之前，大葱成为华夏大地最重要的调味料兼蔬菜。

大葱为什么能够在山东扎下根?

一是因为它来自北方高寒地带，皮糙肉厚，坚韧结实，经得住严冬的考验。山东属于北温带季风气候区，春夏秋冬四季分明。冬季寒冷而漫长，无霜期短。在寒风萧瑟的冬天，除了麦苗，几乎见不到一丝绿色，可供食用的蔬菜更是少见。生命力顽强、极易储存、总是在生长状态的大葱，成为人们的最佳选择。大葱营养丰富，无脂肪，低热量，明代李时珍的《本草纲目》称，葱的全身都是药，有19种医疗功效。现代科学研究表明：葱能发汗解表，促进消化液分泌，健胃增食，此外还有较强的杀菌作用，软化血管、降低血脂的作用。至今，民间常用葱白煮水治感冒。二是在这样的气候条件下，山东人冬天只能食用腌制蔬菜，逐渐养成吃咸的习惯。夏季天气干燥，体内电解质损失多，常会感觉“口无味，体无力”，因此菜肴多味浓且咸。吃大葱，可以刺激一下味蕾。山东人接受不了四川式的麻辣、湖南式的干辣，只喜欢葱姜蒜的辛辣。三是大葱是山东经济的缩影。在古代中国的经济版图上，齐鲁“膏壤千里”，农业经济发达。西汉时期，齐鲁地区有人口1700余万人，390万户，占当时全国人口的30%，人口密度居全国首位。唐代开元天宝年间，山东地区每年将几百万石粟米漕运至关中。到明朝洪武年间，山东耕地面积达到482.67万公顷，居全国第三位，是中国重要的粮仓。到清康熙年间增至600余万公顷，成为江南、湖广之外的重要粮食产区，这为山东农人悉心培育生食大葱，提供了环境、技术和经济基础。另一方面，古代山东饱经改朝换代、农民起义、民族冲突的战火。在动荡频仍的岁月，人们无心培育需要漫长熟成、精细照料的农作物，产量大、种植简单的葱，成为战乱时期重要的作物……

据寿光蔬菜博物馆馆长张洪涛介绍，大葱主要产于黄河中下游地区和秦岭淮河以北，山东主要名品有章丘大葱、莱芜和寿光的鸡腿葱、八叶齐葱等。鸡腿葱植株高七八十厘米，基部肥大，向上渐细，形似鸡腿倒置；硬叶葱植株高大，直立生长，叶片粗硬，株高平均1米，抗风耐寒，霜后仍能生长。“八叶齐”植株粗壮，成株一般八叶，叶片整齐紧密，是寿光大葱的代表。据张洪涛介绍，明宣德五年深秋，山东巡抚曹弘巡查农情，行至寿光境内，见大葱竟然高至齐腰，茎粗叶碧，就问老农：这大葱如何有此长势？老农回答：这大葱每株八个大叶长势整齐，葱高三尺有余，故名“八叶齐”，是俺这培植的优良品种。这葱可露天存放，冰雪之时不怕冻，解冻后鲜度如初不腐烂，易于存储和长途贩运。当地知县用“大葱宴”招待曹弘，曹弘品后称道：“南京到北京，比不过寿光葱。”

山东最有名的是章丘大葱。早在明代，嘉靖皇帝就御封章丘大葱为“葱中之王”。《章丘县志》记载了四句诗歌：“大明嘉靖九年庆，女郎仙葱登龙庭，万岁食之赞甜脆，葱中之王御旨封。”绣惠女郎山周边是章丘大葱的正宗产地，嘉靖皇帝吃的那根大葱，就出自这里。

友人曾给我谈到过章丘大葱为什么与众不同：一是女郎山周边是一个古墓群，褐色的土壤呈弱碱性，微量元素多，富硒，被老百姓称为“油饼地”。这里有清澈的泉水群，灌溉便利；二是有独特的种植技术，从8月播种到来年10月收获，要经历13个月，从开沟起垄，到追肥浇灌，都不能掉以轻心。章丘大葱有专门的培土技术，葱沟要深深地挖、浅浅地埋，培土七八次，既不能埋住心叶，又得让大葱往高里生长；三是章丘大葱的特别之处在于“食之甜脆”，这是长期培育、不断改良的结果。章丘大葱粗纤维含量低口感更脆，糖含量高则味道更甜，丙酮酸含量低则辛辣感减弱，所以具备高、长、脆、甜四大特点。

章丘大葱有两个品种，一个叫“大梧桐”，一般株高150—170厘米，相当于一个成年人的身高，最高的两米多；另一种叫“气煞风”，植株粗壮，耐病抗风，是大梧桐和鸡腿葱杂交的品种。这些年，章丘每年都要举办大葱状元评比，最高一棵“状元葱”达到2.51米，比姚明还高……

山东省高级农艺师杨日如在选育章丘大葱

大葱淳朴大气、富有个性又不失平和，很像山东人。每个山东人从出生的那一刻起，就受到大葱的熏陶。山东民间流传着这样的谚语：“常食一株葱，九十耳不聋。劝君莫轻慢，屋前锄土种。”大葱在山东人生活中占有重要位置。胶东一带民间遗存有“过年大葱压窗台”的习俗，一是相信大葱象征着顽强的生命力，严冬里照样能存活；二是对来年的生活有美好愿景，想在来年从从容容。山东还有这样的风俗：婴儿满月时，请其舅舅剃胎发，称“剃满月头”，旁边要放上一个簸箕，里面有几株葱，希望孩子聪明吉祥。在迎新娶亲中，大葱要作为重要礼品馈赠亲家。两根连根大葱，既表示喜结连理，也表示繁衍丛生。

比人还高的章丘大葱

有一篇文章说，一说山东人，往往高大威猛，他们性子直且急，豪爽且莽撞。自然中的性情是最美的。山东人尽管性格直爽，爱着急，但这难以遮掩性情中的魅力，如葱之清白，如葱之耿直，如葱之味美，如葱之秀气，如葱之丰富。作为一个山东人可为自己的形象定位：百菜先锋，一根大葱。

大葱虽然有一股浓郁的气息，但是性情温和，《本草纲目》更把大葱称为“和事草”，它也是鲁菜中最重要的调味品。湖南人、湖北人、四川人同样吃辣，因为吃的是辣椒，嘴上倒没有任何不良气味，但是他们把辣劲都集中在骨子里了。吃大蒜和大葱的山东人既豪放也有温和的一面。

大蒜对于我来说，是一个痛苦的悖论：我热爱的山东人民，如这片土地一样温润低沉平淡，为什么喜欢上如此火爆刺激有摧毁效果的大蒜？

我从小不愿意吃生蒜，是一个山东人的另类。那种气息，不仅仅留存在嘴巴里，更渗透到血液中，再通过汗液散发出来，整个人心神会被攫取，瞬间变成一粒味道异样的大蒜，再去穿透它能够触及的空间，以及其中的人。

大蒜的气息，飘荡在齐鲁大地上，你无处可逃。

大蒜作为一种调料，在诸多鲁菜中都偶尔露峥嵘。生蒜是老百姓的一种生活必需品。大蒜比大葱更容易保存，家家户户的屋檐下、白墙上，挂上几辫大蒜，一年的日子就有了滋味。出门干活，来不及吃饭，一个窝头，一头蒜，拿在手里，扛着锄头就匆匆下地了。当大蒜变成蒜泥的时候，说明家中要改善生活，吃包子饺子，凉拌猪头肉海鲜，吃凉面凉粉，拌蒜泥茄子豆角……山东每个家庭都有一个蒜碓臼，青石制作，沉重无比，小孩子常被分配去剥蒜、捣蒜，把生蒜弄得稀烂，再加上酱油和醋搅拌均匀，一顿饭就有了点睛之笔了。大蒜还有其他更高级的吃法，比如“腊八蒜”、糖蒜、烧蒜等。腊八蒜需要这样制作：在腊月初八找一个干净的玻璃瓶子，倒上醋，温度控制在15℃左右。把生蒜剥好，洗净，晾干，装进瓶子，7天左右大蒜就变绿。这是因为大蒜含硫，在低温和酸性条件下，最初形成蓝色素，逐渐转化为黄色素，两者共存使蒜呈现绿色。腊八蒜色泽翠绿，口感脆甜，是一道美食。另外，蒜薹和蒜苗是蔬菜里的贵族，是大蒜的升级版，平日里很难吃到。据说山东中西部的人比胶东人吃蒜更多。因为胶东人喜欢吃海鲜，而烹制海鲜的最佳辅料是一把嫩嫩的韭菜。

在我感觉里是“异类”的大蒜，确实来自遥远的地方。

大蒜起源于中亚和西亚，四大文明古国都吃大蒜，所以有人说大蒜是世界蔬菜“一哥”。先秦时期，“葵韭藿薤葱”五种蔬菜中，“薤”就是蒜。不过这是一种小蒜，独瓣蒜，像一颗一颗的卵，所以又叫卵蒜。《礼记》《尔雅》《古今注》《说文》等文献证实，周代中原已种植卵蒜。《尔雅》里有“家薤”和“山薤”之分，并分别描述了其形象；《礼记》记载：“脂用葱，膏用薤。”说明3000年前的西周，人们做山珍野味时，要加点葱；炖猪肉时，就要放些小蒜……一直到今天，仍有山东农家种植小蒜。

西汉之后，出使西域的张骞，把一种叫“葫草”的东西带回中国，这就是大蒜。6000年前，古巴比伦人开始种植并崇拜大蒜，后来传到埃及。古希腊罗马时代，士兵和劳动者将大蒜当作养精壮神的食物，此后普及到地中海沿岸各国，16世纪传入美洲，18世纪后期传入美国，开始栽培在加利福尼亚州；大蒜在非洲各国也慢慢得到普及……大蒜所到之处，被人们认为是力量源泉、权力象征、辟邪圣物、治病良药，甚至可以激发性欲，增进智力，乃至成了货币。

这种神奇在张骞身上得到验证。公元前139年，汉武帝派张骞出使月氏，刚进入匈奴地界，就被匈奴骑兵扣留。环境恶劣，匈奴人提供的食物含有毒性，幸好张骞发现有一种“葫草”可以食用，还可以治疗腹泻。张骞把“葫草”带回来了，在中国开始普及。这种大蒜什么模样呢？崔豹《古今注》说：“胡国有蒜，十许子共为一株，箨幕裹之，名为胡蒜，尤辛于小蒜，俗人亦呼之为大蒜。”

东汉时期，一个从西北到兖州任职的官员，把大蒜带到齐鲁之地。《后汉书》记载，李恂由西北来山东任刺史，带进部分胡蒜种，在官府后园种植，收获后分赠下属人员。由于大蒜比小蒜的产量高、蒜头大、味道好，兖州附近开始了田园种植。没想到这种外来神物很适合山东水土和山东人的口味，逐步向外扩种推广，涉及济宁、嘉祥、泰安等地，进而引至兰陵一带。据《郯城县志》载，明朝万历年间，兰陵县神山镇和庄一带，已形成大蒜集中产区。

目前世界上70%以上的大蒜产自中国；中国大蒜主要产自山东、江苏、河南、河北。山东大蒜以兰陵和金乡为代表，兖州、莱芜、商河、菏泽等也都是主产区。兰陵大蒜优于其他产地的大蒜，原因在于：土壤含较高的有机质，氮磷钾偏高；蒜区的井水多为偏碱水井，部分井水近似一级肥水。“四六瓣”大蒜在品质上除了具有香、辣、粘、浓、美味等特点外，其17种氨基酸含量均高于外地大蒜。

春末夏初是大蒜收获的季节。在山东金乡和兰陵，大街小巷到处都是收蒜的摊点，整装待发的大蒜堆积如山；满载大蒜的汽车和火车不断驶向四面八方；挂着的蒜辫、晒着的蒜头，塞满农家小院……

山东人骄傲地说：提到大蒜，山东说第二，没人敢说第一。

大蒜有神奇的药用功能，这一点被中西方同时认可。英国一本叫《象征和符号》的书记载：“古埃及的纸草医书上有200多种蒜头处方，用于治疗头痛、身体衰弱和感染，埃及工匠的饮食中也包括生蒜头，以保持身体强壮。在古希腊和罗马，蒜头是力量的象征，运动员咀嚼蒜头是为了提高获胜的机会……”大蒜刚传入中国就是药物，被广泛用于治疗气喘、结核病、阑尾炎、疟疾、肿瘤、皮肤病和瘟疫等等。小说《三国演义》里，诸葛亮率蜀军南征，染上瘟疫，得到一种仙草“韭叶芸香”，含在口中则瘴气不侵，这就是大蒜。神医华佗曾以之救治咽喉堵塞的病人，“蒜”到病除。在金乡，

家家户户挂满大蒜

流传着东汉开国皇帝刘秀用大蒜医治好士兵疫病的故事。他得到金乡一鹤发童颜老者献上的药方，把大蒜捣碎，取其汁液，让士兵滴在鼻子里，数日后疫病痊愈。唐《本草拾遗》记载："大蒜去水恶瘴气，除风湿，破冷气，烂癖痹，伏邪恶，宜通温补，无以加之。"

"非典"期间，山东人显示出较好的免疫力，一个专家说，山东人吃的是地里长出的青霉素。新冠疫情暴发，一个老中医自称用生大蒜熬白开水，治愈干咳和低烧。现代医学研究表明，大蒜含有丰富的维生素、氨基酸、蛋白质、大蒜素和碳水化合物。兰陵和金乡的"大蒜素"含量明显高于其他产区，被称为"天然抗生素"。大蒜还含有丰富的抗癌元素硒和锗，可提高机体抗病能力。据山东省医学院科研所调查，兰陵是长江以北10万人口以上县区胃癌死亡率最低的，另外，兰陵的消化道癌和直肠及肛门癌发病率也很低。

山东大蒜如此牛气冲天，可为什么外界称山东是"葱省"，而不是"蒜省"？据说至今西方仍视大蒜为"圣物"，它在我国江湖地位反而不高，又是什么原因？

首先，占据我国传统文化核心的儒释道均鄙视大蒜。孔子生活在春秋战国时期，大蒜是西汉才传入的，所以他老人家根本"不知有蒜"，他尊崇的周礼记载祭祀"春用葱"，没有蒜什么事；佛教和道家认为，五荤的辛辣之气污浊不堪，"昏神伐性""有损性灵"，因此禁绝。

其次，我国中医药发达，古人把大部分动植物的药用价值都进行了充分挖掘，大蒜只是其中一种，而且同类的葱姜韭菜等，同样有疗效。中医治疗瘟疫注重从病理上解决，压缩了大蒜施展才能的空间。

再次，大蒜气味确实不雅，难登大雅之堂。直接吞咽下去，心肺冒火，不良刺激很明显。一提起大蒜，立刻想到一个场景：北方乡村，一个乡野村夫，蹲在凳子上，左手拿蒜，右手拿筷子，一口面条就一口大蒜，吃得极为兴奋……

不管外界如何看待，大蒜已经成为山东人关于故乡、岁月和味觉的记忆。大蒜已经潜藏在我们躯体内部，潜藏在意识深处。无论走到天涯海角，大蒜的味道都像一根丝线，拴着山东人的眼睛、双脚和思绪。

小说家莫言根据发生在兰陵的一个事件，创作了小说《天堂蒜薹之歌》。在他的笔下，山东人的性情，恰似大蒜，平日里质朴敦厚，埋在地下沉默寡言，一旦被任人宰割，就拔地而起，与命运搏击。小说每一章前面，都有一段天堂县盲人张扣唱的民谣，寓意农民将改变命运的期望都寄托在大蒜上。有一段这样唱道：天堂县的蒜薹又脆又长/炒猪肝爆羊肉不用葱姜/栽大蒜卖蒜薹发家致富/裁新衣盖新房娶了新娘……

我愿意回到这样的世界：在天蓝水绿的天地间，躺在乡村透明的星空下，喝着甜丝丝的井水，听蒜薹向上伸展身姿的天籁，一个古老的谜语响起来："弟兄七八个，围着柱子坐；一说要分家，衣服都撕破……"

山东是全国最大的大白菜生产和销售省份，2019年大白菜输出量占全国1/4；运入量占全国近1/5。

它为什么叫"白"菜呢?

一簇簇白菜模糊的影子鲜活起来，从我的笔下冒出。那是我家的自留地，几十颗粗壮的大白菜，迎风冒雪，敦实饱满。大葱和大蒜只是调味品，白菜萝卜产量高、营养丰富、耐储存、易制作，在山东农村，如果没有白菜萝卜的支撑，就熬不过漫长的冬季和春季。所以大白菜的播种、施肥、浇水、收获、运输、储藏，每个环节大家都会小心翼翼。在立冬之后，要用稻草绳或者地瓜的藤蔓，给每棵白菜系上"腰带"，一是防寒，二是为了让白菜紧密瓷实。父亲腰间挂着一束稻草绳，一根根抽出来，再用力在大白菜的腰部系好绳子。这萧瑟寒荒的大地上，没有任何同类陪伴，大白菜们顽强地坚守着，一直到大雪时节。

大白菜最初的名字叫“菘”，松树的松，怪不得它不畏严寒，凌风傲雪。大白菜是我国“元老级”的土著菜，考古工作者在西安半坡遗址一个陶罐内，发现已经炭化的白菜籽，经测定距今约6000年，表明中华民族食用白菜历史之久远。它在春秋战国时期已有栽培，“菘”名得于汉代。唐代之前，白菜是青色的，唐代出现了白菘，并广泛种植。宋元时期正式称之为白菜。白菜在隆冬不仅不枯萎，反而要经过霜打才更甜美。古人对此赞叹不已，陆游写过一首诗：“雨送寒声满背蓬，如今真是荷锄翁。可怜遇事常迟钝，九月区区种晚菘。”在民间，也流传着“小雪来，出白菜”“立冬萝卜小雪菜”等民谣。胶州大白菜俗称“胶白”，鲁迅在《藤野先生》一文中专门提到过，说它用红头绳系住菜根，倒挂在水果店里。现在胶州人把小雪这一天定为“胶白”的生日。

1960年，食堂收获大白菜

有了抗击风霜的本领，大白菜才选择在秋天播种，在初冬收获。人们会把它在大太阳下暴晒几天，等外表几层干透，就像给它穿上一件大棉袄，既防冻，又防水分流失。然后再在院子里挖一个一两米深的菜窖，上面覆盖几捆玉米秸，培上土，就可以堆放白菜、萝卜和地瓜了。

大白菜还有一个特点，就是素净平和，平淡纯正，淡泊如水。古人云，大味必淡，“淡”是一切味的本原。胶东有6种大白菜类型，“胶白”是其中的佼佼者。白菜和女人一样，也是水做的？就拿胶州来说，这里的白菜种植区，有3条河流，分别是胶河、洋河和三里河，土质松软沙瓤，非常适合白菜生长。懂行的菜农知道，大白菜根部能在黑土里扎下15—25厘米，喜水，需要经常浇灌，水分足的大白菜，白如玉，绿似墨，晶莹剔透。

因为有水的性格，大白菜兼容并蓄，以自己的本味同一切味相谋、相济，而不相侵、相扰；它平淡无奇，不自命不凡；它平易近人，不巧言令色；正像“水善利万物而不争”，它辅助一切食物成为至美味道。大白菜全身都是宝，菜帮、菜叶、菜心、菜根，可生可熟，可荤可素，可以爆炒、凉拌、清炖、腌制、醋熘，可以包饺子、包子、馄饨，可以和猪肉羊肉牛肉、飞禽走兽、生猛海鲜、各类蔬菜、豆腐粉条一同烹制。

在相当长的时间里，大白菜既是一道不可替代的美味，又是一种赏心悦目的精神享受。大白菜含有蛋白质、脂肪、淀粉、多种维生素和矿物质。其水分含量高达90%，但热量很低，一杯大白菜汁能提供与一杯牛奶同样多的钙质。大白菜不仅好吃，还有药用价值。据中医介绍，吃大白菜可以降低胆固醇、软化血管、防止动脉硬化，能养胃、生津、清热、排毒、化痰、止热咳、润肤、养颜、解酒、利尿、通便，民间流传着利用大白菜治疗感冒、过敏性皮炎的验方。唐代韩愈和朋友煮酒论诗，写下“晚菘细切肥牛肚，新笋初尝嫩马蹄”的佳句，盛赞“菘”之美味。宋代范成大写了一首《田园杂兴》：“拨雪挑来塌地菘，味如蜜藕更肥浓。朱门肉食无风味，只作寻常菜把供。”苏轼赞得更夸张，“白菘似羔豚，冒土出熊蹯”，将白菜与羊羔、熊掌相媲美。清代王士雄在《随食居饮食谱》中称白菜“荤素咸宜，蔬中美品”。

古人爱食白菜，今人同样如此，国画大师齐白石爱吃白菜，也爱画白菜，将白菜称为“蔬之王”。

最后再为胶州大白菜做几句补白：

一是胶州大白菜如今都装在专用包装箱里，每颗都有专门的身份证，系着一根红绳。“城门高板桥长，三里河边出菜王，寒霜降小雪藏，系个红绳上汴梁。”从北宋时期，胶白就系上红绳，当作贡品送到京都汴梁了。鲁迅先生看到的这根红绳，至今仍在。

二是1949年斯大林七十大寿时，毛泽东亲自指定送胶州大白菜5000斤作为寿礼；1957年，毛泽东赠送胶州大白菜给宋庆龄，宋庆龄十分感动，并专门写信致谢毛泽东；1958年，北三里河小学敬送宋庆龄一棵40斤重的胶州大白菜。

第二章

山东人为中国饮食塑形铸魂

石磨和石碾推动乡村2000年

在山东即墨城南的一座小山上，有一个600多年前留下的“石磨坑”，当地欲打造成一个美丽乡村景点。

这座历史文化名山，叫驯虎山。山边有一个始于明代的村庄，名叫前南庄。这里山水相映，绿树成荫，远远望去，半壁山峰好像被切开，一道道月牙形凿痕，从上而下整齐排布，层层叠叠，错落有致，酷似龙鳞。从明朝起，人们开山凿石，制作石磨，天长地久，开采出这么一个“石磨坑”，占地7000多平方米，最深处达二三十米，凿痕大小不一，最大直径1.5米左右，最小半米。开采坑中分布着很多大小不一、深浅各异的子坑，布满积水，形成一道独特景观。有的地方，山被凿透了，出现一个大洞，露出蓝蓝的天。

发明石磨是山东人对中国饮食的一大贡献。鲁班是中国古代一位优秀的发明家，被誉为“百工圣祖”。他生活在春秋末期，叫公输班，因为是鲁国人，所以又叫鲁班。石磨古时称作“硙”，唐朝的颜师古称“古者鲁班作硙”，宋衷注《世本》中写道，“公输般作硙”，就是说鲁班发明了石磨。鲁班处在“粒食”时代，那时没有把粮食加工成面粉的技术，所以只能吃原生态的颗粒。小麦也要像小米和大米一样，用鬲、甑和釜等容器煮着吃，叫“麦饭”，炒了或者晒干的谷物叫糗，这样的食物相当粗粝，难以下咽。

早在七八千年前，山东先民们尝试着把粮食制成粉状。在章丘西河遗址附近，一位老农在地里捡到两块光滑的大石头，放在瓜棚中当石凳使用。考古工作者认定，这是一组最原始的石磨盘和石磨棒。石磨盘长82厘米，一面经过人工打磨，仿佛刀削一般；石磨棒长46厘米，浑圆沉重，二者结合，可以给谷物去壳磨粉。这个石磨组合只是一种个案，古代先民早期使用的是石臼。《易·系辞》记载：黄帝、尧、舜“断木为杵，掘地为臼。杵臼之利，万民以济”。大舜时代就有石臼了。在大的石面上，或者用完整石块，凿出半圆形的一个坑，大小不一。将谷物放进去，用一根粗大的石杵上下捣击，并随时把谷物掏出来用簸箕去壳。几经折腾，最后剩下粮食颗粒；如果想吃一点粉状粮食，就要继续捣下去。山东有很多地方叫“石臼”，日照原来就叫“石臼所”，宋代这里出现了不少石臼。沂蒙山区的崮顶上散落着很多石臼。

石臼只能给谷物脱壳，或者破碎谷物，靠它加工出面粉还相当困难。随着生产水平和粮食产量的提升，粮食的形态转化成为一个难题。石磨是集体智慧的结晶，为什么人们会认为是鲁班的功劳呢？大概因为鲁班是一个智慧超群的人，他是木匠的祖师爷，还发明了木踞、云梯、风筝等，今天我国建筑业的最高奖就称“鲁班奖”。鲁班把加工食物的垂直运

石磨雕塑

动变成旋转运动，饮食进入“粉食时代”，促进了五谷种植和农业发展，使中华民族形成以面食为主食、以肉蛋和果蔬为副食的饮食结构。饮食潜在地影响了伦理道德观念的形成。

直到20世纪七八十年代，石磨还在山东农村广泛使用。即墨“石磨坑”附近的老人对此记忆犹新：那时候，山上总是有叮叮当当的敲击声，有经验的石匠，要选择一个平整的石面，勾画出磨盘的大致轮廓，然后用铁凿子凿开一道20多厘米的沟槽，再在凿沟四周开出3—4个斜口，插入很粗的铁棍，几个壮汉合力把磨盘撬离山体。磨盘凿下来之后，村民将十几米长的梯子放入坑底，将磨盘捆绑好，肩扛人拉运上来。下一步最重要的工序是打磨，最下面托底的大磨盘要敦实，上下两扇磨要严丝合缝。石磨下扇中间装有一个短的立轴，用铁制成，上扇中间有一个相应的空套，两扇相合以后，下扇固定，上扇可以绕轴转动。两扇相对的接触面，要凿上几何形条纹，增强研磨力。上扇有磨眼，磨面的时候，谷物通过磨眼流入磨膛，均匀地分布在四周，被磨成粉末，从夹缝中流到磨盘上，过箢箩筛去麸皮等就得到了面粉。两个好的石匠一天可以制作一盘石磨。

从春秋战国到现在，石磨一用就是2000多年。旧时人家，每户都有一个石磨，大小不一，功能齐全，磨面粉，磨豆腐，磨香油，用处太多了。我对石碾的印象很深，因为接触得多。村子里有几个大的石磨和石碾，供村民共用。距离我家最近的石碾，穿过曲里拐弯的残墙，二三百米就到。那里不仅是副食品加工中心，也是信息传播中心、娱乐中心。逢年过节石碾发出“吱嘎吱嘎”的声音，清晰地钻进耳朵里，就像熟悉的民谣。石碾比石磨体积更大，结构也更复杂一点，它以一个直径2米多的大碾台为主体，碾台中间嵌着碗口粗的木头柱子，通过一个长方形的木制碾框，连接起台上一个滚动的粗大石碾，也叫石碌碡。碾框上有一根长木棍延伸出来，供推拉碾子用。把粮食放在碾盘的沟槽里，人推畜拉，绕着磨盘转圈，面粉就出来了。

在山东乡村曾随处可见的石碾

推碾子拉磨是一个琐碎、繁重、需要技术的活儿。偶然可以用小毛驴，一是要给它戴上“驴蒙眼”，两个黑色大眼镜似的布片，里面撑着纸板或者席片，捂着眼毛驴就听话了，而且也转不晕；二是要给它套上“笼嘴”，防止它到碾台上吃粮食。但更多的时候，还是需要人力来完成这一任务。一个人拉，一个人推，推者多为干练的中老年妇女，她们一手推着碾杆，另一手拿着笤帚，跟着拉磨或碾的人转圈。石碾开始滚动，碾盘上的粮食被平摊开来，几圈下来，粮食向两边散开，她们要快速把粮食扫回凹槽内。这一动作要持续很长时间，相当考验人的体力和耐力。

石磨和石碾的出现，推动着烹调方法和食物品种走向多样化，促进了“民间小吃发展期”的到来。最早用面粉制作的面食是饼类，最迟在汉初就出现了。魏晋南北朝时期，饼朝着3个方向发展：向笼屉蒸的方向发展，就是蒸饼，蒸饼能够发酵，演变成后来的馒头。武大郎当年卖的炊饼就是此类；向着火焰炙烤的方向发展，就是炉饼，著名的周村烧饼、潍坊火烧和今天的各种山东烧饼，就是这样来的；向着汤类发展，演变成面条、馄饨和水饺等。

馒头也是山东人的一大创造。民间传说，1700多年前，琅琊人诸葛亮平定孟获班师回朝，走到泸水，忽然狂风大作，巨浪滔天，军队无法渡河。孟获说：很多战死在这里的士兵成为冤魂，经常出来作怪，要用七七四十九颗人头祭供才会平安无事。诸葛亮命令士兵，将牛羊肉拌成肉馅，在外面包上面粉，并做成人头模样，入笼屉蒸熟。这种祭品被称作“蛮首”，有两层意思，一是以假人头瞒过河神，二是取其南蛮人头的意思，后来“馒”字替代了“蛮”字。受祭后的泸水云开雾散，风平浪静。第二天，大军顺利渡江。诸葛亮从此被尊为面塑、馒头和包子行当的祖师爷。馒头在相当长的一段时间，都是祭祀用品。每逢岁末，人们根据诸葛亮祭奠亡灵的故事，蒸制七个孔的圆形馒头，代表人的七窍，孔里镶入大枣，以备祭祖和食用。

山东民间流行着一句话：上马饺子下马面。就是说亲人要出远门时，一定要包饺子吃，是谓“滚蛋饺子”，希望他一路顺畅，平平安安；而亲人如果从外地归来，则要下面条，是谓“缠腿面”，表示要把他缠住，在家多住些日子。我们从外地回家，即使半夜，母亲也要起身做一碗香喷喷的“缠腿面”。另外，遇到老人过生日也要吃面条，象征着长寿和幸福。对于我来说，这些都是一种心理暗示，如果出门没有吃饺子，总觉得有一件大事没有办，心里忐忑不安。

饺子的历史开始于何时？据《汉字王国》一书介绍，饺子可能起源于汉朝。在汉朝之前，小麦被视为穷人的饭食，地位远远低于小米和大米。公元194年，小米的价格是小麦的两倍半，小麦价格如此便宜，但没有人购买。山东有一个玖九同心食品公司，其董事长李允文醉心饺子研发数十年，被誉为山东的饺子大王。他不仅重视饺子的产业和技艺，更重视饺子文化的弘扬，建了一个饺子文化馆。据他介绍，

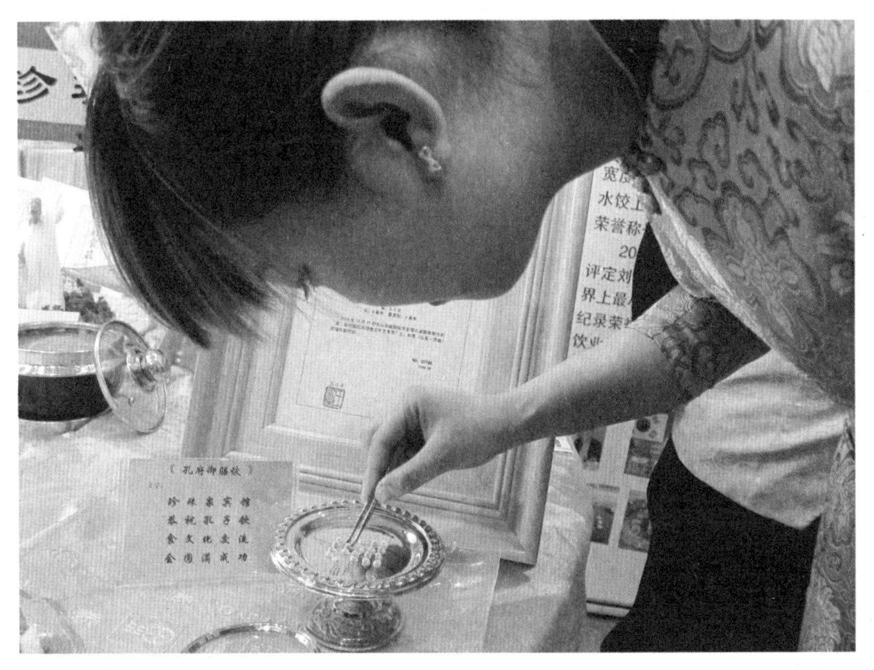

孔府御膳饺子，小得要用镊子夹

石磨出现之后，山东先民首先学会了制作馄饨，在滕州一座春秋时期的薛国墓里，发现了一盒三角形食物，内部有馅，这是最早的馄饨实物。这恰好是鲁班发明石磨的地方和时代；到汉朝，馄饨演变成饺子，儒家经典之一的《礼记》是专门研究秦汉以前各种礼仪的论著，其中讲道：“稻米二，肉一，合以为饵，煎之。”魏国张揖在《广雅》一书中提到这种食品，隋朝颜之推说馄饨的形状像偃月，偃月即半月形，正是饺子的形状。到唐宋饺子已经很普及了。

东汉时期就有了煮饼，这是面条的前身；宋之前基本是用手撕的片汤，称作“饦”，汉代《方言》和北魏《齐民要术》对此都有记载。

宋元时期，和现代类似的挂面才出现。我记得有这么一件事：小时候，一个邻居家生活困难，平日里连窝头也吃不饱。有一天，家里改善生活，妈妈做了手擀面条，结果小儿子一口气吃下十几碗。晚上，他在炕上捂着肚子翻来覆去，疼得直打滚。母亲一摸，他的肚子已经硬得像一块石头，原来是吃得太多，撑着了。没办法，父母只好搀着他在院子里遛弯，直到天亮才好点儿。

石磨和石碾已成为一种文化记忆，点缀着旅游景点、文化展馆、高档社区和农村街景。在茌平的一个湖边，几千块石磨铺成两条岸边小径，两边青草茵茵，慢慢走着，仿佛可以走入历史深处……

就在鲁班发明石磨的春秋时期，齐鲁大地上还出现了一个厨师的始祖，他就是易牙；在易牙的影响下，厨师群体开始形成。石磨的发明使整个北方进入面食时代；而厨师的出现，则使副食们开始觉醒，排列整合出新的味道。

距离我工作单位不足1000米处，有一个伊尹海参馆，是济南名气很大的饭店之一。伊尹是一个奴隶，被商汤任命为宰相，他先后辅佐过5位商王，并将从饮食的色、香、味、形中得到的感悟融入治国方略，勤勉从政，成为后世人眼中的一个正面典型，也成为宰相的易牙在餐饮方面成就更大，可是齐地没有关于他的遗痕，也没有任何饭店敢和他关联，因为易牙的人品太差了。

春秋战国时期，齐鲁菜肴崭露头角，它以猪、羊、牛为主料，还善于制作家禽、野味和海鲜。齐国名相管仲鼓励通过消费刺激经济发展，富国强兵。齐国贵族每顿饭至少吃两个以上的肉菜。这样的大环境给厨师提供了舞台。

来自齐国彭城的易牙，人生的大部分时间在临淄度过。“治大国若烹小鲜”，这句话在易牙身上有所体现。易牙是齐桓公身边的一个“雍人”，专门负责齐桓公的日常饮食，他依靠自己的厨艺和吹牛拍马的本事，征服了齐桓公的胃和心。作为一个厨师，易牙的味觉惊人。临淄东西各有一条河流过，分别叫淄水和渑水，水质和味道不一样，把两种水混在一起就没法分辨。但是易牙却能够分辨出来。由此产生了成语“易牙淄渑”。易牙是一个调味高手，王充在《论衡》中说："狄牙之调味也，酸则沃以水，淡则加之以盐。水火相变易，故膳无咸淡之使也……此犹憎酸而沃以咸，恶淡而灌之水也。"就是通过水、盐、火的调和，做出酸咸合宜、美味可口的饭菜。孔子和孟子都对易牙的厨艺大加赞赏，孟子甚至说，易牙掌握了大家口味的共同嗜好，天下人都期望吃到易牙烹调的菜肴……

易牙时代，副食品生产水平有限，只能供王公贵族们吃，而且制作粗糙原始。仅就肉类来说，制作办法简单，种类有限：干肉主要是脯与脩。学生只要给孔子交束脩，就是10条干肉，他没有不教的。做菜主要是烤、烹和羹。烤肉是相当普遍的形式，"脍炙人口"的成语就来自这里。汉画像石里有完整的烤串程序。烹和濡就是用鼎等容器炖白肉。羹有两种，一种是不调五味、不和菜蔬的纯肉汁；另一种加五味和菜蔬煮成。醢就是肉酱，其制法是：先暴其肉，然后切碎，再渍以美酒，放于瓶中，百日则成……这样的食品，原汁原味，如果不加调料难以下咽。当时的调料有盐、酱、豉、梅等。盐是百味之主，如果没有盐，酸甜苦辣就失去了主心骨。《尚书》记载："若作和羹，尔唯盐梅。"山东沿海发现大量商周时期的盐场，说明那时候人们已经离不开盐了。还有一种调料是酱。颜师古认为："酱，以豆合面而为之也。"用一种通称酱曲的菌类分解大豆蛋白，生成可溶性氨基酸等，从而产生鲜味。酱成于盐而咸于盐，如果没有酱的提味，饭就吃不下去，所以孔子说"不得其酱不食"。与酱的味道相近的是豉，也是将大豆煮熟加盐后封闭起来发酵制成。"齐盐""鲁豉"是当时的名品，有"白盐海东来，美豉出鲁门"的诗句为证。到易牙时，形成比较严格的调料配伍法则。据《礼记》描述："凡脍，春用葱，秋用芥；豚，春用韭，秋用蓼，脂用葱，膏用薤；三牲用藙，和用醯，兽用梅。"烹调不同的肴馔，使用不同的调料；烹饪同一肴馔，还要根据季节变换改用调料。

易牙发明了"鲜"字。他把烹饪和食疗结合创制养生菜，治好很多人的病，比如齐桓公的宠妾长卫姬。明代食疗家韩奕推崇易牙，写了一本《易牙遗意》，分为十二类，共记载了150多种调料、饮料、糕饼、面点、菜肴、蜜饯、食药的制作方法。

就是这样一个名厨，却是一个奸臣。为了迎合喜欢美女、美酒和美食的齐桓公，他惨无人道地把自己的幼子杀掉，烹制成鲜嫩的人宴献给齐桓公，从此之后，齐桓公不顾管仲等人的强烈反对，更加崇信易牙。易牙后来联合他人发动政变，活活饿死齐桓公，失败后逃回老家彭城，在那里开了一个私人饭店，直到死去。易牙“杀子以适君”，屡被后人唾弃，但作为厨师，他却为中华民族的饮食做出了贡献，并为鲁菜和淮扬菜体系奠定了基础。

秦汉盛世，厨师成为群体。散布在山东60多个县市的汉画石像，生动记录了当时的饮食场面。当时餐饮的内容很丰富，鼎、釜、甑、炉、灶等厨具样样具备，家畜野味高挂成行，厨夫们忙碌不停。庖厨图中一般没有厨房，厨事在露天举行。诸城前凉台出土的庖厨图，描绘了一个贵族家庭的厨事活动，40多个戴着统一形状帽子的厨师，在剖鱼、宰羊、杀牛、屠猪、杀狗、宰鸡鸭；在汲水、烧火、劈柴、和面、蒸煮、烤肉，可见当时对厨师衣着有统一规定。这张图的下部还有酿酒的人员，左边一人卷袖，双手压木架上的口袋，右边一人用手支撑一小袋，袋下有一缸，这

诸城前凉台出土的庖厨图

是挤压酒汁的场面。另外，还有一群人在完成一个完整的烤串程序，从切肉、切条、串串，到扇风、转动签子、装盘，分工明确，井然有序，像一条流水线。在临沂市博物馆展示的白庄汉画像石上，不仅有烧烤画面，还有一种“抽油烟机”。据讲解员介绍，画面上表现的是一个甗，类似于现在的蒸锅，在蒸锅之上有一个蒸罩，主要作用是排烟气，跟抽油烟机是一个原理。图的下方描绘了一只狗，伸着长长的鼻子，好像闻到锅内的饭香，期待着出锅的美食，垂涎欲滴。中间有一个人，拿着两根肉串，右手拿着扇子，下面有一小火炉，正在烧烤。由此可以看出，汉代烧烤更流行了。在他的后方有兔子和野鸡，露出了脊椎骨，可能是风干兔、风干鸡之类。

尽管是一个盛世，汉代的物质还是不太丰富。从汉画像石上看，没有一个厨师是大胖子，说明他们也吃不到很好的东西。从烹饪方式来看，汉代产生了煎炒炸等新方式。汉代的人们对肉类十分向往，不仅吃猪牛羊肉，还吃内脏、血液，以及生鱼片、金蝉……

粗放、质朴、夸张的汉画像石，记录了汉民族原汁原味的生活形态，也给我们留下一场精神的盛宴。

“煎饼卷大葱”是山东人的一张名片。在互联网上恶搞的人，说山东人“一张煎饼卷天下”。他们还把煎饼和山东人的品格联系在一起，正面的说法是包容、坚韧、粗犷，负面的调侃是嚼不动、撕不烂、咽不下。

符号化的煎饼，的确是山东人的创造。

对我来说，煎饼是一种可有可无的东西。青少年时期，每年只在农历二月二可以吃到煎饼。胶东半岛的煎饼，用面粉和成糊状，加上肉末、青菜搅拌均匀之后，在大铁锅里摊煎而成，又软又香，和鲁西南的煎饼完全是两种味道。大家一边吃还一边说：“二月二，摊煎饼，老婆孩子一天井。”天井就是院子，难道吃煎饼是为了祈求家族人丁兴旺？后来我在明代刘若愚的《酌中志》发现了这样的说明：二月初二“白面和稀摊为煎饼，名曰熏虫。”辽代称庭院中煎饼而食为“薰天”，都是为了熏走不好的运气。

上大学时，我才知道外界说的山东煎饼，其实是鲁西南一带的煎饼，以临沂、泰安、济宁等地的煎饼为代表。用临沂籍同学老马的话来说，就是“胶济线”以南、“陇海线”以北的鲁西南地区，都吃煎饼。

第一次吃鲁西南煎饼，是老马回家带来的，他的老家在沂南，是诸葛亮的家乡。那是一种很薄很圆的食物，我忍不住吃了一口，既粗糙又坚硬，要像野兽一样用嘴撕咬，才吃了两口，我的两腮就开始酸疼。有人说，山东人的国字脸就是吃煎饼吃出来的。老马说，这是沂蒙山区民间传统家常主食，也是久负盛名的地方土特食品。他儿时吃得最多的是用玉米、地瓜干、高粱做原料的煎饼，其中高粱煎饼最难吃，非常干涩，难以下咽。煎饼有几个好处，一是粗粮细作，过去鲁西南以玉米和瓜干为主食，天天吃胃里冒酸水，而且空落落的，做成煎饼味道就好多了。二是容易保存，新鲜的地瓜玉米没法保存，烙好的煎饼薄如纸，折叠成卷，即可食用。经过晾干，叠成长方形，可存放半月到一个月而不变质。三是携带方便，煎饼被称作干粮，出门在外，带着一些煎饼，十天半月的口粮问题就解决了。对鲁西南人来说，只要怀里揣着一沓煎饼，不管是外出还是赶路，就仿佛有了主心骨。

煎饼大多以大豆、玉米、小米、高粱为原料，将原料经过筛、簸、浸、磨四道工序，饱满的颗粒就成了稠乎乎的沫糊。然后用鏊子摊。鏊子是一个铸铁制成的圆形铁板，上面平整光滑，下面有三条铁腿作为支撑，在鏊子和地面间留下空间加柴烧火。还有一个工具是耙子，其实就是一个木板，上面垂直按上一个把手，可以用手拖曳，也就是“摊”。当鏊子烧热以后，舀上一勺煎饼糊放到鏊子上，用耙子沿着鏊子摊一圈，沫糊迅速凝成薄薄的一层，煎饼就做成了。因为煎饼很薄，很容易焦，这一操作要眼疾手快。待成熟以后，就可以揭起来。煎饼的大小以鏊子而定，直径一般在半米到80厘米。好的煎饼要薄如蝉翼，厚度均匀。摊煎饼往往是家庭主妇的活儿。

一位老中医说，现代人的很多病是从口里进去的，为什么？因为人不咀嚼。咀嚼可以产生大量唾液，它含有两种因子，一是可以愈合伤口的因子，二是神经生长因子，所以中医称之为“金津玉液”，煎饼需要长时间咀嚼，在此过程中会产生大量唾液，所以山东人身体特别好。人健康有很多标志，牙齿健康是其中之一。沂蒙山区的人天天吃煎饼，锻炼出强健的牙齿，长寿的人很多。

“只有人间闲妇女，一枚煎饼补天穿”。煎饼的历史悠久，其产生、演变和发展过程，典型地反映了山东人的心态和信仰。摊煎饼用“鏊子”，鏊是由表示海龟的“鳌”演变而来，它从远古时期的石鏊、原始部落的陶鏊、夏商周的青铜鏊、近代的铁鏊，一步步发展到现代的煎饼机器、电磁鏊子。迄今为止年代最早的陶鏊，在5000年前的大汶口遗址就有发现。两晋时期，有了“煎饼”一词，并被赋予特殊含义。王嘉在《拾遗记》中说：正月二十日

临沂民俗馆里展示的沂蒙煎饼生产过程

为天穿日，以红丝缕系煎饼置屋顶，谓之补天漏。相传女娲这一天要“补天地”。她日夜冶炼五彩石，用了七七四十九天，正月二十这天，把破裂的天空补好了。为了纪念她，人们就在这一天吃煎饼，“补天穿”。这恰恰是东夷人图腾崇拜的遗俗。太阳和凤鸟是东夷人最早的图腾，每年农历六月十九，东夷人要给太阳过生日，把谷物做成太阳的形状供奉，现在日照还有一种面饼，厚的叫东夷太阳饼，薄的叫煎饼。到唐代，煎饼已经是一种流行食物，很多唐人包括李白，均以煎饼为题材做过诗。宋元时代，正月初七的“人日”、正月二十的“天穿日”等，都会用煎饼“补天”。1967年，泰安省庄镇东羊楼村发现明代万历年间“分家契约”，其中载有“鏊子一盘，煎饼二十三斤”。可以确知，在明代万历年间，煎饼的制作在泰山一带已很普遍。清代蒲松龄在其《煎饼赋》中写到，“煎头则合米豆为之，齐人以代面食”，“圆如银月，大如铜缸，薄如剡溪之纸，色如黄鹤之翎，此煎饼之定制也。”这是典型的山东煎饼，而且已经开始卷大葱了。

民以食为天，山东煎饼不仅为老百姓撑起“食”的天，也在为国家和民族“补天”。民间传说，煎饼也是易牙的发明，齐桓公九合诸侯，经常出征作战，煎饼成了军队最好的食品。还有人说，煎饼是蒙骜发明的，他是齐国人，后投奔秦国，为秦始皇统一六国立下大功。其战无不胜的原因，是发明了鏊子。临沂人说煎饼是诸葛亮的专利；而泰安人记得，唐末黄巢起义军在泰山驻扎，当地百姓曾以象征“天”模样的泰山煎饼相送，以求义军能得天下。

山东煎饼，推动着历史的车轮，走过汉唐宋，走过元明清，更走过抗日战争和解放战争。明清到民国，山东人背着鏊子闯关东；抗战时期，冯玉祥隐居泰山普照寺，曾经让铁匠在鏊子上凿上“抗日救国”4个大字，烙出的每一张煎饼上都有这些字。他曾撰写了一本《煎饼——抗日与军食》，详细介绍泰山煎饼的制作方法。1937年卢沟桥事变之后，他将这本书送给蒋介石，希望能解决抗日战争中军队的粮食补给问题。在抗日战争和解放战争中，煎饼发挥了很大作用。沂蒙六姐妹就是制作煎饼的高手。

今天的山东煎饼种类不少，枣庄有菜煎饼，曲阜有香酥煎饼，济南有糖酥煎饼。特别是枣庄的菜煎饼，几乎是无所不包。20世纪70年代之前，物资匮乏，老百姓的主食以煎饼为主，开始鏊子温度低，烙出的前几张煎饼又板又硬，称为滑鏊子煎饼，如果丢掉实在可惜，精明的主妇们把大白菜、土豆丝、粉条、豆腐切碎，加点猪油，放上辣椒面、花椒面和盐，做成菜煎饼，非常香甜可口，竟然成为一道地方名吃。

儒家文化田野上长出的“三大农书”

泉城广场是山东省会济南的“心脏”，那里的文化长廊里耸立着12尊人物雕像，像一座座经天纬地的坐标，诉说着山东辉煌的5000年文明史。

其中孔子的形象，是官方经典塑造出来的；而手持一束谷穗的农学家贾思勰，则是从田野和民间靠着顽强生命力生长出来的。

儒学和科学的关系，是一个永恒话题。有人认为，儒家的压制和藐视，阻碍了科学在中国的发展；也有人说，儒学追求以仁为核心的善，而科学的基础是真，儒学的人文精神囊括了科学元素，二者是相融互促的。具体到孔子和贾思勰身上，这种关系可以看得更清晰：一方面，儒家对于士人务农的鄙视，阻碍了传统农学的发展；另一方面，儒家基于立国立身倡导的重农思想，具有强烈的劝农色彩，促进了中国传统农学的发展。

从古到今，中国的农耕社会产生过很多农书，最著名的“四大农书”，是西汉的《氾胜之书》、北魏贾思勰的《齐民要术》、元代王祯的《农书》和明末徐光启的《农政全书》，前三部的作者都出自齐鲁，反映了山东作为农业大省的丰厚底蕴和齐鲁农耕文明对中国传统农业的重要支撑作用。

氾胜之靠一部农书名垂青史，然而正史里竟然没有他的任何记载。《氾胜之书》是中国现存最早的一部农学专著，此前的几部农书，如孔门留下的《夏小正》，以及《月令》《神农二十篇》《野老十七篇》等，都与先秦齐鲁诸子有着密切关系。其中《夏小正》《月令》以及由此衍生的二十四节气，科学地标划了农业耕作的自然时序，对中华农耕文明有着奠基性作用。

氾胜之是西汉末年氾水人。氾水是秦汉时的一条小河，史学界认定氾水治所在今山东曹县北。氾胜之的祖先原来居住在河南辉县，本姓凡，战国后期为避秦乱迁于氾水，改姓氾。这里是商汤时期的首都“亳”，农民不仅会种植五谷，而且知道打井抗旱、灌溉施肥，农业生产技术水平全国领先。受大环境影响，氾胜之自幼熟知农事，并把黄

山东农民：小场院上打场压麦

河下游先进的农业生产技术带到关中平原。

当时，关中平原以种植粟为主，《汉书·食货志》记载：董仲舒上书说："今关中俗不好种麦。"可是这一种植结构遇到新问题：一是小米产量低，春种秋收，满足不了迅猛增长的人口需求；二是随着土地兼并严重，失地农民越来越多；三是关中地区虽然属于京畿之地，人们的温饱问题仍未解决……

作为中央派出的劝农使，氾胜之决定"教田三辅"，把家乡种植冬小麦的技术，在关中推广。氾胜之深知，影响小麦种植的关键点在于土地墒情，他创造了"溲种法"，又被称为"后稷法"，将马、牛、羊等兽骨砍碎煮沸，加入蚕粪、羊粪等，再用雪水搅拌成稠状，选择一个天气干燥的日子，把这种特制肥料，均匀地附着在种子表面。这样的种子耐寒抗旱，保水能力强，能够避免虫害，为种子提供萌芽所需要的养分。这一技术在现代农业中尚有体现。为提高冬小麦产量，氾胜之发明了"区种法"，就是把土地分成若干个小区，做成区田。每一块小区，四周打上土埂，中间整平，调和土壤，以增强土壤的保水保肥能力。采用宽幅点播或方形点播法，推行密植，注意中耕灌溉等。《氾胜之书》总共3000多字，区田法就占1000多字。这个技术的实施，极大地提高了小麦产量。据说新中国成立后，陕北农村还在使用这一方法。

经过氾胜之努力，小麦的地位得以提高。《氾胜之书》称"凡田有六道，麦为首种"。

氾胜之像一个真正的农人，天天奔波在田间地头，其心灵和思想，与土地融合在一起。最后他总结出《氾胜之书》这样一部农书，全书原2卷18篇，包括耕作栽培通论、作物栽培分论和区田法等。在作物栽培部分，介绍了13种作物的栽培方法，内容涉及耕作、播种、中耕、施肥、灌溉、植物保护、收获等生产环节。《氾胜之书》在北宋时散佚。后来从《齐民要术》及《太平御览》等书中辑录约3700字。

氾胜之生活的时代，是在董仲舒提倡“独尊儒术罢黜百家”之后近百年，儒家统治地位已经很稳固，传统观念轻视农学，一心求仕的人很多。在实践和书籍中，氾胜之都在宣扬：“神农之教，虽有石城汤池、带甲百万，而毫无粟者，弗能守也。夫谷帛实天下之命也。”他把发展农业生产提高到“忠国爱民”的高度，实属难能可贵。

寿光市圣城街道李二村的广场上，立着一座贾思勰塑像。村里的白墙上，有很多关于《齐民要术》的绘画。这个村的老一辈人说，贾思勰是李二村的。几十年前，村东发现了贾思同和贾思伯的墓碑，他们是贾思勰的堂兄弟。贾思伯当过皇帝的老师，生前官高禄厚，光宗耀祖，死后载入正史。时光流过1500多年，正史里只字未提的贾思勰，则一再被后人传诵。大浪淘沙，这就是历史的选择。

济青高速公路和高速铁路均穿越寿光。秋冬季节，一片片白色的塑料大棚，恍如白色的波浪，一波一波地奔涌向前，不知疲倦。它们很像是《齐民要术》的巨幅书页，被一遍遍翻阅着……

既然正史里没有贾思勰的记载，后人怎么知道他是寿光人？因为在《齐民要术》中，有一个简单的署名：“后魏高阳太守贾思勰撰”，10个字，还有一部伟大的农书，就是贾思勰留给历史的“自我介绍”。贾思勰生活的时代，正值五胡乱华。占人口绝大多数的是源于农耕文化的汉族人，而统治者则是游牧文化背景的鲜卑拓跋氏。游牧民族要想统治汉族，还得学习汉人的生产生活方式。这正是《齐民要术》得以诞生的土壤。

北魏时期有两个高阳郡，一个在今天的河北省高阳县境内，当时属瀛洲；一个在山东省寿光市境内，当时归青州。《齐民要术》记载“齐民”的生产生活经验，所以这个高阳郡就是寿光。它从春秋战国时期就是齐国四邑之一，农业发达。北魏时实行士族制度，等级森严，贾思勰能够出任太守，证明家境不错。贾思勰能够成为伟大的农学家，首先在于他热爱农业。据北魏均田制的规定，太守有十顷“职分田”，贾思勰应该有一片土地，《齐民要术》记载，他还养过200头羊。自己有过农牧业的实践经验；其次，贾思勰酷爱读书，既读过四书五经，也对农业类书籍情有独钟。《齐民要术》中有很多引自经书的传注，另外引用前人农业著作达150多种。他对《氾胜之书》很是推崇；再次，贾思勰治学态度严谨，曾经踏遍黄河两岸的北魏版图，在山东、河北、河南等很多地方，搜集整理民间谚语、歌谣，访问有经验的老农，并且亲自进行观察、试验，饱尝酸甜苦辣。

济南泉城广场上的贾思勰雕像

于是，一部百科全书式的综合性农学巨著诞生了，这是中国古代成就最突出的一部农书，是中国传统农学臻于成熟的一个里程碑。《齐民要术》系统总结了6世纪以前近400年间黄河中下游地区的农业，尤其是今淄博、青州、寿光为中心的齐地农业。

《齐民要术》的基本思想是“要在安民，富而教之”，达到“仓廪实，知礼节，衣食足，知荣辱”之目的。全书内容丰富翔实，结构严谨，共10卷，92篇，11万多字。囊括了以粮食为主的农业生产、果树林木和蔬菜作物种植、动物家畜养殖，还介绍了一些非本地产的粮食、瓜果，这就建立起一整套农学体系。贾思勰是一个做事极其认真的人，仅仅是“种谷篇”收集的谷物品种就有86种之多；选种有穗选法、水浸法、育种保纯法和储藏法等等。贾思勰还把动物养殖技术向前推进了一步。《齐民要术》有6篇讲述家畜和鱼类养殖。役畜使用强调量其力能，饮饲冷暖要求适其天性，总结出“食有三刍，饮有三时”的成熟经验。养猪部分载有给小猪补饲粟、豆的措施。书中已注意到饲育畜禽等在群体中要保持合理的雌雄比例。“养羊篇”提出10只羊中要有2只公羊，公羊太少，母羊受孕不好；公羊多了，则会造成羊群纷乱。在崇本抑末的时代，贾思勰还提出要售卖农副产品，获取经济效益……

山东大学教授王育济认为，《齐民要术》等农书，虽然都是自然经济的产物，但“预留”了与现代农业相互兼容的接口：一是尊重自然环境、顺应自然时序的生态农业思想。在物宜、时宜、地宜“种养三宜”、顺应自然环境和自然时序这一大原则下，还有许多具体的科学方法，巧妙体现了根据自然环境、自然时序和植物属性从事农业活动的生态原则；二是生产、生活、生态良性循环的有机农业观。《齐民要术》提出绿肥法、踏肥法、火肥法等，将生产生活中的大部分废物变成土壤的肥料。这种良性的有机循环，不但保证了耕地的地力不衰，而且可以使贫瘠的土地变成良田，因而“地力常新壮”成为中华农耕文明有别于西方农耕文明的一大特征；三是“勤力节用”的集约农业思想。对劳动果实的珍惜与节俭同样包含着科学的认识。对自然资源的“任情”挥霍将造成农业生产的毁灭，而“顺天时，量地力”，用尽量少的资源消耗保证农业生产成效，才是农业发展的正道。

读着《齐民要术》，我感觉贾思勰的塑像慢慢生动起来，变得有了气息，有了眼神，有了灵魂。不知道是贾思勰赋予《齐民要术》以生命，还是《齐民要术》让贾思勰得以永恒。后世传抄刊印《齐民要术》的版本达20余种，并广为其他农书、杂著所援引；现今世界上已有20多种《齐民要术》译本出版。该书唐代传入日本，至今日本还流行着一种“贾学”。18世纪，远在英国的达尔文创立生物进化学说，他在名著《物种起源》中写道："我看到一本中国古代的百科全书，清楚记载着选择原理。"这本中国古书就是《齐民要术》。

"一年之计莫如种谷，十年之计莫如树木""民可百年无货，不可一朝有饥"，《齐民要术》里的农谚，今天还在寿光流行。李二村善于种植蔬菜大棚，出产的黄瓜远近闻名。老百姓全部用大豆和酵素等有机肥料种菜。

行走在寿光大地上，你也许会听到这样一曲《寿光谣》：

你问我家住在哪，就在《齐民要术》里查，农圣故里是我热恋的家。

种着三亩二分地，埋着金灿灿种子、长出翡翠般的芽。

小小一把菜篮子，装着北京城的菜肴、大上海的瓜。

一年四季好风景，美丽菜都我的家……

继《齐民要术》之后，到元朝，山东人又写出一部承前启后、南北兼顾、图文并茂的农业科学巨著《王祯农书》。

王祯既是一个基层官员、农学家，也是一个艺术家、科学家。20多年前，我和一个东平籍医生朋友去他的老家，游览县城附近的白佛山。这是一座石头山，远远望去，整座山像一尊弥勒佛，挂着大串佛珠，正对天长笑……朋友说，这个大佛的光芒，可以照射到很遥远的地方。不要小看东平，金代这里曾经是大齐国的首都。金朝把全国分为19路，山东西路的驻地就在东平。从那时候开始，山东这个古老的地理名词，第一次成为行政区划的名称。到元朝，这里是运河沿岸的大地方、全国杂剧创作中心，还是一个出官员的地方，"京官半出东平府"。在这样的地方，即使出了一个农学家，也具有强烈的家国情怀和艺术气质。

王祯是当时著名的道家学者，骨子里却有着浓郁的儒家色彩；他曾经担任过安徽和江西两个县的“一把手”，却热衷于农事；他还喜欢画“百工图”，写诗歌，善篆书；在机械学和工程学方面也卓有成就，发明了木活字印刷……这一切融汇在一起，形成山东第三大农书作者的斑斓背景。

这么一位伟大人物，正史里也没多少记载，只是他曾经担任过县尹的两个地方志里，有他的事迹。这两年，泰山学院有一个叫周郢的研究员，在泰山脚下发现了五通石碑，上面有关于王祯的碑记。王祯年轻时在泰安度过，在一批文人影响下，成为泰安州教授，从事教育工作，精通经史，清介自恃，风雅可颂。后来成为一个正七品的“承事郎”。直到五六十岁，才来到南方，一是在1295年任今安徽旌德县尹；二是在1300年调任今江西广丰县尹。王祯一方面勤政爱民，清正廉洁，经常将薪俸捐给地方兴办学校，修建桥梁，整修道路，施舍医药，“种种善迹，口碑载道”；另一方面，王祯深知农业的重要性，认为“农，天下之大本也，”“古先圣哲敬民事也，首重农。”他身体力行，积极提倡农桑，奖励垦耕。据地方志记载，他每年规划农民种植桑树若干株，对麻、苎、禾、黍等作物种植“授之以方”，还画出耧、耙等各种农具的图形，供农民仿制使用，并在年终逐项考核。他不居高堂衙门，问学在田头，求教于老农，孜孜不倦研读历代农书。在担任旌德县尹的第二年，王祯开始撰写农书，一直到1313年才完成，前后耗时7年多。

《王祯农书》由“农桑通诀”“百谷谱”“农器图谱”3部分组成，全书约13.6万字，插图281幅。该书有两种版本，一种是37集本，另一种为22卷本，不同之处是后者将百谷谱、农器图谱部分做了一些合并。

一部能够传世的农书，自然有着其超越时空的独特价值。

从纯粹农业的角度看，《王祯农书》有创新意义：一是内容比《氾胜之书》和《齐民要术》更全面系统。“农桑通诀”部分，以农事、牛耕、蚕桑等为主线，概述了我国农业生产的发展历史，系统讨论了农业生产的各个环节，还广泛涉及林、牧、副、渔的各项技术，是一部“农业总论”。与其他农书不同的是，它还有“百谷谱”“农器图谱”两个部分，对谷物和农器进行全景展示，完全可以作为封建社会农业的工具书；二，王祯是山东人，在安徽、江西做地方官，又到过江浙等地，此时我国经济重心已经转移到江南，王祯有超越的视野，他综合黄河流域旱田耕作和江南水田耕作，对农事、农技、农具的创新与传承取长补短，涉及南北方17个省区，开历代农书之先河；三是“百谷谱”分门别类地详述80余种粮食和经济作物的起源、品种和栽植方法。同其他古代农书比较，该书多了植物性状的描述，是王祯的一个新创。

这部农书最打动人的地方就是，王祯对农村、农民和农具的热爱具体、深入，有诗情画意，有温度、情感。即使今天打开《王祯农书》，也会有一种田园风光、历史诗意、乡愁滋味扑面而来。这种感觉，在“农器图谱”部分体现得淋漓尽致。这一部分占全书4/5，将农器分为20门，每门分细项，每项作一图，每图下作诗文注解。涉及农具多达105种，插图约300幅，诗词歌赋200多篇，形成图、文、诗三者相互印证的独特结构。

王祯是一个功力扎实的人物画家，“农器图谱”所有配图均由他亲手绘制，他把见到的农具描绘下来，传给后人；还把已经失传的古代机械绘出原型，用于实践。当时，有一种用四头牛拉的耕犁，还有一种用耧与砘结合的播种机，因为先进、适用，王祯及时详细地画在“农器图谱”上，加以推广。水排是古代一种冶铁用的水力鼓风装置，其原动力为水力，通过曲柄连杆机构将回转运动转变为往复运动，因为年久失传，王祯便四处查访，请教老人，终于搞清其构造原理，并把皮囊鼓风改良为简单的风箱鼓风。水转翻车是王祯的重要创新。他在前人创造的基础上，设计了一套复杂的机械装置，以水流为动力，带动翻车，连续把水提升到高处，大大提高了效率，直至今天还在部

“农器图谱”中的连机水碓

分农村地区使用。在王祯的笔下，水砻、秧马、织机、牛转翻车、九转连磨、水力大纺车……一件件原始而古朴的农具农器，被绘图赋予生命和情感。这些绘图浑朴有力，气象阔大，线条峻峭爽利，既有很强的客观力量，又有较高的美学价值；把复杂的机械结构画得简明易懂，视觉可读性极强；画面构图、人物造型、线描特点、节奏感、装饰性、意境情调等方面，都有独到的创意，形成稳定发展的程式。

“农器图谱”还创造性地推出一组“农具组诗”，共255首诗歌，其中207首为王祯创作，集叙事、说明、议论于一体，“器”的描摹，“用”的功能，“情”的融入，交相辉映，取象奇特，充分发挥抒情言志功能，真正实现了艺术思维与科学思维的统一。对劳苦百姓的体恤和对不劳而获者的愤懑，王祯这样表达：“累累禾积大田秋，都入农夫荷担头；才使赪肩到场圃，主家仓廪又催收”；对于自己绘图并赶制的“高转筒车”，这样赞叹：“戽车寻丈旧知名，谁料飞空效建瓴；一索缴轮升碧涧，众筒兜水上青冥。溉田农父无虞旱，负汲山人赖永宁。颠倒救时霖雨手，却从平地起清泠。”即使普普通通的镰刀，也被王祯上升到“道”的高度：“利器从来不独工，镰为农具古今同。芟馀禾稼连云远，除去荒芜捲地空。低控一钩长似月，轻挥尺刃捷如风。因时杀物皆天道，不尔何收岁杪功。”镰刀与云、月、风等相比拟，甚至关联着高不可问的“天道”，天地不可思议的雄浑张力，就这样深刻地聚集在诗人凝视着的镰刀身上。

王祯的创造还不止于此，他还是木活字印刷术的发明者。

王祯在农书最后的附录里，撰写了一篇《造活字印书法》，记述了他亲手研制的木活字版印刷术。王祯说，他担任旌德县尹时才开始写农书，因为字数太多，难以刊印，于是命令工匠创造3万多个木活字，“二年而工毕”，之后试印6万多字的《旌德县志》，不到1个月印制出100部，效果如同雕版一样清晰。两年后，王祯调任江西永丰县尹，期间完成13万字的农书写作，想用活字排版印行，但得知江西官方已决定刊印而作罢。

王祯木活字印刷的程序是，把木活字分别排列在两个直径七尺的轮盘架上，一个叫“韵轮”，一个叫“杂字轮”。韵轮就是按字的音韵次序把字排列，杂字轮就是把一些音韵各不相同的杂字放在一起排列。这样，在排版时，拣字者坐在两个轮架之间，只要转动轮架，就很容易拣到需要用的字。王祯是继毕昇之后，又一个对活字印刷术做出突出贡献的科技人才。

《王祯农书》后来被收入明《永乐大典》、清《四库全书》，译成多国文字传播海外。1992年，记录中国数千年科学文化历史的典籍《影响中国的100本书》出版，王祯所著《农书》列第73位。

王祯的故事说明：儒家文化在经过宋代理学发展之后，推动了古代科技道德的形成和发展，催生了一种积极的、创造性的思维活动。

历史会在不同时空挥洒一笔。王祯肯定想不到，700多年后，在改革开放之初，他的东平同乡万里，依靠农村承包制，在他曾经为官的安徽，掀起了农村改革巨浪……

孔子学说与山东人的饮食观

健朗的母亲，经常在天蒙蒙亮的时候起床，把头发梳理得整整齐齐，油光发亮，在灶台下掏出一堆草木灰，莱州话叫“锅底灰”，它是麦秸燃烧成的灰烬，闻上去有一种焦煳的清香。母亲要进行一种神秘的民间仪式“打囤”，就是用簸箕颠着草木灰，在院子里画出5个巨大的圆圈，每个直径两米多，里面要放上5种粮食……

这是初春季节，万物复苏，包括天空也在往高远处生长。孩子们在画好的“囤”中间蹦蹦跳跳，似乎加入了一场不知道和谁玩的游戏，带着莫名的兴奋和憧憬。“打囤”这一天，孩子们盼望吃到馒头、饺子、烙饼等美味，而大人们则谨言慎行，表情庄重，后来才知道这是在祭祀天上的“仓官”，他曾经负责看管粮仓，在大灾之年冒死打开粮仓，救济灾民，并放火自焚，后人为了纪念他，每年都要在正月底打囤填仓，叩拜“仓神”，祈求五谷丰登。

大人们在燃放鞭炮，磕头跪拜。我在远处好奇地张望：那些圆圆的“囤”，像一张张嘴，又像一只只眼睛。他们想吃什么？又看到了什么？

诸位神仙和列祖列宗正在天上微笑，并俯视我们。他们也需要吃饭，活着的人们就要祭祀和供奉。人通过祭祀与诸神和祖先沟通，必须有物质作载体，食物、玉帛、歌舞、鲜血，乃至活人，都成为祭品。东夷人在“凤”图腾的基础上，形成“万物有灵”的原始宗教，出现了原始的礼器制度；到殷商时期，祭祀是一件很常态和很重要的事。“国之大事，在祀与戎”，祭祀对于礼的形成起到关键作用，也是最早的“礼”；到西周时期，周公“制礼作乐”，创立了一套完整的封建社会伦理道德理论。其制定的《周礼》包括礼义、礼节、礼俗三个层面。礼仪或礼节是具体的礼乐制度，分吉、凶、军、宾、嘉五大方面，细分有“经礼三百，曲礼三千”，有着重要的社会功能。比如嘉礼，是使万民相亲相爱之礼，国人聚餐的习俗就是由其中的饮食之礼而来；周王室衰微之后，“周礼尽在鲁”，鲁国传承34代，前后870年，完整保存了西周之礼。鲁国都城曲阜是一个以“礼”建制的城市，因循周礼，稳重守成，这个城市诞生了中国最伟大的思想家孔子。孔子一辈子追求周礼，克己复礼，把齐俗“仁”经过改造，与鲁之“礼”结合，形成最高理想的“道”。

山东人既打造了中国饮食的物质形态，提升了中国饮食的理论水平，又熔铸了中国饮食的思想观念，其核心就是儒家思想的“礼”“仁”“和”。

在山东民间，饮食遵循儒家之“礼”，其表现形式则往往是对道家诸神的祭拜。我觉得慈祥的母亲就是一个神秘的巫师。神，好像总是在节日才由母亲迎接到人间。正月初五是财神的生日，初九是玉皇大帝的生日，元宵节是天官大帝的生日，二月二是土地神的生日，清明节要祭祖，端午节要祭祀龙神或水神……我记得最清晰的，是腊月二十三的“辞灶”仪式。这一天，常年挂在我家正间东边锅台墙上的灶王爷，要从烟熏火燎中解脱出来，回天庭向玉皇大帝汇报工作。母亲找人写了一副对联，“上天言好事，回宫降吉祥”，希望灶王爷多说点好话，让苍天新一年降福人间。接着要进行祭祀，把墙面用白粉刷一遍，在灶前摆上糖瓜、果品、年糕等，要让灶王爷的嘴变甜，光拣好听的说。然后，把旧灶神画像揭下烧掉，送他上天；加一些谷草和杂粮，给他在路上喂马。父亲会去赶大集，买回一张崭新的灶王爷画像，让他重新上岗。从这一天开始，母亲会选择一个好天气，把家里彻底打扫一遍，锅碗瓢盆全部擦拭干净。在那些通神的早晨或者夜晚，母亲在院子里点上几张纸，洒一碗热汤或者酒水，嘴里念念有词，红彤彤的火苗在黑暗里跳动，白色烟雾升腾，构筑了一个奇妙的世界。后来我才知道，几乎每一个民间传统节日都和道教有关。北宋之后，儒道合一。在一个家庭中，父亲是儒，母亲就是道。道教思想体系包含了儒家所缺乏的因素，这些因素在现实生活中至关重要。它普遍而又巧妙地关注到人的敬惧、神秘和惊异等感觉，关注人的情感、情绪和情趣。每一个山东家庭里的母亲，就是这个家庭的“守护神”。我觉得母亲特别强大，每次遇到害怕的事只要想想母亲，就觉得身后有无数神灵跟随着，像有千军万马在保护一样。

胶东盛产优质面粉，这里的人们奉献给诸神的最好礼物，就是各种面食。我印象深刻的有两种形式，一是花饽饽，就是胶东面塑；二是用模具塑形的各色面食。

花饽饽一般集中在春节前后制作，清明、七夕、中秋等重要节日也各有题目，花样最少达上百种，飞禽走兽，植物花卉，蔬菜水果，乃至各色人物，表达着富贵、吉祥、和谐、美满等诸多寓意。海边的人开海之前要供海神面塑；三月三是胶东“小媳妇节”，新婚女子回娘家，要带很多面塑燕子，“三月三，大燕小燕整一千”，那些面燕或伸颈，或展翅，或身上驮着小燕，或回巢递食，流露出深情的母爱，这是“凤”图腾不经意留下的遗俗。我最喜欢的面塑是“圣虫”，它像一条长蛇，一层又一层，蜷缩着盘在一起，头部顶在最上面，有抽象的眼睛、鼻子和耳朵，舌头是一个硬币。有一个供奉仪式，祖先居中，菩萨和财神分列左右，在他们面前放3个装满粮食的大碗，再放上“圣虫”，祭祀完毕，就把“圣虫”放到装麦粒的大缸里，寓意有吃不完的粮食。为了不让我们吃掉，母亲会把“圣虫”藏得很深，但是用不了几天，就会被我找到，三口两口吞进肚子里。母亲最擅长制作刺猬，一小团面在手里，捏出一个嘴尖腚大的刺猬造型，剪出全身的刺和尖尖的嘴，再用两粒绿豆当作眼睛，一只可爱的刺猬诞生了。胶东

莱州面塑

老一辈女性都是艺术家，她们和面团融为一体，充满浪漫的想象力，随心所欲，夸张变形，造就了质朴、生动、艳丽的面塑。

在莱州土话中，食模叫“卡子”，制作出的面食，官话叫“巧果”，土话叫“合意”，我不知道这两个土得掉渣的字应该怎么写。这种食物模具，取材于当地的梨木或者苹果木。青岛收藏家逄焕健收藏了5300多种食模，材质各异，图案达数百种，鸟兽鱼虫、文字纹饰、神话传说，各具神采。他说：古人以形构意、以形抒情，上演了一场千变万化的意象文化大餐。“桃”自古以来就被赋予长寿之意；“莲”则是“连”的谐音，意为连心；“藕”与“莲花”有着男女“偶合天成”之意，成为爱情的象征。除了果蔬花卉，鱼、猴子、狮子、蝙蝠、青蛙、老虎、燕子等动物，都各有美好寓意。人从出生、百日、生日、结婚、去世，都有相对应的面食。日常生活中，盖房上梁，要在大门口摆上一对面老虎，意为“看门虎”；梁头要摆佛手、面鱼，意为“富裕”；屋脊两端要摆龙凤，意为“龙凤呈祥”；窗台上要摆一对葫芦，意为“福禄万代”……时辰一到，主人一边指挥上梁，一边向人群撒巧饽饽、巧果，还要唱上梁歌：“扬饽饽，把饽饽扬，邻里帮忙来盖房……”逄焕健收藏了一块月饼食印：月宫里，嫦娥轻舒广袖，向外顾盼，阶前玉兔一边捣臼，一边回头张望，两者遥相呼应，生动形象。我最盼望过七夕，这一天是父亲的生日，据说在葡萄架下可以听到牛郎织女的私语。这一天，莱州家家户户要烙“合意”，炸面鱼和“反背果”，那些纯粹木色的食印，有的刻着一条鱼，有的刻着一个花篮，还有的刻上几个或者十几个图案，小金鱼、小葫芦、小石榴、小狮子等等。把面粉、鸡蛋、食用油和白糖搅和好，按进食模里，成型之后再卡出来，在大铁锅里慢火烙熟，直到有一点焦黄颜色，趁热吃起来酥脆香甜。用线串起一二十个来，挂在墙上，晾干之后，在难熬的日子里偶然吃上一个，心情瞬间会美好起来。面鱼一般是批量生产，用食模一条一条卡出来，像油条一样放在油锅里，不断用长筷子搅动，直到熟透，流着油吃最香。为了便于保

莱州面塑制作过程图示

存，要在铁锅里烙干，坚硬如铁，可以存放几个月，只是吃起来要费点劲儿……

山东是礼仪之乡，在过去的农村，逢年过节、走亲访友，手上不能空着，而送礼的最佳选择就是面食。几个花饽饽、面鱼，往对方桌子上一放，相互推搡着谦让一番，主人会欣然收下，这是相当体面的礼物了。如果送“一把”鸡蛋，那简直就太奢华了。10个鸡蛋，得是多重要的亲戚！收下礼品的人家，也舍不得吃，而是增减一点东西，击鼓传花般送给第二家，可能这个礼物最终会回到制作者手上。直到快发霉发馊，才会被吃掉。

主宰山东饮食文化的是儒家思想。儒家对饮食过程中的待客之礼、宴饮之礼、进食之礼都有具体规定。本村的亲戚，一般不会留你吃饭，自己家还不够吃的呢。留下吃饭是一件很给面子的事，必须讲究进餐礼节。这些礼节自“周礼”时就有，一直坚持到当代：大家共同吃饭时，不可只顾自己吃饱。要检查手的清洁；不要用手撮饭团，不要把多余的饭放回锅中；不要喝得满嘴淋漓，不要吃得啧啧作声；不要啃骨头，或者把骨头扔给狗，不要把咬过的鱼肉放回盘里；盛一碗汤搅来搅去不喝不礼貌，显得饭菜不合你口味；不要夹走一大块肉，这是贪吃的表现；饭吃完了，客人要主动帮主人收拾。

吃饭的时候排座次，是山东人乐此不疲的爱好。山东人自古就通过座位表示身份的尊卑。座次井然有序，背后是一个“礼”字在支撑。在一个家庭的饭桌上，爷爷或者父亲要坐在最重要位置，他们不动筷子，别人不能吃饭；最好吃的东西，要先让给他们；女性不能上宴席的主桌；吃饭时不能说话不能嬉笑……

谁能想到，这是孔子给我们留下的规矩。

已故的孔子基金会理事长王大千，自称是给孔子打工的“秘书”，一辈子都在弘扬孔子精神。他曾为我们描述了一幅2500多年前孔子用餐的情景：

正襟危坐的孔子，端庄肃穆。餐桌上有青菜、有肉、有汤，还有一份粟米饭。食物都很普通，但态度却马虎不得。孔子一再主张“食不厌精，脍不厌细”，所以这些食物都做得很精致，每份菜需要配不同的酱，且有序地摆放在一边。除此之外，还有一份姜片放在餐桌一侧，这是孔子每餐必不可少的。

陪同就餐的家人和弟子们鸦雀无声。孔子郑重地从每样饭菜中取出一点，放在餐桌的一角，用于祭祀，这是孔子每餐必修的功课。在悄然无声的肃静气氛中，孔子平静地结束了进餐……

这样的场面每顿饭都在重复着，在外人看来枯燥无味，而孔子却把它当成一次次“礼”的修炼，在学习礼、践行礼和思考礼的过程中，他自然而然地进入“仁”的境地。“礼”是孔子一生的最大底色。

济南有一个“八不食”连锁饭店，是鲁菜的代表性名店之一。其创始人之一姚军带我去参观他们的透明厨房，并介绍八不食的相关知识：

孔子的克己复礼，体现在吃每一顿饭，睡每一次觉，都要克制和节制。他所在的时代，肉食是非常难得的美味，吃肉是一种奢侈行为。孔子常把最喜欢的事物和肉相提并论，听到韶乐之后三月不知肉味。即使面对和韶乐一样的肉食，孔子也坚守着自己的原则，饮食有节有据。《论语》乡党篇记录了孔子日常生活的细节，“食而餲，鱼馁而肉败，不食。色恶，不食。臭恶，不食。失饪，不食。不时，不食。割不正，不食。不得其酱，不食。肉虽多，不使胜食气。惟酒无量，不及乱。沽酒市脯，不食。不撤姜食，不多食”，“八不食”的概念就来自这里。在食材的选择上，孔子强调选择色正、味正、新鲜的食材，“八不食”酒店注重绿色、有机、无污染、无添加，大部分蔬菜、禽类、鸡蛋来自自营农场；花生油、芝麻油皆为自选原料，定点加工压榨。在食材加工方面，粮食舂得精，鱼和肉切得细，食材的烹调加工恰到好处。济宁和曲阜一带的甏肉，就是按照孔子要求，把猪肉切成长条的。“八不食”酒店传承鲁菜文化的精髓，按传统工艺烹饪，不用味精鸡精和色素，只用高汤调味，力求口感纯正，色味俱佳。孔子说，饮食要多样化，以求营养丰富，易于消化吸收。食物应当以五谷杂粮和蔬菜为主，肉不宜多吃，酒以适量为宜；一些生姜之类的食材要常吃。每餐必须有姜，但不宜多吃。进食要有规律，按时饮食……“八不食”酒店把孔子的饮食理念落实到每个细节。

随着姚军的介绍，我感觉一个微笑着的孔夫子，就飘荡在饭菜的烟气之中。他坚持在一种自己设定的框架中：只要遵守礼，就会实现仁，礼崩乐坏的局面就能改变。他风雨无阻，雷打不动，从衣食住行等小节做起，一直孜孜不倦地内省，提升修为，直到七十，达到“从心所欲不逾矩”的仁者圣境。

儒家思想的核心是“仁”，实现“仁”就需要“礼”的教化。“仁”首先是一种内在的道德修养。从文字上看，仁是指人与人之间的关系，孔子说“仁者爱人”。在新出土的战国儒家竹简中，“仁”字从身从心，上下结构，其含义是“反求诸身”“反省自身”，加强自身修养，这是“仁”的本初意义。孔子“仁”的学说以“修己”为前提，进而按照孝亲、仁人、爱物的逻辑展开；饮食也可以体现忠君、尊长、孝亲的仁爱美德。

在对饮食礼仪的孜孜追求中，诞生了一个“仁”的灵魂。孔子对天地万物都很尊重，追求美食，但是不破坏大自然的和谐。孔子认为，可以钓鱼，却不能用网捕鱼；可以射鸟，但不能射归巢休憩的鸟。《论语》称其“虽疏食菜羹，必祭，必齐如也。”即使是粗饭菜汤，吃饭前也要取出一些来祭祀，而且容貌肃敬。若看到丰盛的食物，必定面色变得庄重，体态变得恭敬，“有盛馔必变色而作”。“席不正，不坐”“食不语，寝不言”，用餐就寝时坐得端端正正，不说话，恭敬一如日常。天地赋予我们生命，就要好好珍惜，对赖以生存的饭菜，能不心怀感恩与敬畏吗？另外，在面对国君、长者等不同对象时，要安排好神人、尊卑、长幼关系，维护道德和秩序。国君赐予食物，必端正席位先品尝。国君赐腥的，必煮熟后先荐奉于祖先。国君赐活的，必须养着。侍奉国君同食，在国君祭祀时，自己先尝一下味道。先秦乡饮时必须遵守尊卑长幼顺序，违序即违礼，“乡饮酒之礼者，所以明长幼之序也。”《礼记》记载，孔子“长者举，未釂，少者不敢饮”，长者不饮尽杯中酒，少者不得饮。《论语》记载：“乡人饮酒，杖者出，斯出矣。”举行乡饮酒礼，必须让长辈先出门，然后自己再出去，以示尊老。“有酒食，先生馔”，遇到好饭菜时，孔子总是让年长者先食用。礼只能由仁人来实行，不仁之人是无法自觉遵守“礼”的。在孔子这里，内心的恭谨外化成了庄重的礼仪……

孔子认为，仁是礼的最高境界，礼是仁的实现途径。礼上升到仁，就进入大道了。

这首先是关乎国泰民安、长治久安的治国之道。孔子非常尊崇大禹，《论语》说大禹“恶衣食，致孝乎鬼神”，自己吃得穿得很差，但祭祀的食物很丰盛。所以孔子教育弟子：“君子谋道不谋食。耕也，馁在其中矣。学也，禄在其中矣。君子忧道不忧贫。”君子谋求大道，不担心自己是否贫穷。君子不要顾及自己的饭碗，而要着眼于天下大众。由吃饭上升到国家社会层面，让社会长治久安才是君子的职责。学生子贡请教老师如何治理国家，孔子说：“足食足兵，民信之矣。”食物与战争武器被放在同等重要的位置。当不能同时满足这两个条件时，孔子坚持要先去战争武器，因为食物比之更加重要。当时，鲁国国君淫乱荒政，弟子劝孔子离开。《史记》记载，孔子说，“鲁国要在郊外举行祭祀，如果还能将祭肉分赐给大夫，那么我还可以留下。”结果鲁君一连三天不上朝听政；郊祭后，没有将祭肉分赐给大夫，孔子这才离开。对于肉的态度，体现了国君是否公正爱民，成为国运兴旺的一个重要风向标。

饮食观里包含着人的品德、情怀与精神。孔子教导弟子们不要追求饱食终日、无所事事的生活，“君子食无求饱，居无求安，敏于事而慎于言”，把精力用于对人生大道的追求，从而成就自己的圣贤品格。孔子周游列国途中，在陈国遇到一次“绝粮七日”的困窘，跟随的人都饿病了，不能起身。子路愤愤不平地对孔子说：“难道君子也有穷困的时候吗？”孔子说：“君子安守穷困，小人穷困便会胡作非为。”之后依然弦歌不绝。他希望弟子们“饭蔬食，饮水，曲肱而枕之，乐亦在其中矣。不义而富且贵，与我如浮云。”

画于明代的孔子半身燕居像

济南有一个饭店叫“箪食巷”，其创始人是一个儒商，为饭店起名字时，脑子里蹦出孔子赞誉弟子颜回的一段话：“一箪食，一瓢饮，在陋巷，人不堪其忧，回也不改其乐。贤哉回也！”颜回安贫乐道，一碗饭，一瓢水，住着简陋的茅舍，却依然非常快乐。“箪食巷”有很多名吃，秘制鸽子连广东食客也赞不绝口，还有一道“颜回烤羊腿”，据说在周游列国的过程中，孔子一连好几天没饭吃，颜回出去乞讨，有位农夫正在杀羊，被颜回的行为感动，送了他一根羊腿。颜回感激万分，自己烤制羊腿，送给老师充饥……其他菜品还有“颜回鱼圆”等，味道确实与众不同。

饮食体现着人和人之间的关系。据史料记载：孔子妻生子，鲁哀公派人送去两条鲤鱼，以示庆贺。孔子先用鲤鱼祭祖，又给儿子取名孔鲤。送生育礼在山东至今依然流行。“阳货欲见孔子，孔子不见，归孔子豚。”权臣阳货想召见孔子，孔子不去，他赠给孔子一个蒸熟的乳猪。一方面，按照当时礼制，大夫送给士礼物，士要亲自拜受，阳货想逼孔子见他；另外，专门送孔子蒸乳猪，也是投其所好。孔子不想见这个人，就趁他不在家时去拜谢，结果在路上遇到阳货。经过一番交流，孔子终于答应出去做官了。《礼记》中记载了孔子吃肉酱的细节。在孔子去世前一年，子路死于卫国，孔子在房屋前庭哭子路。报丧的人说子路死后被剁成肉酱，孔子叫人赶快倒掉自己吃的肉酱。颜回是孔子最喜欢的弟子，先他两年而死，办完丧事后，颜家给孔子送来祭肉。孔子到门外去接受了祭肉，回到屋里，弹过琴后才吃……

在孔子“仁”“礼”思想影响下，山东的饮食究竟是一种什么味道？

是一种中和为美、敦厚平和、大味必淡的化境。

和，单单从字面上去理解，就是口中有五谷，吃饱了肚子才能“和”。“和谐”一词源自饮食文化。“和”是中国哲学思想的精髓，其本源意义是指烹饪的最高境界。孔子之前就有关于“和”的观念，《左传》里说：“和”就像烹制羹汤一样，用水、火和各种佐料来烹制鱼肉，让掌管膳食的人去调和，努力达到适口的味道。君臣治国，也是这个道理。所以古人常用“调和鼎鼐”一词来形容治国，鼎鼐就是煮肉的器皿。《国语》中说“以他平他谓之和”，把不同的东西结合在一起使它们得到平衡，这叫作和。晏子指出：烹调，必须使酸、甜、苦、辣、咸调和在一起，达到一种五味俱全、味在咸酸之外的境界，才算上等佳肴；如果味道之间没有区别，乐器发出的声音千篇一律，那还有什么意义呢？孔子将“和”的概念引用到社会领域，用以阐述做人的道理。孔子讲“和”，先讲个人心性之“和”，一个人只有在身修性养之后，才有可能成为与“小人”有别的“君子”，进入“君子和而不同，小人同而不和”“君子周而不比，小人比而不周”的境界；然后再往外推，“修己以安人”“修己以安百姓”，由己及人，从小到大，渐次推到人际之“和”、家国之“和”、人类之“和”、天人之“和”。孔子一生的奋斗目标就是天下大治、天下大同。这一论述，既符合当时中国是一个低水平农业社会的实际，又切合中国人重血缘宗法的文化传统，从根源上为“和”找到一条切实有效的实现路径。

在孔子思想影响下，齐鲁饮食与天和、与地和、与人和，天、地、人、食合一。所以鲁菜特别讲究调味艺术，调味将饮食提升到艺术境界。鲁菜烹饪行业内有句古话，叫作“五味调和百味香”。“五味调和”的核心，是一个“和”字。有味之和，才能有香之远、美之久、醇之妙。

“和”，不仅仅体现在具体菜品上，还以饮食为根基，生长出政治理念和学术思想。台湾教授张起钧认为，中国圣贤设教把人生的倾泻导向饮食，因此在这方面高度发展，并影响了文化走向。西方人更多的是从男女情欲的角度认识世界，把“爱”这个个人私情看作对美的本体的眷恋，并把它看成是对现实的哲学思考；中国精神文化的许多方面都与饮食有千丝万缕的联系，大到治国之道，小到人际往来都是这样。

在菏泽，一个朋友告诉我说，在菏泽地处仰韶文化和大汶口文化的接合部，已经发现上古先民的遗址300多处，而且是殷商的重镇。一个奴隶出身的名厨伊尹成为宰相。伊尹的老家在曹县，现在那里还有他的祠堂和墓地，农历二月二十一是他的生日，有盛大庙会，附近4个省上万人会来祈求平安。当地人把伊尹的故事传得很神奇，说他辅佐过5位国王，活了100多岁，去世时连续3天大雾弥漫……曹县正在打造“食祖伊尹”品牌，有研究基地，召开各种研讨会，还有祭祖仪式和饮食大赛。烹饪理论学者熊四智主张“立伊尹为厨坛始祖”。

中国古代名厨辈出，伊尹之前有帝尧时代传说中的彭铿，之后有周朝的太公吕望，春秋时代的易牙等。伊尹不光厨艺超群，而且在烹饪理论和治国理政方面独树一帜，是历史上第一个以负鼎俎调五味而佐天子治理国家的杰出庖人。他创立的“五味调和说”与“火候论”，至今仍是中国烹饪的不变之规。他“教民五味调和，创中华割烹之术，开后世饮食之河”，被中国烹饪界尊为“烹调之圣”“烹饪始祖”和“厨圣”。史料记载，伊尹幼年寄养于庖人之家当奴隶，得以学习烹饪之术，山珍海味都尝过，手艺好到极致，已经达到“道”的层面，并由烹饪而通治国之道。司马迁在《史记》中说：伊尹“以滋味说汤”，成为商汤心目中的智者贤者。

伊尹是怎么说服商汤的呢？他的一番话，记录在《吕氏春秋》一书中。他认为，美味的动物有水里的鱼鳖类，天上的鹰雕类，地上的鹿獐类。水里动物的肉腥，食肉猛禽的肉臊，吃草动物的肉膻。要五味调和，用水、木、火这三材来细细加工。多次煮沸，不断变化，其中火候是关键。火时大时小，时强时弱，就能除掉腥味、臊味和膻味。火候要适中，不能过度。调和味道，在于运用酸甜苦辣咸。先放后放，放多放少，都很有讲究。锅鼎里味道的变化，如同四季变化，精妙细微，只能意会不能言传。这样做出来的食物就会熟而不烂，甜而不厚，酸而不过，咸而不减，辣而不烈，淡而不薄，肥而不腻……

据说，伊尹给商汤烹调了一份鹄羹。汤当即封他为“相”。老子对此有个总结，说是“治大国如烹小鲜”。

餐饮包含着丰富的学术思想。中国传统文化的特征在饮食文化中都有反映，如“天人合一”说，“阴阳五行”说，“中和为美”说以及重“道”轻“器”、注重领悟、看轻实证、不确定性等等。它们都渗透在饮食心态、进食习俗、烹饪原则之中。

有一次在中央电视台《国家宝藏》节目中，我看到孔子博物馆馆长郭思克，携带一套战国时期齐国的铜制餐具，讲述了一个“礼藏于器”的故事：稷下学宫有3个功能：政府智囊团、社会科学院和最高学府，存在了150多年，诸子百家在此著书讲学，互相切磋驳难，掀起思想界一大波澜，促成百家争鸣的局面。百家学术的诞生，难怀了学宫里的美厨娘夏姜。每个人的饮食习惯不同，连餐具都要依据儒家法家阴阳家做准备，比君王还难伺候。名士们认为饮食是一件大事，坚持己见，不肯调和口味。聪明的夏姜，设计了一套精美的铜组合餐具，由60多件餐具组成，包括10个耳杯、10个小碟、10个盒子、4个碗、25个盘，外形小巧，却内含乾坤，以罍形的外壳盛装。每件餐具之间套合紧密，环环相扣，稍有偏差，便无法再次装入或取出。从配套的耳杯和小碟数量来看，当时已盛行10人之宴。

夏姜在宴席上带来这套铜餐具，让学子们品尝别人的饮食。她认为：要设身处地，才能感同身受。饮食有自己的规矩，春多酸，夏多苦，牛肉配稻，羊肉配黍，调和食物的温热寒凉，要根据食物自身来决定，将十人宴饮之餐具，装在这小小的罍中，希望大家放下偏见，理解食物，品味四方，重新定义对饮食的理解。希望有一天稷下学宫的庖厨不再做百家之饭，只做一家之餐。她以饮食文化为喻体，不但成功解开困局，还调和了学子之间的“口味之争”与“学术分歧”。

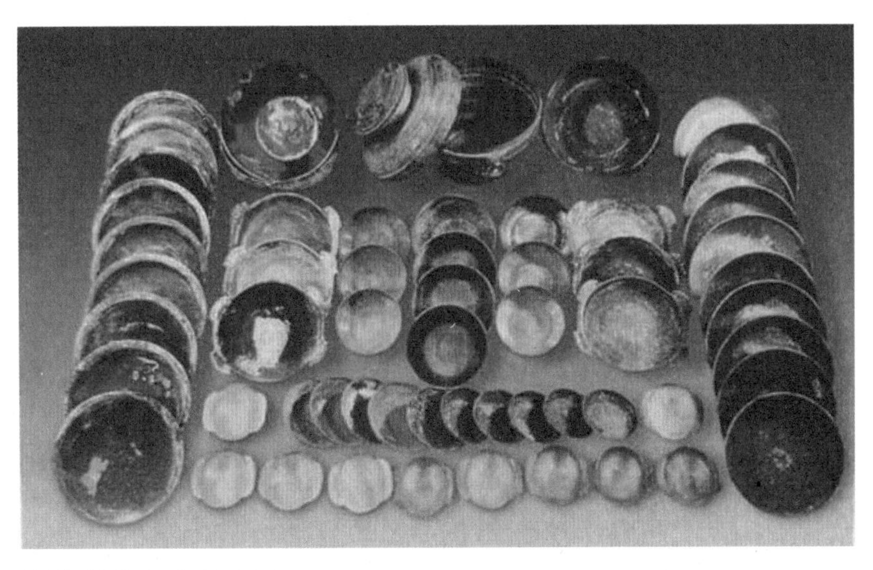

战国铜餐具调和“口味之争”

这套餐具出土于20世纪90年代初，出土时已变形，无法进行组合。山东省博物馆的专家们利用现代科技重新推算餐具的弧度，然后对模型不断进行打磨、优化，实现了对铜餐具的数字化重组过程，使之形成一套完整的组合，让文物活了起来。

第三章
胃口的疆域：收缩与扩张

佛道清心：山东人多了一种味道

烟台推出“仙境之旅”，吸引游客纷至沓来。其实早在2000多年前，就有人开启了胶东半岛的“仙境之旅”，到这里寻找神仙和长生不老之药，勾勒出胶东饮食的鲜明底色。

山东渔民耕海牧渔

这里面最重要的人物要属秦始皇和汉武帝。

往东走，有一个仙境在等着我们。不知道秦始皇是怎么想的，反正我喜欢胶东的清爽和开阔。秦始皇当年实现中华民族大一统，指点江山，到处巡游，在石头上铭刻自己的丰功伟绩。他活了50岁，曾5次出巡，其中3次来到山东，可见山东在他心中的位置。他是东夷人的后裔，潜意识里有荣归故里的冲动，同时也是为了学习发达的齐文化。除此之外还有一个重要原因，就是来寻找长生不老之药。

这透露出一个秘密：人类用嘴巴进行着对世界的探险，无论其表现形式是政治还是饮食。一方面，我们在坚守自己的种族基因，保卫不能被格式化的胃；另一方面，人类有着天然的好奇心，甚至演化为贪心，不断向外扩张、扩大、扩充，兼容着胃口、时空和思想，这些反过来都对饮食产生巨大影响，并且在味蕾中留下痕迹。

秦始皇和汉武帝在胶东半岛带动的神仙文化，为道教产生奠定了思想基础，为道士的出现做好了准备。作为本土宗教，道教诞生于东汉末年，以道家思想作为理论依据，此前的部落图腾、神话传说、鬼神崇拜、自然崇拜、祖先崇拜和神仙方家，都被纳入庞杂多元的道教系统。在秦始皇眼中，胶东半岛是一个令人向往的“仙境”：首先，这里像一个楔子，插入烟波浩渺的大海，太阳从海面跳跃而出，晚霞溅出一轮明月。还有那虚无缥缈的海市蜃楼，明灭变幻，很容易让人产生无尽遐思；其次，这里自古就有神奇传说，渤海里有蓬莱、方丈、瀛洲三座神山，物色皆白，黄金白银为宫阙，珠干之树皆生，华实皆有滋味。姜太公封了“齐地八神”，天地兵三主在山东内陆，日主、月主、阴主、阳主、四时主属于自然神，均在胶东半岛；再次，半岛的方士队伍数量庞大，司马迁在《史记》中用“以万数”“数千人”“以千数”来形容，说明这里有一种神秘的宗教氛围。

秦始皇分别于公元前219年、公元前218年和公元前210年出巡山东，先后到过峄山、泰山、济南、临淄、荣成、芝罘、琅琊等地方，第三次归途中，在德州附近染病，后死于河北沙丘。

他的出巡，既是寻仙之旅，也是美食之旅。

一方面，秦始皇把品尝到和开发出的胶东美食带回国都，有效扩大了胶东饮食文化的影响力。过去齐地祭祀均用“牺牲”，秦始皇拜祭阳主之时，采用面粉制作牛、羊、猪等，首开胶东面塑之先河。其后，民间也多模仿用牛、羊、猪等动物面塑奉祀祖先。据福山民间传说，秦始皇喜欢吃海鱼，但不会吐刺，被鱼刺伤了咽喉就要杀掉大厨。一个厨师知道大祸临头，把鱼放到砧板上使劲拍打，嘴里骂个不停，却意外发现鱼肉和鱼刺分离，于是将鱼肉制成丸子，鲜嫩无刺，秦始皇龙颜大悦，胶东菜由此进入宫廷。秦始皇第一次东巡，遇到了方士徐福，他说服秦始皇让他带童男童女入海寻找仙药，花费巨大，而没有结果。到秦始皇第三次东巡，徐福怕被问责，告诉秦始皇：“蓬莱药可得，然常为大鲛鱼所苦，故不得呈，愿请善射者与俱，见则以连弩射之。”秦始皇因为“梦与海神战，如人状”，便相信徐福，“自琅琊北至荣成山，弗见。至之罘，见巨鱼，射杀一鱼”。秦始皇射杀大鱼之后，就同随行人员烹而分食。他还给徐福三千童男童女，让他继续出海求仙。这次出海，徐福再也没有回来。

另一方面，秦始皇把全国各地的饮食文化、习俗、原料和美食带到胶东，并融入当地饮食文化。《吕氏春秋·本味篇》记载当时的烹饪原料，包括肉类、鱼类、菜类、果类、调味品类，甚至还有优质水源。这些都被跟随皇帝东巡的大厨带到胶东。祭祀结束后，要举行盛大宴饮活动，祭祀所余酒食，要供凡夫俗子享用。另外，秦始皇随行人员成千上万，来自全国各地，秦始皇还徙“黔首三万余户到琅琊台下”，极大改变了当地人的饮食结构，对胶东宴饮礼仪和宴饮风格的形成产生重要影响。秦朝派遣李冰进入巴蜀之地，川菜由此萌芽；在广东建立南越国，使“飞、潜、动、植”皆为佳肴，粤菜自成一格；加上鲁菜，四大菜系的三大体系隐约可见，山珍海味、鸟兽虫蛇、瓜果野蔬无不为其所用。

在胶东，我感受到一个词：清爽。有人说，道家有两个特点：一个字是“清楚”的“清”，另一个字是“轻”。道殿一般都称为“太清宫”，古时候太阳叫大明，月亮叫大清。道家就像月亮一样清爽，想要在浑浊的世界里呼吸一口新鲜空气。这种非常淡雅的心境，极其鲜明地体现在胶东人的饮食里。

秦始皇第一次出巡，曾经在泰安举办封禅大典，宰相李斯刻石记此事，李斯碑至今还保存在岱庙里。当时，经过长期战乱的人们非常清苦，没有珍品贡献，就用本地特产“泰山豆腐”制作成美味佳肴，秦始皇吃了之后，觉得滑嫩鲜美，软而不烂，且洁白似玉，非常高兴，且又正值封禅佳期，以为此乃天赐美味，故加封泰山豆腐为“神豆腐”……

豆腐清清爽爽，是一种道家食品，据说是汉代淮南王刘安的发明。刘邦的孙子刘安是一位喜欢读书的人，给后人留下一部道家名著《淮南子》，其中涉及众多领域，甚至包括物理、化学和天文学。这个充

山东街头的豆腐摊

满好奇心的人，将鸡蛋黄和清去掉，燃烧艾草，用热气使蛋壳浮升，这是热气球升空的原理。他招数千方士烧丹炼汞，以求长生不老之药。他们用山中清泉磨制豆汁，培育丹苗，豆汁和石膏、盐产生化学反应，形成豆腐。他们称之为菽乳，后来改称“豆腐”。元代吴瑞《日本用草》一书写道：“豆腐之法，始于汉淮王刘安”。早期，豆腐是道家的外养服食药物，到宋代才成为普通大众食品。

刘安生活在西汉初期。源于齐国的黄老道家，主张虚无为本、因循为用，以求经世致用、治国安邦。司马迁的父亲司马谈对此进行总结，首次提出“道家”这一概念。到汉武帝时，采用董仲舒的建议，“罢黜百家，独尊儒术”。但汉武帝骨子里是一个疯狂的道家，他踏着秦始皇的脚印，多次到胶东半岛寻找神仙。山东人东方朔是汉武帝的重要谋臣，以滑稽讽谏见长，被视为相声的老祖宗，他说：“神州，东海中，地方五百里有不死草生琼田中，草似菰苗。人已死者，以草复之，皆活。”汉武帝9次来到胶东半岛，或在海上，或在陆上，行礼祠神，寻仙求药……他第一次吃到渔民腌制的鱼肠，觉得十分美味，赐名为“鮧”。他和秦始皇的寻仙活动一同推动了道教的出现。

黄老道家学派与齐地原有的神仙方术、阴阳五行理论相结合，形成三种文化形态，成为道教产生的理论前提。东汉末年，张陵在四川创“五斗米道”，奉老子为教祖，尊为太上老君，以《老子》为主要经典。“五斗米道”似乎与山东没有什么关联，然而据陈寅恪先生考证，张道陵是沛国丰人，与山东相距不远，其“道术渊源来自于东，而不是西”。另一个重要教派太平道，创始人张角是河北人，活动中心却是青州和兖州等地，尤以青州的黄巾军最具战斗力。其教派的一个重要思想渊源是琅琊人于吉和宫崇所著的《太平经》。可见，山东是道教重要的发源地之一。

豆腐之说表明，泰山是最早的道教活动场所之一。这里既是生命生发的地方，又是灵魂归宿之处；自古皇帝通过封禅和天地对话，姜太公封的“地主”在泰山东南方向一座名叫“梁甫”的小山。张陵弟子崔文子曾经上山采药炼成“黄赤散丸”，于瘟疫流行时救人无数。从此道教在泰山开始传播。道教视泰山为36洞天之第二洞天。泰山神是东岳大帝，它是神界的帝王；泰山老奶奶碧霞元君则是人们生活的保护神。以泰山、崂山和昆嵛山为“道教金三角”，有一条明显的道教文化带环绕整个山东半岛，泰安、济南、淄博、潍坊、烟台、威海、青岛……道教在山东遍地开花，融入人们的现实和精神空间。郭沫若认为：“在哲学上，道教无中生有、道生万物的宇宙本体论和阴阳转化、规律运动的辩证思维法，在古代是被普遍接受的传统世界观和方法论。”道教信徒们崇尚自然，追求长生不老和得道成仙。老子的社会理想是小国寡民，把人的欲望抑制在最低点，在饮食方面，提倡节食，“不见可欲使心不乱”，没有美味就少了非分之想。庄子更是鼓励重回“茹毛饮血”的原始状态。如果实在要吃，也最好“五谷为养”，以粮食作为养生的主体，然后“五果为助，五畜为益，五菜为充”，注重食疗，甚至可以“辟谷”，连粮食也不吃，或者以身体内的“气”为粮，在自己身体内练“意念之丹”。待身体轻盈，就可以羽化成仙了。

泰山人也许比刘安更早发明了豆腐。泰沂山区是东夷文明的发源地之一，自古盛产大豆，泰山豆腐鲜嫩似乳、洁白如玉、味道甘美、富有弹性、久煮不老。在泰山，豆腐菜肴可以登上大雅之堂，可以当作祭祀的贡品，在重大礼仪活动中必不可少。泰山人大年初一吃“饺子”，用豆腐作馅，借以祈求福气与好运。研究证明，泰山豆腐之所以与众不同，得益于清冽甘甜的山泉水。泰山顶上流下的山泉水，经黑龙潭沉淀后流入城内，村民取此佳泉制作豆腐。黑龙潭附近岱阳、灌庄、琵琶湾等处豆腐品质最好。“泰安有三美，白菜、豆腐、水”，这是导游介绍泰安美食的必说之辞。从魏晋南北朝到唐宋元明，道教在与佛教和儒家的融合中发展，泰山豆腐由此受宠，其中最有名的要数斗母宫的豆腐。

斗母宫是泰山中路一处幽美的景观，佛道兼修。最初这里是一个道观，供奉斗母元君，她是玉皇大帝、紫薇大帝和北斗七星的母亲，“斗母泉”是其感生九子的地方。据传喝这里的水可以治病保健，长生不老。这里的道姑善于烹制金银豆腐、朱砂豆腐、松子豆腐和三美豆腐，菜名则有“王母瑶池相会”“八仙过海闹罗汉”等，一听就有道教滋味。济南豆腐和泰山豆腐同出一门。济南有一座青铜山，南麓的大佛峪村有一眼“豆腐泉”，据说用这里的泉水制作豆腐，不用点卤就能成型；北麓西坡村的一眼“豆腐泉”更神奇，百姓都是夜里子时去接水，传说这一时刻到泉边接的不是水，而是豆腐……农历九月初九，济南南部的民众会自发赶来，给斗母元君过生日。

几乎和道教同时产生的豆腐，从汉到唐一直默默无闻，到宋代才出现在正式文献里，开始风靡和普及。苏轼创制的“东坡豆腐”，更是流传千古的素食名品。

一块小小的豆腐，竟然像道教的影子。两汉之后，两晋更迭，山东地区的道教信徒，或是南迁江南，或是因参与北方割据集团的混战被打击，遭遇极大摧残，元气大伤。五代十国及隋唐时期，山东地区佛教大兴，道教又遭压制。五代十国时期，山东地区“奉道者，千万人中一二矣”。

到宋金时期，儒释道“三教合一”，胶东昆嵛山一带兴起的全真教，成为中国北方声势显赫的道派，成就了中国道教史上的一个辉煌时代。

威海的朋友曾带我去位于文登市的圣经山。他说，圣经山是昆嵛山的一部分，那里有大量的道教和道家遗迹。坐索道到达385米高的山顶，我想到一个词：仙风道骨。有一块月牙石，长约15米、高约6米，阳面上阴刻着一行行拳头大小的颜体楷书，古朴典雅，内容就是《道德经》。往南看去，西南山头整个就是一尊天然的老子像，他慈眉善目，长须飘髯，眼睛似睁似闭，神情似静思似微睡，感觉已经在这里沉醉几千年了。背后，像一个厚实脊梁的昆嵛山脉清晰可见，它横亘牟平、文登、乳山三地，高度923米，绵延150多公里，是山东东部最高的山。当年，王重阳就在昆嵛山收邱处机等7人为徒弟，这里正是全真教的发祥地。

全真教是对传统道教的提升和改造。一是主张儒、释、道三教合一，“儒门释户道相通，三教从来一祖风”，学习儒家讲忠孝，学习佛教讲因果；二是改变道士不出家的旧俗，制定出家制度，道教有了自己的道观；三是对道士的生活提出严格要求，有了清规戒律，须戒酒肉。王重阳到昆嵛山不到3年时间，就发展道众几万人，还培养了七位弟子，即“全真七子”，全部是山东人。宋末元初，王重阳率七位弟子来到崂山，崂山所有道观归依全真教。王重阳驾鹤西去后，七个弟子都创立了自己的教派，其中邱处机创立了北七真龙门派，后来更是掌管了整个全真教。在他73岁高龄时，带着18个弟子，从山东莱州昊天宫出发，赶到今阿富汗一个叫昆都斯的地方，觐见一代天骄成吉思汗，被称为“神仙”，“一言止杀”，挽救了大批中原人的性命。崂山太清宫的邱祖殿就是供奉着丘处机的地方，崂山上清宫前则是他的衣冠冢。

无论是昆嵛山还是崂山，胶东半岛都是道教的洞天福地。昆嵛山一带流传着麻姑信仰，麻姑是传说中著名的女寿仙。民间传说：每年三月三，王母娘娘举办蟠桃盛会，麻姑都要用灵芝酿酒前去祝寿，这就是通常所说的“麻姑献寿”。王重阳到来之前，昆嵛山有李无梦、唐四仙姑等修道。天师道、太平道出现之前，方仙道就开始在固定的场所有组织地进行活动了。汉武帝时修建太清宫。东汉时昌邑人逄萌曾经在此修道。同时，这里的饮食环境也很适合全真道的发展。昆嵛山是一座绿色宝库，为数千名道士提供了丰富的素食资源。这里可食用的野菜有150种以上。它们呈现为各种各样的生命状态，有芽、有

胶东半岛：洞天福地

叶、有根，还有花、蔓、本和果实等，常用的有葱木、槐花、梨花、蕨菜、荠菜、苦菜、黄精、黄花菜等50多种野菜。传说在王母娘娘的生日盛宴上，麻姑献上昆嵛山灵芝草和三佛山黄精酿造的美酒一坛，圣水岩千年桃一筐，龟阴汤的温泉水一坛。丘处机应诏随成吉思汗西征之前，给弟子们留下了一首著名的《十六诀诗》，提到道家励修苦行时的主食是“黄精、松巢和山饶”，这些都是山里到处生长的野菜。比如黄精，不仅本身营养价值极高，与参相似，还能稀释人体内的胆固醇。杏叶参可以增加毛细血管里的血流量，有美容功效。肝炎草能防治肝炎，又是鲜美佳肴……崂山气候温暖湿润，适于南北方多种植物生长繁殖，植物、粮食和野菜众多。崇祯十二年（1639年）夏天，胶州文人高弘图与友人一起游览崂山九处风光，在崂山巨峰天门后神室，看到庞眉道士用鼎煮山蔬，就尝了几口，感觉太清淡，不合他们的口味。清代大学士刘墉在神清宫则受到“豇豆栗子黍米饭，白果杏仁作饮汤”的丰盛款待。1932年农历八月，曾任教育总长的清末翰林傅增湘与绍兴名士周肇祥遍游崂山名胜，在蔚竹庵享用了一次午饭，“道人炊黍相饷，佐以野菌松花”。他还发现，当时太清宫菜圃种植着瓜果、椒豆、秋蔬十亩，足供全观终年之食。

全真教明确规定，不能食用“五荤”“三厌”。“五荤”是指葱、蒜、韭、薤、荽，因为他们终日打坐内炼，吐纳天地之气，“五荤”浊气熏天，会对修行产生阻碍；广义的“三厌”，天上飞鸟为“天厌”，地上动物为“地厌”，水里生物为“水厌”。狭义上的“三厌”则指大雁、狗和乌鱼三种动物。孙思邈在《孙真人卫生歌》里写道：“雁有序兮犬有义，黑鲤朝北知臣礼。人无礼义反食之，天地神明俱不喜。”大雁从一而终，忠贞品质令人折服；乌鱼有知礼反哺之孝；狗则是人类最忠诚的朋友。如果吃了这三种动物，天地神明会不高兴的。

全真教对昆嵛山和崂山周围的饮食文化产生重大影响。威海市文登区是全国长寿之乡，这与全真教提倡养生、食野蔬山果不无关系。全真教教义倡导“真行”，包含“济贫拔苦、先人后己、与物无私”等观点，也影响了胶东人的道德观念和价值取向。

一个初春，我来到济南南部山区的神通寺遗址参观。这是山东第一座佛教寺庙，现在只剩下残垣断壁，大殿的石头基座还在。在这里，我看到两个很大的石碾，一个是压榨油的，只残存着底盘，是由十几块青冈石围成的圆圈；另一个是直径6米的石碾，其碾砣长1.8米，直径1.6米，足有半人之高，这得供多少人吃饭啊！

飞鸟的影子从遗址的松柏之间掠过，把我的思绪带向缥缈的远方。原来，在修炼成佛之前，僧人和我们俗人一样，也有着一个胃。神和佛是否还需要胃呢？他们是否已经跳出日复一日的生存循环，不用再满足这贪得无厌的嘴巴？

道教像山东人的“毛细血管”，渗入我们生活里的每一种味道；

佛教则是一道缥缈而美丽的光芒，它是饮食男女的精神指引，通过思想改变胃口。

神通寺附近的佛教造像

南部山区正在打造“诗画南山”，这里是济南人的“后花园”，每到节假日，人潮涌动，青山绿水清泉飞瀑之间，一尊尊佛像，闪烁着灵光，怪不得在这里有神清气爽的感觉。济南、青州和泰山，是东汉末年佛教最早进入山东的几个关键点。这些地方能够最早接触到佛教，原因在于，第一，因为这些地方是与古丝绸之路关联的交通要道和经济中心。西汉中期丝绸之路开通，丝绸之路本身就是传佛之路。东汉初年，济南和青州也成为交通要道。南来北往的商人，带来丰富的商业和文化信息；第二，因为战争和灾难。从东汉末年一直到唐朝初年，中国经历长时间分裂，是社会最为动荡不安的时期。战乱迭起，青州和济南受到的冲击很大，儒家束缚被彻底打破，佛教恰好在这时传入，给人们提供了新的精神寄托；第三，因为地理形貌。济南和青州都是南部背山，北部敞开，充满灵性，而且适合“以体造型”，于是大规模的佛教造像运动开始兴起。

从魏晋南北朝一直到隋唐，虽然经历过几次灭佛运动，佛教在山东地区仍然得到较快发展，繁荣一时，神通寺就是一个缩影。前秦时期，据称有着神秘法术的西域高僧佛图澄和高徒朗公来到青州，郎公帮助鲜卑人慕容德建立南燕，皇帝送他两个县做礼物。公元351年，朗公又来到济南南部山区创建朗公寺。隋文帝杨坚把它改为“神通寺”，倒过来读就是“寺通神”，这里成了山东佛教中心。

到了宋朝，三教合一，理学形成，佛教与以儒道为代表的中国本土文化相激荡，最终形成以儒家为核心、儒佛道三足鼎立的中国传统文化模式。佛教对人们的饮食观念产生明显影响，素食、不杀生等理念得以在更广范围传播。

我去过的寺庙不多，也没在里面吃过斋饭，所以对僧人们的饮食充满好奇，知道他们不杀生，日子过得清苦。有一天，朋友带我到单位附近一个素食餐厅，饭菜全部是素食，一个人只要20多块钱，就可以吃得很好，人满为患。我很感慨，现在人们生活太好了，营养过剩，肚子变大，心脑血管堵塞，吃素食不仅是为了减肥养生，更是为了洁净心灵。

佛教和素食结缘，和一个山东人的后代有关，他就是南朝时期的梁武帝萧衍。魏晋时期出现门阀士族，成为社会精英群体。“永嘉之乱”，齐鲁儒家文化向江南扩展和渗透，来自山东临沂的兰陵萧氏，南迁后延绵千年。从南齐到西梁，兰陵萧氏做了108年皇帝，先后出了17位天子。梁武帝萧衍是一个美男子，风流多才。其建立南朝梁之后，在位半个世纪，大力提倡佛教，“南朝四百八十寺，多少楼台烟雨中”，唐朝诗人杜牧这首诗描述的许多寺院，都是梁武帝主持修建的。中国是一个自给自足的小农经济社会，饮食以素食为主、肉食为辅，早期食素是一种被迫行为；祭祀期间的肉类，主要用于供奉，为表诚意更要吃素。梁武帝兼有儒释道思想，最终皈依佛门。其生活非常清苦，日一蔬食，过午不食，草履葛巾，罗绮不染。50岁后绝房事，远离嫔妃。公元511年，梁武帝颁布《断酒肉文》，规定天下所有僧尼均不得食肉，还从理论上阐明断酒肉的必要性，认为这一要求符合大乘佛教根本精神，要求国家祭祀也要戒杀，用蔬菜果品代替猪牛羊。平日里，太医不得以虫、畜入药，织锦不许加入鸟兽之形。这种慈悲观不仅是对印度佛教戒律的重大发展，也极具浓重的中国特色。唐宋之后，文人食素蔚然成风，道教学习佛家的不食“五辛”为“五荤”，民间一些人为了追求个人福祉，也追求食素。

临沂好友刘明杰是一个山水画家，其山水画让人灵魂出窍，直奔宋元，小小宣纸上营造了一个清幽、淡远和雅逸的美好世界。近年来，他一身素衣，开始食素，并研究佛教。我问他佛教徒在吃的方面有什么讲究，明杰告诉我，佛教一般鼓励食素，忌荤腥。荤读音为“熏”，也是“熏”的意思，指有异味和恶臭的蔬菜，佛教称“五辛”，包括大蒜、大葱、韭菜、小蒜和兴渠。兴渠是一种有着大蒜味道的草本植物。也有人说包括芫荽；腥就是各种动物的肉，甚至蛋类。因果报应，六道轮回，这些动物可能就是我们的前生后世。人类自发现了火之后，就把动物活生生的生命，变成了一道道美味，掩盖了生命被屠杀的本质，而佛教还原了真相。另外，还要戒烟酒。这些都符合佛教提倡的慈悲、刻苦精神。受儒家中庸之道的影响，佛教允许普通信众行方便法门，吃“三净肉”或者“菜边肉”，“三净”是指不得看见动物被宰杀的场景，不能听动物被宰杀时的声音，更不能吃为自己所宰杀的肉食。戒杀，使一切有生命之物免遭苦难，人类才会早日结束人间业障，普度超生……

佛教餐饮文化进入民间，成为民俗的一部分。比如民间喝“腊八粥”的习俗，就来自寺院。据佛教传说，释迦牟尼苦修6年，受尽磨难，喝了牧女奉献的乳糜粥，恢复了体力，终在腊月初八这天悟道成佛。至唐宋时，佛教结合中国腊日要祭神的传统，在这天举行浴僧浴佛活动，各寺院还有炒“药食”、制“腊药”、熬“腊八粥”的习俗。腊八粥原是供佛用的，后亦用于施粥，救贫赈济。至明清时，喝腊八粥成为一项重要民间习俗。这两年，济南的灵岩寺、关帝庙，汶上的宝相寺等，都有施舍腊八粥的活动，很多市民排起长队，等候品尝。

我在济南去过几家素食店，其中一个信佛的朋友在小吃城开的小店，曾经食客如云，里面所有的饭菜，原料都是五谷和蔬菜瓜果，比如豆腐、面筋、竹笋和香菇等等，做成鸡、鱼、肉的形状，味道也很相似。特别是红红的大对虾，确实有一股海鲜的滋味，也真难为了厨师。据他说，旧时济南泉城路上有一家“心佛斋”素菜社，专卖素食，不沾荤腥，不仅供给吃斋念佛者，一般俗人也多来光顾。厨师常去当时济南最大的寺庙净居寺，给施主们做斋供。这家有一道名菜“烤鸭条”，原料再普通不过，全凭手艺，将鲜豆腐皮切成细丝，拌上香油和口蘑酱油，以油皮包住卷成长条，置熏笼上，用柏木锯末慢慢熏透，呈紫黄色，入口馥馨，油润筋道。

圣谷山的有机茶园

记得多年前的一个春天，位于济南市长清区的灵岩寺举办了一场禅茶慈善拍卖，第一锅灵岩禅茶装在一个瓷罐里，只有6两，却拍出1万多元的高价。旁边的茶园里，茶树只有20多厘米高，茶农们坐在小马扎上采摘新茶，收购价则是每斤100元。

那6两茶叶之所以能拍出高价，不仅因为品质好、制作佳，还因为灵岩寺主持弘恩法师给它开了光。

弘恩法师年龄不大，戴一副圆圆的眼镜，面带微笑，亲切和善。他不但佛学知识渊博，谙熟茶道，还是一个出色的书画家。他介绍说，灵岩寺是我国寺庙的杰出代表，也是北方茶文化的发源地。

灵岩寺真是一个喝茶的好地方。这里是泰山余脉之一，好似屏风的群山，围出一个马蹄形的幽谷，在苍松翠柏之间，飘荡着袅袅雾气，飞瀑流泉叮咚作响，在其中，仿佛置身仙境。当年，朗公在山东地区弘扬佛法，五岳独尊的泰山周边是重点区域，在建起神通寺之后，他在泰山北麓长清县万德镇方山上建起僧舍，安禅布道，聚众讲经。听朗公讲经者上千，感得岩石点头，猛兽伏归，故有“灵岩”之名。现在参观灵岩寺，导游会指着远处山峰上的一块岩石说：这个被朗公感动得点头的岩石，像不像一个驼背的老和尚？鼎盛时期，天子封禅泰山，要先到灵岩寺拜佛。相传高僧玄奘、义净曾经到此讲经说法。隋文帝、唐高祖、武则天、乾隆等帝王都曾驻跸灵岩寺。人们把灵岩寺与南京栖霞寺、天台国清寺、江陵玉泉寺并称为“域内四绝”。

一阵阵清风吹拂，在一张古旧的木桌上，摆开茶具，泡上一杯灵岩寺产的绿茶，一片片凝聚天地精华的茶叶，在清泉水中徐徐绽放。慢慢端起杯，绿莹莹的茶水从喉部蔓延至整个身心，从大自然中割裂出来的人，又与山水、自然和宇宙融为一体，实现了对生命的超越。喝茶就是一种修行吗?

在灵岩寺，我就这么不着边际地幻想。

起源于中国的茶叶，与外部传入但已经本土化的佛教，相遇在唐朝的灵岩寺。

中国茶的历史可推至三皇五帝。相传神农尝百草，日遇七十二毒，得荼而解之，“荼”即是茶。茶叶最初是祭品、药物，在漫长的历史进程中，渐渐演化为百姓家中不可或缺的饮料。山东茶文化源远流长，据“茶圣”陆羽记述：西周鲁国周公使茶闻名于世，“茶之为饮，发乎神农氏，闻于鲁周公”；而在齐国，晏婴虽然贵为宰相，生活却十分俭朴，《晏子春秋》记载，当时晏子吃的是糙米饭，菜肴除了几种炒菜以外，还吃一种“茗菜”，这里以茶入菜了。2021年初冬，山东大学考古团队公布了一个消息：他们在发掘邹城邾国故城遗址时，在随葬的瓷碗中发现茶叶残渣。这是目前已知世界上最早的茶叶遗存，将世界茶文化起源的实物证据提前了至少300年。据《尔雅》记载，到西汉时期，人们才开始煮茶喝。

借着佛教传入中国的东风，茶文化开始兴盛起来。佛教徒饮茶的历史可追溯到东晋时期，当时僧人多修习小乘禅法，且严格遵循过午不食的戒规。喝茶既可以养生，还可以提神益思；到唐朝，禅宗兴起，禅修需要调“五事”，即调理饮食、睡眠、心、身、呼吸，喝茶是调理饮食的一部分，又和其他事项息息相关，茶文化由此融入禅道之中。禅宗发现了喝茶的诸多好处：一是提神去倦，可以彻夜不眠；二是清净心情，可以摒弃俗念；三是帮助消化，可以养生健体，适合佛教徒修行的生理和精神需要。禅是一种来自灵魂的觉悟心，茶是一种汇聚天地精华的结晶体，灵与物、心与茶默契相通，就达到了“禅茶一味”的境地。

到唐朝，茶文化出现一个高峰期。陆羽以茶入道，用自身对五味人生的感悟，撰写出《茶经》，将茶事上升为茶学茶道，完成了物质与精神的和谐统一。这一时期，饮茶习俗向北方民间普及。据《封氏见闻录》卷六《饮茶》记载：“茶，早采为茶，晚采为茗。南人好饮之。北方人初不多饮。开元中泰山灵岩寺有降魔师，大兴阐教，学禅务于不寝，又不餐食，皆许其饮茶。人自怀挟，到处煮饮。从此转相仿效，遂成风俗。”如今，灵岩寺周边饮茶之风甚浓，为灵岩寺是北方饮茶发源地提供了佐证。灵岩寺的一块明朝碑刻记载了灵岩寺僧侣们饮茶之事：“焚香且上五花殿，煮茗更临双鹤泉。”

每一个寺庙都像一叶绿茶：气候宜人的高山大川，利于生长；清净平和的修行和持戒，可以进行精神提纯；更难得的是，这些地方都有清澈甘洌的泉水，终年不竭，水乳交融，茶的味道随之升华……

济南是北方茶叶的发源地，又是著名的泉城，有七十二名泉。济南的几处山泉水，堪称沏茶的上品。第一处是佛慧山半山腰处的甘露泉，有着“味甘却似饮天浆”的说法，是文人雅士和僧侣道士取水试茶的地方；第二处在南山袁洪峪口西，茶臼河沿东面的石壁上，名曰试茶泉。用此水泡出的茶叶“色味鲜美”；第三处就是灵岩寺的袈裟泉，在一个悬崖之下，泉源旺盛，水质甘美，从一个龙嘴里喷涌而出，颇为壮观。灵岩寺周边的村庄，家家迎门的八仙桌上都摆放着茶壶、茶碗、茶盘等饮茶用具，如有客人到访，主人会赶紧烧水泡茶，盛情款待。街坊邻居在闲暇时相互串门，都是边喝茶边闲聊。

有人这样说，同样一杯茶，佛家看到的是禅，道家看到的是气，儒家看到的是礼。宋元时期，随着全真教在山东的崛起，道教推动了山东茶文化的发展，昆嵛山和崂山至今还是山东茶叶的主产地。

牟平区桲椤村位于昆嵛山脚下，这个村的周培明老人被誉为“昆嵛山最后一名道士”，曾在昆嵛山神清观出家。他活到90多岁，生前接受采访时回忆，自己17岁进入神清观时，这里只有3个道士，天天干杂活。当年神清观一带栽着大片茶树，有的很粗，估计树龄最少上百年。道士们一起加工茶叶，将茶叶蒸好再用手硬搓，要在不见日光的情况下，蒸九次，搓九次，味道很苦，但是好喝……

北纬37°是一条神奇的自然与文化黄金带，昆嵛山就位于这个黄金带上。这里是古代茶树生长的北限，有我国最高纬度的茶厂，而且茶文化底蕴深厚。早在金代，昆嵛山就开始产茶，元明时期设有管理茶叶生产的“茶场提举”。“全真七子”之一王玉阳有一首关于茶的诗：“深蒙颁惠好香茶，同愿回光养瑞芽，雷震一声分造化，琼浆玉液溉丹砂。”距今800年前，牟平、文登等地已有茶树生长，现在昆嵛山上仍有一片金代种植的野生茶树。抗日战争时期，日本人在胶县境内发现了一棵大茶树，粗有三抱，高达五丈余。据传此树已有600余年历史，也是金代种植，当地人把它奉为神树，尊为“茶树爷”，每年5月5日新芽竞发时，采之煎饮，以祛除病魔，延年益寿。

山东的另一座道教名山崂山，也盛产茶叶，这在文人笔下多有记载。明人张允抡云：“潮落人争鳆，烟香灶制茶。”清人赵似祖云：“网得海物形容怪，制得山茶气味清。”崂山名泉众多，泉水甘香清冽，富含多种矿物质和微量元素，用这样的泉水煮茶，味极甘美。元代礼部尚书王思诚写过一首《金液泉》，其中有“瓦瓶日汲仙家用，酿酒煮茶味转甘”的诗句。除泉水外，崂山井水品质也不俗，用神清宫长春井的井水烹茶别有风味，“道人爱客将茶烹，龙涎一勺汲深绠。初啜已令腋生风，再酌回甘味更永。凉如冰雪置于胸，寒似醍醐灌人顶”。崂山道士惯常饮茶，“丹灶”与“茶瓯”成了道士的标配。

全真教与茶文化融合，形成独具特色的山东道教茶文化。马丹阳在《长思仁茶》中写道：“一枪茶，二枪茶，休献机心名利家，无眠未作差。无为茶，自然茶，天赐休心与道家，无眠功行加。”品茶，已经具有清洁身心的伦理功能和增加道法的修炼功能。道家的自然观，淡泊超然，虚静隐逸，与茶文化相得益彰。道教不相信来世，而是在今生努力修炼，得道成仙。阴阳交互运动的“道”，好像一个巨大灵魂，赋予万物以生机和生气。能够让生命“清”和“轻”的物质，会使道士达到一种永恒存在，这既是精神的向往，也有实践的操练。茶叶“久食羽化”，是成为神仙的灵丹妙药。

外来食物摇曳异域风景

在山东淄博周村古商城南段，有一个烧饼博物馆，游客们既可以在这里品尝正宗周村烧饼，还可以感受烧饼的生产过程。制饼老师傅的手很巧，只见他“揉、捏、贴、烤”，动作一气呵成，每次把4个生饼放进200℃高温的烤炉内，不到4分钟，一张张薄、香、酥、脆的“周村烧饼”就出炉了……这种圆圆的、薄薄的烧饼，表面沾满芝麻粒，背面布满小孔，拿起来发出“唰唰啦啦”的声音，很像大风刮树叶，所以当地人称之为“呱啦叶子”烧饼。

很多人觉得，周村烧饼是土生土长的本地特产，殊不知，它是1800多年前从西域传入的“胡食”。

西汉之前，我国的食物交流基本是在内部进行，东西南北之间的口味，碰撞交融，食材虽然单调乏味，但是鲁菜、川菜、粤菜雏形已现。人们的胃口渴望注入新鲜滋味。随着中外经济文化的交流，更多的异域食物，带着异样气息，摆到中国人餐桌上，不仅满足了我们的味蕾，也极大丰富了中华文明的形态。

西汉时期，随着张骞两次出使西域，一条连接中国和欧亚大陆的国际交流大通道建立起来，因为输出的货物以丝绸最为著名，所以称为“丝绸之路”。按照通常的说法，长安是丝绸之路的起点，古罗马

外国游客在品尝周村烧饼

则是终点。一个不可否认的事实是：齐鲁大地是丝绸之路的重要源头之一。两汉时期的山东在农业、手工业方面十分发达，纺织、冶铁、煮盐等均居全国领先地位，临淄更是著名的商业都会。在汉武帝时期，山东的人户数和商业贸易额均超过都城长安。山东是野蚕和柞蚕的故乡。山东半岛对柞蚕茧丝纤维的利用最迟在汉代出现。临淄设置“三服官”经营纺织业，生产专供皇室使用的春夏冬三季服装。这些服装都用上好的丝织品制成。临淄、青州、周村、昌邑等地丝织业发达，生产的丝绸不仅通过海路送至朝鲜、日本，也通过海运送到沿海各地，向北可到达辽东半岛，向南可达今江苏、浙江一带，山东也成为东方海上丝绸之路的起点之一，秦朝徐福、东晋法显、唐代义净等，都留下了关于“一带一路”的珍贵历史记忆。

“胡风美食”随着丝绸之路来到汉地，外来文明融入儒家社会。青州古墓中出土过一组石刻壁画，描绘一位南北朝时期青州商人的生活，他牵着骆驼和欧洲商人洽谈业务，身旁堆着成卷的丝绸。胡食、胡服和胡器逐渐在中原地区流行，使汉唐饮食文化变得丰富多彩。

丝绸之路的开通，给齐鲁之地的生活带来很大变化：

一是丰富了山东地区的食物品种和结构。从主食看，西汉以前汉地以蒸煮为主，而西域以烘烤为主，胡食经过丝绸之路进入齐鲁大地，各地出现了各具特色的“烧饼”。尽管烧饼与胡饼都来自西域，都是经烘烤而成，但两者的差异是，“胡饼”面不发酵，无馅，上有芝麻。而“烧饼”，据《齐民要术》描述，面是经过发酵的，而且有馅，但上面无芝麻。东汉末年，汉灵帝非常爱吃胡饼，以至于京师中人皆吃胡饼。这种风气蔓延到全国各地。《资治通鉴》记载，汉桓帝延熹三年，赵岐流落北海以卖饼为生。北海就是今天的潍坊。时至今日，潍坊民间流传的烧饼、火烧的制法，其花样之丰富，可称“天下第一”。从副食品看，今天我们日常吃的蔬菜，大约有160多种。比较常见的百余种蔬菜中，汉地原产和从域外引入的各占一半。在汉唐时期，中原通过与西域交流，引入许多蔬菜和水果品种，蔬菜有黄瓜、豌豆、苜蓿、菠菜、芸苔、胡豆、胡蒜、胡荽等。《汉书》记载，长安皇家菜园中建有大房子，昼夜生火，“种冬生葱韭菜茹”，这是温室大棚种植技术的最早记录；水果有葡萄、西瓜、琵琶、石榴、核桃、荔枝、扁桃等。

二是随着西域调味品的涌入，早期鲁菜确定了以色、香、味、形为终极追求，讲究刀工火候、五味调和，具有整体性、完美性的综合烹饪艺术。两汉之前，汉地主要烹饪方式是烤和烹，商周时期，王室和贵族吃的“周代八珍”，由两饭六菜组成，滋味相当寡淡，难以下咽。“胡羹”和“胡饭”使汤羹菜肴更有味道。“胡羹”具有鲜明的西域特色，主料用羊肉，连同羊肋骨一起煮汤。然后去除骨头，把肉切好。调味料使用胡荽和安石榴汁两种来自西域的食材。另一种叫作“胡麻羹”，用胡麻和米加工而成，类似于后世的调味粥品。“胡饭”更有风味，它用薄面饼卷肉夹菜，切成段，蘸着一种叫作“飘齑”的调味料，或把调味汁浇到肉卷段上，口感酸咸适中，清新爽利。“飘齑”用胡芹末加香醋调和而成，馥郁的醋香伴有胡芹的清香，是一款很有创意的调味汁。

到汉朝，汉地自身的调味品不断丰富，除了“齐盐鲁豉”，还有了酱油和粮食醋等；另一方面，大蒜、胡椒、芫荽等西域调味品，像一张张生面孔，给大家的味蕾带来新鲜感。汉代主要调味品有盐、醋、酱、饴糖、葱、姜、花椒、茱萸、肉酱、鱼子酱、蒜、肉桂、香茅草等。在烹调时，还把石榴汁、胡芹、紫苏、胡椒等作为调味料放入菜肴中。山东人从此爱上大蒜，而对芫荽则有一种混合复杂的感情。芫荽当时叫胡荽，十六国时期后赵皇帝石勒认为自己是胡人，胡荽听起来不顺耳，下令改名为原荽，后来演变为芫荽。喜欢它的人，觉得芫荽清香可口，特别是放在各色汤里，非常提味；不喜欢的人，觉得它怪异荒诞，奇臭无比，佛教和道教都把它列为“五荤”“五辛”之一。

莱芜大姜

还有一种胡椒，非常贵重，汉唐时期，皇帝给嫔妃的宫殿内墙涂上胡椒面，称为“椒房”。《齐民要术》有用胡椒调味的记载，“香美异常”，它同时还有药用价值。

三是逐渐改变了食俗和食制，影响至今。汉代之前，人们用手抓饭，席地而坐，分餐而食。“飨”字像二人对坐进食之形，其中一人正用手抓食物。胡风东进，胡服骑射，胡人的生活方式随之而来，以胡床为代表的高足坐具开始流行，传统跪坐受到冲击，垂足坐姿因为舒适逐渐被接受。由于坐具发生变化，导致进食用具变更，矮小食案逐渐被大桌取代，分餐制变为合餐制。“举案齐眉”成为往事。人们最早使用的餐具是刀叉，筷子最早出现在殷商时期，早期的筷子比较粗笨，可能是从鼎和釜等器物中捞取食物用的，不直接夹菜入口；到汉代，体面的宴席都用筷子，说明它在贵族中流行开来，但百姓仍然用手抓饭；隋唐之后，炒菜大流行，再用手抓饭就显得不合时宜。筷子大普及，并延续至今，据说全世界使用筷子的总人口可能超过20亿了。

周村烧饼的身上，有鲜明的胡饼基因。当时周村是我国重要的丝绸生产基地，又是潍坊的近邻，胡饼很快传入这里，并进入民间饮食。到明朝，一种叫“胡饼炉”的烘烤设备传到这里，手艺人制作出酥烧饼，周村烧饼初步形成。清朝光绪年间，一个名叫郭云龙的山东人在周村建立“聚合斋”，把当地焦饼工艺改造后，烤制出新型酥烧饼。烧饼一经推出，就引来无数食客购买，这就是今天的周村烧饼。

胡食像一匹从西域奔腾而来的骏马，带着剽悍、热烈、粗犷之风，席卷汉地，从皇帝到百姓竞相以胡食为时尚，使其在历史上留下深深印记，沿着它可以找到很多山东名吃的渊源。

汉魏时期的胡食习俗，在贾思勰的《齐民要术》中，保留下比较详细而完备的信息。这一时期，我国出现第二次民族大融合，胡食菜肴、馔食及其用品广泛流行，成为人们的一种生活方式，体现了中华文明兼容并蓄的巨大包容性，揭示了华夏文化与时俱进的“中国精神”。

《齐民要术》记录了8种胡食菜肴加工方法、8种胡食食材与调味料，还有胡食的加工工具“胡饼炉”、胡豆和胡椒酒等等。山东济南和菏泽等地有一种名小吃“粉肚”，就是把猪的膀胱清洗干净，用少量淀粉调和好新鲜猪肉馅，再缝合好，先蒸再烤，成就了一道别具风味的美食。这种美食的前身，就是贾思勰记载的“胡炮肉”。《齐民要术》描述了“胡炮肉”的制作程序。它和“粉肚”的制作过程很相似：把一年多的肥羊杀死，羊肉切成片，加上食盐、豆豉、葱姜胡椒花椒，用羊油搅拌好，灌进清洗干净的羊肚，缝起来；挖一个中空的坑，“内肚著坑中，还以灰火覆之，于上更燃火，炊一石米顷，便熟。香美异常，非煮、炙之例”。贾思勰反复强调，“炮”是一种把食物包裹起来用碳灰火烧的烹饪技艺，不能和煮炙之法混为一谈。汉代传入的胡食烹饪方法，以“羌煮貊炙”最为典型。《齐民要术》记录了“羌煮”的制作方法：用一只煮熟的鹿头，剔下肉，按照一定尺寸切成块状，放入用猪肉加各种调料熬制的汤汁，用类似涮羊肉的办法涮鹿肉。“貊炙”类似于今天的烤全羊，把一个大型动物，整只地用火烤炙成熟，然后人们围起来，用刀割而食之，这是北方胡貊民族的饮食行为，《齐民要术》没有记载“貊炙”，却详细介绍了21种“炙法”。其中明确记载了一种“炙豚”的做法：取尚在吃母乳的幼小肥猪，将其刮毛洗净，在腹部开口取出内脏，洗净之后，腹内用茅草塞满，然后用木棍穿起来，小火慢烤，并不停翻转。翻烤时在猪身上涂几遍清酒。烤到变色，涂上新鲜的猪油。烤好之后，整只猪呈琥珀色，吃的时候如同冰雪一般入口即化，汁多肉润，风味独特。这一方法是否受到“貊炙”的影响？

《齐民要术》记载了两种使用广泛的食材，这就是胡芹和胡麻。其中有20多处提到胡芹。胡芹适应性较广，几乎所有烹饪方法中都有应用。胡芹必须与小蒜搭配使用。原产于华夏的小蒜，适合化解食材的浓重异味，与胡芹配合，又增加了几分清爽芹香。使用胡芹和小蒜调味的菜肴，主要是动物类食材，包括猪内脏、鹅、鸭、熊之类，以及淡水鱼等。贾思勰确信胡麻是张骞从西域带回的食物之一。南北朝时期，人们种植胡麻已达到相当水平。《齐民要术》的胡麻篇系统介绍了种植胡麻的经验，“胡麻宜白地种”，强调要选空置过的地种植，忌连作。强调趁湿下种，要抓住雨水刚停的时机抢种，否则难以发芽。“锄不过三遍”，是说锄苗不宜过多，以三遍为限。“刈束欲小，束大则难燥；打，手复不胜”，讲的是收割诀窍，即收割时，胡麻束子要扎得小一点，这样既容易干燥，拍打时手也照应得开。《齐民要术》记载，胡麻可以为饭，尤其可以加工成为植物油。麻油具有传热与调香的作用，可以掩盖食材的异味。麻油虽然有透明感，但色泽较之其他植物油要深，近似于褐红色。麻油在当时还广泛应用于医药方面，可以治疗马、牛腹胀等病症。

青州画像：1400年前的外贸洽谈

《齐民要术》为盛唐饮食文化发展奠定了坚实基础。唐朝首都长安人口近百万，是世界上规模最大的城市，胡化盛极一时。胡食在汉魏传入，到唐朝最盛。唐代外来饮食最多的就是胡食，主要有毕罗、烧饼、胡饼、搭纳等。毕罗是指一种以面粉作皮、包有馅心、经蒸或烤制而成的食品，种类有蟹黄毕罗、猪肝毕罗、羊肾毕罗等。胡饼就是芝麻烧饼，中间夹以肉馅，据说是波斯人发明的一种食物。胡饼是唐代人的日常主食，长安胡饼闻名全国，胡饼店摊十分普遍，白居易在《寄胡饼与杨万州》一诗中写道："胡麻饼样学京都，面脆油香新出炉。寄予饥馋杨大使，尝看得似辅兴无。"对长安胡饼作了生动具体的描述。当时在山东居住了20多年的李白，一直向往长安的生活，留下"胡姬貌如花，当垆笑春风""落花踏尽游何处？笑入胡姬酒肆中"等诗句。长安人崇尚西域之风，逐步接受胡人的烧烤兽肉之法，并喝起奶酪和葡萄酒。胡舞、胡乐、胡姬现身于市，胡人酒肆开满长安大街小巷，推动唐朝形成开放、包容、自信的社会气象和精神气度。

而此时的山东，水利大兴，农业发达，登州和莱州成为北方最大通商口岸，输出大量的丝绸和瓷器，日本和新罗的遣唐使、留学生、僧人，通过这里前往长安。山东临淄人段文昌三朝为相，写成《食经》50卷，后来失传，其内容大都收录在其子段成式《酉阳杂俎》中。据说，唐穆宗年间，段文昌回山东老家省亲，厨师做了一道形如发梳的“梳子肉”，块大肉肥，一看就使人发腻。段文昌让厨师将肥肉换成五花肋条肉，将炸胡椒换成黑豆豉，并增加葱姜等佐料，然后，他亲自操刀示范做成“千张肉”，其色泽金黄，肉质松软，味道鲜香，肥而不腻。这道菜流传至今。

贾思勰是高阳郡太守，远在山东中部，却对胡食了如指掌，除了他善于学习和调研之外，是否还因为平时的耳濡目染？

那时候，山东地区的贵族已充分接触到胡食，但仅仅局限在一小部分阶层，社会的主体农民连“五谷”都吃不饱。古代中国一直是农耕文明占主导地位，畜牧业不发达，肉类极少，没有多少富含蛋白质的食物。新中国成立后，我们的口号仍是“以粮为纲”，说明粮食匮乏；直到改革开放前，我也没吃过涮羊肉，没见过烤全羊。

填饱肚子，解决温饱问题，是我们世世代代的基本需求。所以我们对全世界的食物都有着特殊敏感，总会在某个特殊历史时刻，引进一些符合时代特征的食品，支撑起一个朝代的辉煌。从国外引进的食物，秦汉到唐宋之间传入的都冠以“胡”字；唐宋到明清之间传入的叫“番”，番薯、番茄、番椒、番豆等等；清以后传入的则是“洋”，洋椒、洋芋、洋葱、洋白菜。其线路也在发生着变化，“胡”从西域的陆路传入，而“番”“洋”则从海路进来。

小麦崛起，有了汉代的“文景之治”；明朝引进玉米、地瓜和土豆，有了大清的“康乾盛世”，也满足了普通老百姓的胃口。

原来黄河流域气候温暖，水量充沛，森林茂密。然而，随着人口的增加，土地被无度开发，到唐朝北方农业经济到了顶端，开始衰落，大片水田变成旱地。明末清初，不论是黄河流域还是长江流域，能够种小麦和水稻的土地，基本上开发完毕，以当时的亩产能力，只能支撑1亿人口生活。

明朝从南美洲引进三种粮食作物，几乎解决了中国人的温饱问题。这就是土豆、玉米和红薯。

玉米沿着这样一条路径进入中国：可能和东夷人有着某种神秘联系的印第安人，在墨西哥及中美洲培育出玉米。据考古发现，早在1万多年前，这里就有野生玉米。印第安人种植玉米的历史达3500年。15世纪，哥伦布发现“新大陆”后，西班牙人从美洲带回玉米，称它为“印第安种子”，很快传遍世界各地。玉米成为一个物种演化的胜利者，一个实现了全球霸权的植物杂种。16世纪，即明代中期左右，玉米传入中国，那是外国人献给皇帝的贡品，称为“御麦”。因为它来

玉米大丰收，农民笑开颜

自西方，当时人们称它为“西番麦”，后改称玉米。新粮食作物带来中国人口的极速膨胀：到明末，中国人口为6000万，到清初这个数字已经翻了7倍，达到4亿。

济南有一种美食——烤地瓜，是现在年轻人喜欢的东西，但是五六十岁的人，一提地瓜就觉得胃部发酸，因为它是除玉米之外的主食。新出锅的地瓜、烧烤地瓜和晒干的熟地瓜干味道尚可，最怕天天吃煮地瓜，肚子里没油水，只有酸水不断翻腾。

这种原产于美洲的食物也是明朝传入中国的。万历年间，福建商人陈振龙从菲律宾带回来这种“番薯”，曾在福建任职的济南府齐东知县刘希夔，“最喜食山薯”，计划引种番薯到济南。明末四十余年，社会动荡不止，延缓了甘薯的传播。大约在清朝乾隆初年，番薯最先通过运河传入鲁西北一带种植。陈振龙的六世孙陈世元，在胶州古镇引入番薯试种两年，“叶茂实累”，秋后“发掘，子母钩连，如拳如臂”，于是本地农民“咸乐受种”。加上当年发生大灾荒，官方开始重视番薯种植，在山区丘陵地带传播开来。经过乾嘉道三朝100余年的引种推广，山东半数州县开始种植番薯，有效缓解了因人口增长造成的粮食不足……直到1978年，地瓜还是山东很多地方的主食之一，“地瓜干子当主粮”，沂蒙山区的人以地瓜煎饼为主，吃蒸煮地瓜，喝地瓜稀饭。

和玉米、地瓜同时到来的，还有花生、向日葵、辣椒、烟草等作物。花生和向日葵，可以在贫瘠山区和沙土地带种植，给底层农民提供了摄取蛋白质和油脂的选择，两者迅速风靡全国，成为人们重要的零食。

一条大河：漂来南北东西的美味

我第一次在聊城吃铁公鸡时，感觉出一股不凡的气质，这种鸡瘦骨嶙峋，凝结如铁，吃起来很是筋道，有淡淡的药香，只是味道太咸，并不符合现代人的健康饮食观念。

放置到大运河的背景下，这种鸡为何既坚硬又齁咸的问题就迎刃而解了。

在人流、物流、信息流的流动中，饮食文化不断丰富。这些交流必须有途径和通道，最早是陆路，后来是航道和“天路”，现在是互联网和物联网。齐鲁大地在秦汉之前是华夏文明发源地之一，海运和陆路通道发达。东汉至魏晋南北朝，齐鲁大地的经济一直在走下坡路，就是因为交通要道在减少，在弱化。到宋代，中国经济中心逐渐转移到南方，而政治中心在北方，南方的物资需要通过水路运到北方，京杭大运河应运而生。

最早开凿大运河的是隋炀帝，它以首都洛阳为中心，向东南通到杭州，向东北通到北京，运河的主要部分并不在山东。元朝定都北京之后，动工开挖自济宁到东平的济州河。1289年，又从济州河向北经寿张、聊城至临清开出一条人工河，长250里，与御河接通。元世祖忽必烈赐名“会通河”。这样，大运河南北全线基本贯通，在山东段的长度近千里。运河山东段主要经德州、聊城、济宁、枣庄四市，临清、济宁、聊城、德州、张秋等地，成为运河沿岸的经济重镇。鲁西是儒家文化的核心区域，而一条灵动的大运河，带来南方强烈的商品经济意识和务实创新精神，催生了山东运河文化，这是一种商业文化，具有极强的开放性和生命力。

明清时期，聊城有20多家会馆，规模较大的有八大会馆，其中以山陕会馆气魄最大，能直接停泊船只，至今保存完好。人们将从事饮食业者，包括当厨师的、开饭馆的、摆饭摊的，通称为“勤行”。勤行人把“灶王爷”当祖师。每年农历八月初三是灶王生日，要举行祭拜仪式，然后集资宴饮，并商讨行规，统一研究与其他各界的关系等。临清自明朝以后被称为“小天津”，居民有近7万人，而经商者是当地人口的10倍，号称“天下第一码头”“全国八大钞关之首”。随着运河之水漂来的，一是南来北往的客商、水手、手工业者、各色艺人，这是美食的消费群体；二是东西南北各地的食材与烹饪技术，京津菜、鲁菜、淮扬菜和粤菜在这里汇聚，尤其是口味细腻柔和的南方饮食，成为一种新时尚。

小说《金瓶梅》的影子，在临清等地处处找得到。《金瓶梅》故事发生地在山东运河沿线，但城镇布局、建筑园林和饮食文化等，都以徽州为蓝本，说明南北饮食文化已经充分交融。《金瓶梅》中写了主食、菜肴、糕点、酒、茶、干鲜果等多达300余种，有50余种面食至今在临清流传。如炊饼、黄米面枣儿糕、烙饼、寿桃、玉米面鹅油蒸饼、粽子，还有花糕、包子、馒头、元宵、麻花等，都是今天临清人常吃的面食。炸酱面和温面更是临清人喜爱的饭食之一。副食来自全国各地，有湖南的熏牛肉、四川的糟鹅肫、江苏泰州的鸭蛋、江浙一带的冬笋、辽东的金虾，甚至还有少数民族的羊灌肠和羊肉菜等等。书中还提到驼蹄、熊掌、猩唇、豹胎等山珍海味，令人眩目。西门庆宴请宾朋的鲥鱼是“长江三鲜”之一。聊城大学运河学研究院刘玉梅老师说，《金瓶梅》第五十二回有一个情节，应伯爵在西门庆家吃饭，吃到鲥鱼时感叹，江南此鱼一年只过一遭儿，吃到牙缝儿里都是香的。鲥鱼每年逢端午节前后上市。西门庆家在清河，竟然能在皇帝之前吃到鲥鱼，可见运河商人的能量。

《金瓶梅》中，既有以爆、炒、烧、烩、扒、拔丝等为特征的鲁菜烹饪手法，也有南方菜系腊、酿、白切等手法。西门庆食用过的“螃蟹鲜”，是由“四十个大螃蟹，都是剔剥净了的，里边酿着肉，外用椒料、姜蒜米儿、团粉裹就，香油煠酱油醋造过，香喷喷酥脆好食”。这道菜运用剔、剥、酿、裹、煠、造等手法，巧妙别致，层次多元，技法绝妙。小说中宋蕙莲做的猪头，一根柴火，一个时辰，把个猪头烧得皮脱肉化，五味俱全。

聊城大学美术学院教授赵勇豪一直在研究聊城风物。他说：如今的不少小吃，都带着运河沿线文化融合的痕迹。

临清的“撅腚豆腐”又叫托板豆腐，始于明清。相传，有位南方举人坐船进京赶考，经过临清。这里的码头船帆密集、人头攒动。饥肠辘辘时，举人买了一块热气腾腾的水豆腐，无奈两手空空，不知怎么吃法。豆腐师傅灵机一动，卸下箱子一端的挡板，把豆腐放上去，又用刀切成小方块，递给了他。举人吃过，高兴地说：“真乃天下第一美味也!”后来他中了状元，又专程来临清寻访托板豆腐。传说背后蕴藏着深刻的社会背景：托板豆腐吃起来简单、便捷，营养又比较丰富，且干湿兼顾，吃喝一体，符合劳作的河工之需求。而且托板豆腐价格合理，老百姓吃得起。因此，一板两板热乎乎、水嫩嫩、富营养的豆腐，就开启了劳苦百姓一天的希望，大家快速吃完就走，为了赶个好活儿。

有一首打油诗，形象地描述了临清美食：进京的腐乳名远扬，香油馓子酥又香，托板豆腐称一绝，羊肚儿满街香儿，尹阁的下水儿武德奎的饼，李家的豆沫麻辣烫，小笼烧卖窦家的包，烧饼夹肉临清的汤……另外，临清还有清真八大碗、十香面等与运河相关的特色美食。

聊城曾有一个叫张秋的小镇，今天已经默默无闻，但当年这里是运河九大商埠之一，号称“江北小苏州”，桨声灯影，商贾云集，百业并举，饮食文化独具特色。当时有“南有苏杭北有临张（即临清和张秋）”之说。这里有一道名菜叫张秋炖鱼，起源于元末，兴盛于明清。利用当地所产鲫鱼为原料，经油炸后加佐料炖制而成。其骨酥肉嫩，香而不腻，味道鲜美，风味与众不同。还有一种张秋壮馍，壮馍按照发酵白面与未发酵面三比一混合，揉成饼状，用特制三层平底锅烙烤，表面撒以芝麻，30分钟才能烙熟一张，味道香醇，存数月而不变质，再配上鱼汤、羊汤一泡，更是人间美味。张秋的香油馃子类似于油条，以独特风味闻名鲁西运河两岸。至今，出嫁的闺女看望老人，婴儿贺满月、贺百天都要买些香油馃子。在小孩一周岁时，家长还要买两根香油馃子“杠杠腿”，据说这样孩子以后站得稳、跑得快。

再说聊城铁公鸡，据聊城市东昌府区领导介绍：铁公鸡又称魏氏熏鸡，是聊城地方传统名吃，其制作有十余道工序，六大工艺：选活鸡，盘出型，天然料，老汤焖，六六熏，黄金丝。它选取用外形丰满、肉多、肥、嫩、无病的活鸡，体重在2—3斤，生长期一年左右，先加工成扒鸡，再在腹内装入丁香、八角、桂皮、茴香等药物，放入锯木或者木屑烟火上熏制而成。其配料比例，视批量多少及季节变化而有所不同。锯末以沙、柳、红松木最佳，并要掺入适量细土。在熏制中，要不断变动鸡的姿势，一般熏制3—4小时内呈栗色，手掐无弹性，涂上鸡油即成。在制作过程中狠抓选鸡、配料、烧煮、熏制四道工序，坚持料全、量足，按龄控制烧煮时间。经熏制的扒鸡，水分少，皮缩裂，肉外露，无弹性，药香浓，形成了柔嫩骨酥、色鲜味美、入口余香深长的特色。它可存一年左右不变质，利于行船旅行的人携带，还可以为出苦力的人提供盐分，增强力气。1873年，魏氏熏鸡创始人魏永泰的四世孙魏金龙邀请名士，为熏鸡店取名为“龙胜斋”，以寓“龙腾胜世”“翔龙致胜”之意。龙胜斋魏氏熏鸡已有200多年历史。1935年的一天，老舍先生与山东大学教授肖涤非下馆子小酌，肖涤非

起源于运河两岸的聊城铁公鸡

带去一只魏氏熏鸡当下酒菜，老舍品尝后，称赞道：“别有风味，生平未曾尝过。”老舍觉得它很像铁面无私的黑包公，又像正气凛然的铁铉，所以把它命名为“铁公鸡”……

尽管受多种文化的影响，但大运河山东段文化底色并没有改变。《金瓶梅》中显示出山东地区的审美特征，方桌高椅、高杯粗盏、大碗酒肉屡见不鲜，肴撰丰满实在，整个的烧猪头、炖猪蹄，整只的鸡鸭，成坛的美酒，粗犷、雄浑、豁达、壮美，无一不是齐鲁儿女的风格。

小桥流水，杨柳依依。行走在济宁，感受到一股来自南方的气息，不经意地流淌着。其饮食文化的特点也是南北融汇，博采众长。在这里，地域、时光共同铸就了“运河味道”。

如果在1800公里的京杭大运河上找一个中间点，那就是济宁。

济宁真正得名，并迅速获得区域影响力，始于元朝。元初，济宁由原济州改为济宁府，这是济宁之名最早出现之时。关于此名由来，据传因任城一带地势较高，可免水灾，能保安宁，故为济宁。

京杭大运河开通后，济宁土城开始兴建。明朝洪武三年，“易土为砖”，进行大规模城市改造和修建，城高三丈八尺，顶阔二丈，周长九里三十步，垛口六百七十个，女墙一千八百处。明清两朝历5次重修，城以八卦形制四门八洞，巍峨壮观，气势雄伟，成为京杭运河上的名城。济宁是江北最大的码头之一，据《济宁直隶州志》记载，至元二十三年，通过济宁运往京都“漕运三千艘，役夫万二千人，初江淮岁转漕米百万石于京师”。当时，京杭运河济宁段帆樯往来繁忙，河岸货物堆积如山。济宁出现了很多商铺作坊，还成为江南竹器、瓷器，北方皮毛和周围农副产品的集散地。意大利威尼斯旅行家马可波罗在游记中说：（济宁）南端有一条很深的大河经过，河中航行的船舶，数量之多，几乎令人不敢相信……明清时期，这里设有总督河道都御史署，作为唯一设在京城之外的部院级衙门，它负责对运河全线进行整治和督理，故济宁有“七十二衙门”之说，成为名副其实的“运河之都”。

济宁饮食结合了南方大米和北方肉食，甜和咸，雅致和粗犷，南北交融，东西合璧，既坚持了齐鲁文化的持重与豁达，又包容了江南文化的务实和灵动。

运河开通后，济宁人多经商，早晨应酬开市，多有上街买早点的习惯，至今此风犹存。济宁运河美食多，首屈一指的当属甏肉干饭。这是难登大雅之堂的百姓食品，但已刻在每个老济宁人的记忆深处。据说，甏肉干饭起源于元朝，随着京杭大运河的开通，南方大米从水路运到北方。人们把切成大片的猪肉和米饭放在两个甏内煮熟，米饭洁白如玉，猪肉肥瘦相间，香气诱人，后来还放入面筋、熟鸡蛋、蒲菜头、白笋丁以及调料，和米饭放在一起吃，别有一番风味。甏肉干饭类似武汉的热干面，快捷、美味、实惠，与运河两岸的快节奏生活不谋而合。

有人透露了一个秘密：甏肉干饭好吃，是因为放了“玉堂酱菜”。济宁玉堂酱园是一家有300年历史的“中华老字号”，是大运河文化融南汇北的代表。据济宁市运河文化研究会会长杜庆生介绍，清朝康熙年间，苏州的戴玉堂来济宁经营酱菜，因为味甜没有市场，后转给别家经营，微甜微咸，成为味压江南的贡品菜。玉堂酱菜的酱，用大豆制曲发酵，在酱缸中饱受风霜日月的浸润，可以浸渍百味。将花生放在一个布袋里放入酱缸，让酱香充分激发花生的香味，制成一道叫作琥珀花生的小菜。酱瓜也以同样方式制作而成，把当地的马陵瓜掏空，填上多种不同食材一起腌制，一道风味独特的酱菜形成了。

玉堂酱菜、调味品、金波酒等产品，顺着运河行销四方。《镜花缘》第九十六回写道：一位客官走进一家酒馆，要饮天下名酒，酒保捧出一块粉牌，上列名酒55种，其中有山东济宁名酒“金波酒”。古典名著中多次提到的济宁吃食还有云片糕。《儒林外史》中说，山东兖州府汶上县薛家集，一个和尚捧出茶盘招待客人，里面有云片糕、红枣、瓜子、豆腐干、栗子、杂色糖等美食。云糕片用上等糯米、纯猪油、糖为原料做成，应是南方小吃。

济宁和东平等地有一种糊粥，是著名的运河美食，它盛行于济宁、泰安的运河两岸，有几百年的历史。其用料精当、简洁，工艺严格而神秘，需要经过选料、泡料，磨浆，熬浆、扬浆，加大米和小米浆，经过4个步骤才能制作成功。入口时米香豆香很浓，喝起来有一种浓烈的焦煳味道，形状黏稠，故称“糊”粥。

济宁竹竿巷里，有一个小胡同叫“林家湾”，一条街连着两条河，宛如一幅婉约的水墨画。这个小巷出产一道名菜——林家湾炖鱼，用一种现在几乎绝迹的鲹子鱼熬制而成，一只碗里，七八条炸得金黄的小鱼，去掉头部，泡在浓浓的棕红色汤汁里，撒一层葱花和香菜末，鱼骨酥软，口齿酸香。将饼泡在汤里一起吃，生活中的酸甜苦

济宁运河名吃林家湾炖鱼

辣，似乎都在这一碗炖鱼里了。推车的、挑担的、锔锅的、卖菜的，那些出苦力的百姓，几乎都到林家湾去吃炖鱼。

公元16—18世纪，是运河沿岸城市的繁荣期。山东大运河沿岸800公里边的城镇，犹如一串明珠，光彩夺目。相比之下，山东境内的其他城市则黯淡了许多。那一时期留下的美食，至今还真切地传递着运河风韵，鲜活在人们的餐桌上。德州扒鸡、马蹄烧饼、东平糟鱼、微山湖咸鸭蛋、枣庄辣子鸡、滕州菜煎饼、台儿庄冯家驴肉、黄花牛肉面、微山湖汤飘鱼丸……每一道美食都浓缩着时代的记忆。

京杭大运河像一个长长的杠杆，撬动着鲁菜进入京津地区。

运河繁华的时代，是一段令人难以忘怀的时光，仿佛一个曾经的美梦。在聊城光岳楼，导游让我们看一块石碑，上面是乾隆的诗句，这位风流皇帝一生写过1万多首诗，其中留在这里的有13首，他一般用行草书写，这座碑侧面的诗则是用行楷写的，所以很珍贵。导游说，沿运河南下北上的帝王将相、文人墨客经过聊城大都登楼抒怀。康熙皇帝4次登上光岳楼，题写了“神光锺瑛”匾；乾隆皇帝9次经过东昌府，6次登上光岳楼，题写了“光岳楼”匾额，他还把光岳楼当作南巡36行宫之一。

作为山东省会的济南，康熙来过六次，乾隆来过九次。趵突泉内有一尊“双御碑”，记载着康熙和乾隆光临趵突泉的题词诗文，康熙到这里来了三次，乾隆则是两次。想当年，两位皇帝都在趵突泉东池北岸的蓬莱社临水静坐，品茗赏泉，当它们品尝到趵突泉水后，就把从北京携带的玉泉水全部换成了趵突泉水。康熙还给它赐名“天下第一泉”。

皇帝出巡，首先要解决好吃饭问题。济南芙蓉街就是一个小吃云集的地方，相传山东巡抚为投乾隆所好，下令把济南名厨全召集到府衙，各出奇招，做出堪比满汉全席的一百零八道菜肴，其中除特色鲁菜之外，还包括甜沫、糁汤等济南特色小吃，乾隆品尝后赞不绝口，当即钦点几位厨师为宫廷御厨，随行伺候。康熙和乾隆皇帝南巡几度驻跸济宁，令其名声大震。当今济宁老城区的许多街巷地名，如城隍庙街、皇经阁街、天仙阁街等，均由此得名。在台儿庄，乾隆皇帝见这里一河渔火、十里歌声，御赐为“天下第一庄”。微山县的南阳镇实际上是一个岛，由一个宽500米、长3500米的主岛和很多小岛组成，大运河从中间穿过，一度非常繁华。康熙曾游历南阳镇，品尝风味美食，至今这里仍有一处“康熙御宴房”，游客可以吃到康熙品尝过的南阳美食。乾隆也曾经游历南阳古镇，并乘兴为南阳镇马家店题写匾额。据说，当年乾隆在南阳迈过的门槛至今仍被保留作为纪念。

康熙和乾隆所到之处，各地纷纷编造出形形色色的故事，美食打出“皇帝牌”。相传乾隆有一次下江南，路上在临清泊船，微服私访，到小饭馆里点名要吃“金钩钓玉牌”和“珍珠粥”，这可难坏了掌柜的。聪明的大厨端上黄豆芽炒干豆腐和小米粥，于是龙颜大悦，称颂临清小吃配料巧、手艺高。微山湖上有一种鲤鱼，长着四个鼻孔，且脊鳍、尾鳍呈现红色。乾隆乘船路过，湖中数尾金色鲤鱼随船嬉戏，两条鲤鱼跳到船上。随行大臣奏曰：金色鲤鱼有四个鼻孔，主四海升平，五谷丰登，乃大吉大利之兆。乾隆命御厨烹食，果然鲜美可口，此鱼于是成为贡品。又有老渔民献上一道“老鳖靠河沿”，并称湖中千年老鳖也来岸边朝拜，乾隆闻言大悦。菜中的“老鳖”不是真正的甲鱼，而是用豆面掺小麦面或玉米面做成的锅饼。

鲁菜进入京津地区，有很多种原因。一方面，运河山东段诞生了一些大型城市，商品经济发达，官商之间应酬频繁，导致了饮食的精致化，经典鲁菜都是十分精致和口味丰富的宴席菜，而不是民间小吃；另一方面，从北魏之后，鲁菜历经隋、唐、宋、金各代的锤炼，逐渐成为北方菜的代表，影响范围越来越大。到了元、明、清时期，鲁菜

渔民捕获微山湖四个鼻孔的鲤鱼

进入宫廷，成为御膳的主流。据有关资料显示，鲁菜进京，至少已有四五百年的历史。在达官显贵和富商巨贾的追捧下，鲁菜成为最高级饮食的象征。以经营鲁菜著称的同和居饭庄，开业于清道光二年。到清末民初，鲁菜在京师已是如日中天。举世飘香的“满汉全席”中的“汉席”，主要就是山东菜。分析鲁菜在北京独占鳌头的原因，主要由于鲁菜在山东已发展成熟，又适应华北人的口味。此外，山东人极善经营饭店业，他们根据北京人讲究精美的要求，不断改进提高，很快占据了市场。旧时北京最著名的饭馆，“八大楼”和“八大居”都是经营鲁菜的，“八大楼”有六家是福山人开的；“八大居”都是福山人开的。吸取鲁菜的精华，北京形成更加精致的“京鲁菜系”。

天津饮食文化很丰富。天津菜受鲁菜的影响最大，讲究爆、炒、烧、炸、塌、扒，而且以葱段为佐料，口味以咸鲜为主。过去天津有名的“八大成”饭馆，善于烹制“八大碗”“四大扒”等名菜，天津竹枝词称“本地风光八大成，四扒馆亦最驰名”。鲁菜里的德州扒鸡、松鼠鱼、九转大肠、油焖大虾、四喜丸子、葱烧海参、拔丝山药、锅塌豆腐等佳肴，至今也是天津人喜欢的菜肴。与山东、江苏一样，天津的许多小吃都是清真的，如羊杂碎、热羊肚、羊蝎子、羊汤、牛肉饼、芝麻烧饼等，说明运河沿线回族民众对民间食品传播贡献很大。

中国烹饪大师胡忠英说，鲁菜在八大菜系中属于第一大帮，京杭大运河将鲁菜传播到南方，杭州的一些京杭菜有鲁菜的基因。炸熘黄鱼非常像山东的糖醋鲤鱼，杭州的爆双脆、葱爆海参，也是鲁菜的底子。北京烤鸭，以前不叫北京烤鸭，叫片皮鸭，也来源于鲁菜。现在的杭帮菜馆里，多少都有一些鲁菜，也就是说，鲁菜对杭帮菜有很大的影响。

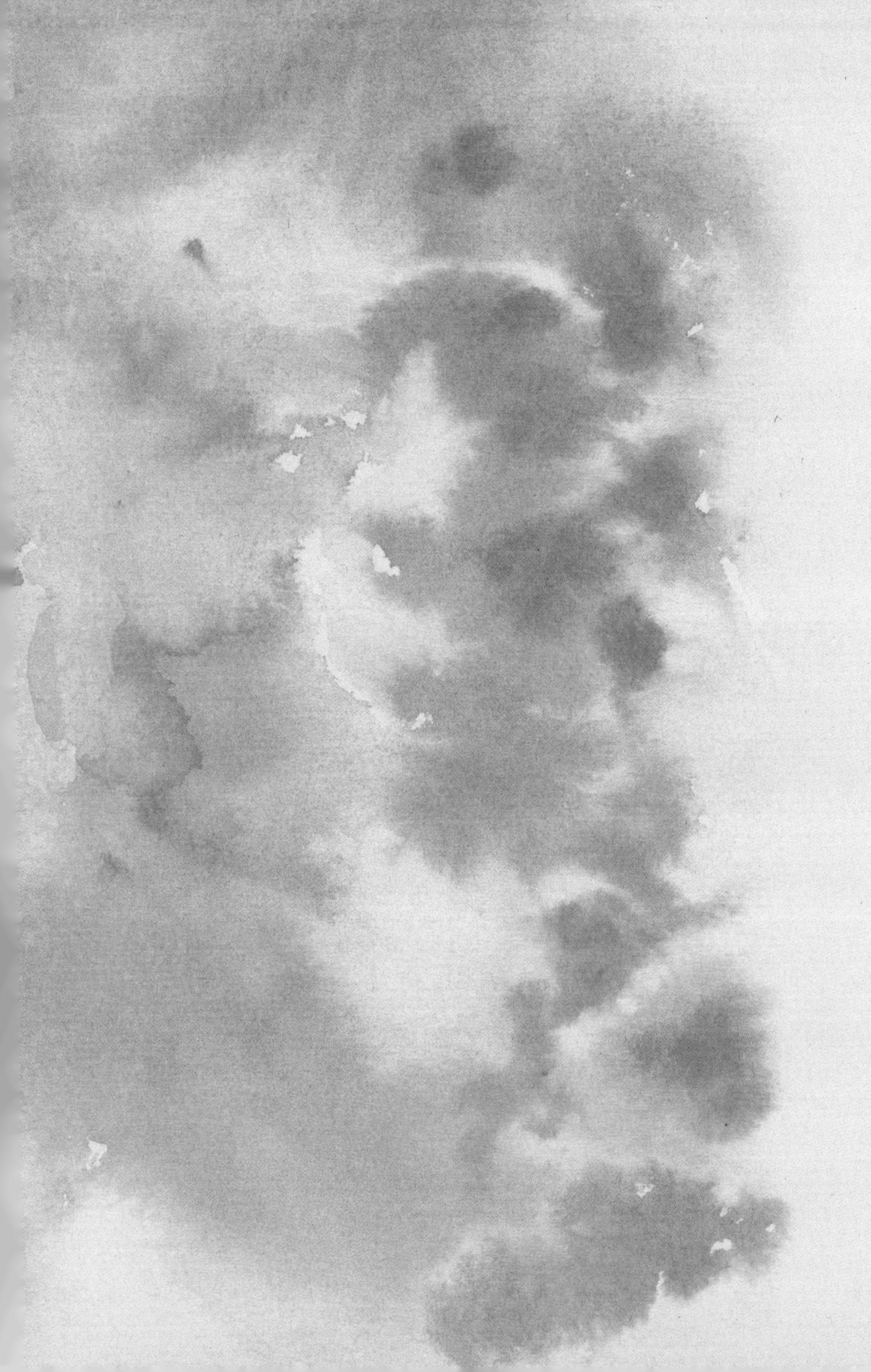

中篇　菜系之首

第四章

膏腴之地：鲁菜的底色和底气

山东人为什么口味重?

山东人爱吃咸，鲁菜突出“咸鲜”，这是山东人味觉系统的两大特征。

小时候，我总听老人们说一句话：开门七件事，“柴米油盐酱醋茶”。盐是大自然和宇宙最为完美的缩影，是生命不可或缺的元素。其主要成分是氯化钠，由6个晶面、8个角顶、12条晶棱构成，是一个正方晶体。人类生命起源于含盐的大海，人体从一开始就含有盐，人类机体的血液循环，很像海洋的运动。人体需要钠和氯来进行呼吸和消化，没有食盐，人类“将无法运输营养物质或氧气，无法传递神经冲动，也无法移动包括心脏在内的肌肉”，食盐还是人类情绪的助推器。

如果没有食盐，人类的生活将多么索然无味啊。

在我国传统的诗词歌赋中，食盐被称为“玄滋素液”“玉洁冰鲜”。在人类饮食文化中，盐被称为“上味”“百味之主”“百味之王”，有“盐调百味”之称。

这些年，我多次到莱州、寿光、昌邑和潍坊滨海新区等地探访盐

莱州湾畔的盐田

的踪迹。众多考古发现、历史记载和现实习俗证实，渤海湾弧形陆地的底部，就是中国乃至世界海盐的起源地。在这些地方的博物馆里，我看到过壁画上描绘的制盐过程，特别是早期煮盐的场面，细腻而生动；一组组古香古色的雕像，诉说着盐工们的坚韧和艰苦；各种关于食盐的文物，似乎还带着淡淡的咸味。盐场的孩子们，被称为“小盐疙瘩”“卤棒棒”。昌邑北部一个村庄名叫廒里，是当年熬盐的地方，每年正月十六，村里都要燃放鞭炮、烟花，给盐过生日。滨海新区有一个盐神庙，供奉着管仲……山东人对盐的那份特殊感情，已经深入骨髓里。

在昌邑古老的盐滩上，我听说了一个故事：昌邑瓦城村有一位姓傅的进士，在南方做官。他为人善良，当地一位尹姓富户，把姑娘嫁给他做妾。3年后，这位傅官人带着尹氏返乡。途中，傅官人问尹氏：“你父母给你什么礼物？”尹氏取出一个小包，揭去一层层红绸子，又揭去一层层纸，露出一个小盒，盒内盛着几十粒亮晶晶的东西，南方人如此珍视食盐，被傅官人洒在地上。尹氏号啕大哭：“这是父母为我积攒的家私，比黄金还要珍贵。”傅官人劝慰说：“不用哭了，咱家里有的是这东西。”尹氏半信半疑。夫妻一到家里，傅官人马上把后窗打开让尹氏看。她见到北面滩上白花花的盐坨，像小山一样；又看了他家的坛坛罐罐都盛满盐，十分高兴。尹氏回娘家时，带了两大盒子食盐。一见爹娘就夸她婆家如何富足，存盐很多，父母皆大欢喜。

在这里，我发现了山东人嗜盐的一种现象：一方面，夙沙氏在山东沿海“煮海为盐”，食盐成为继用火熟食之后的第二次革命，帮助东夷人走出“饮毛茹血”的蛮荒时代。东夷人依靠食盐提供的强大能量，在大汶口文化时代长成1.8米以上的大个子，身负弓箭，英勇善战，创造了辉煌的新石器文明；另一方面，由于社会生产力水平低下，食盐的生产、运输和储存极为困难。食盐是一种需要管控的紧缺物资，在饮食的“主食时代”，盐是副食的替代品，绝不可少，所以人们要用效能最高的方式，发挥盐的效应，嗜盐成为一种延续数千年的社会心理。

“民以食为天。”吃饱肚子，是中国老百姓几千年来最大的愿望。孔子的“足食”，老子的“实其腹”，管子的“无夺其食”，古代政治家反复强调的“农本”“贵粟”思想，都表明解决吃饭问题是治国理政的第一要事。可是，纵观历代王朝，几乎没有一个能解决好老百姓吃饱饭的问题，原因众多，一是粮食产量不高。有人做过统计，秦汉时期，北方小麦亩产60公斤，南方大米亩产58公斤；隋唐时期，北方小麦亩产50.25公斤，南方大米亩产78.5公斤；宋代北方小麦亩产55公斤，南方大米亩产110公斤；明清时期，北方小麦亩产77.5公斤，南方大米亩产150.25公斤……我国人均粮食占有量，从汉代到明朝一直在上升，清代达到巅峰并开始走下坡路，到晚清民国，下降到最低点。二是灾荒不断。1949年前，全国有记载的大灾害有5000多次，大灾过后，大批饥民流亡、饿死，“人相食”现象史不绝书。即便是“文景之治”“贞观之治”“康乾盛世”，也照样存在饥饿问题。三是经常发生的社会动荡和战乱，导致土地荒芜，粮食奇缺……吃饱饭不仅是最基本的人权，还成了生活的理想和目标。中国人见面喜欢问“吃了吗？”“吃”成了国人思考问题的出发点和归宿，很多事情都用“吃”来表达。到1949年，我国粮食产量只有2263.6亿斤，无法满足人们温饱需求。到改革开放前，解决温饱仍是一个问题。

长期吃粗粮并且吃不饱的山东人，肚子里很少有荤腥，从动物等渠道获得食盐的机会很少，必须通过含盐量高的东西直接补充。盐是苦难岁月中的一丝光亮，一点力量，一种慰藉。

但是，盐是一种近乎奢侈的用品。自然凝结而成的虎形盐，象征威武，是祭祀等国家重要活动的珍品。在周朝，虎形盐只有来朝觐天子的诸侯享受飨礼时才用，平日吃饭和宴请只能用散盐。唐代阎伯兴在《盐池赋》中，描写过解州虎形盐：其出形盐也，状雄虎之蹲于长野。公元1046年，宋仁宗的御试题目中，还有一道关于虎形盐的考题，当时，虎形盐是大宴时招待贵宾的必备品。一直到清朝虎形盐都是国家礼仪的象征，并且排在祭祀用品第一位。

从古到今，盐的摄入量呈一条下降的曲线。《管子》记载：春秋战国时成年男人每天吃盐38克，成年女人24克，孩子16克。两汉时期，人均食盐消费量为22克；唐朝和宋朝为15克；元朝和明清时期为16克，接近目前山东人食盐水平。吃的盐越来越少，说明体力劳动越来越轻，生活质量逐步提高，食盐提纯工艺不断进步。

盐，好像有一种超自然的伟力，能够浇灌出璀璨的人类文明之花。所有古文明都起源于大河，但是也少不了盐。

山东是中华文明的重要发祥地之一，有3000多公里的海岸线，早在5000年之前，东夷人就在这里“煮海为盐”，现在，山东莱州湾仍

莱州市民中心展示的煮盐图

是中国四大海盐产区之一，包括烟台、潍坊、东营、滨州等地的17个盐场，盐田总面积约400平方公里。目前，山东原盐产量占全国1/3，其中海盐产量占全国80%以上。

在莱州市博物馆，我看到了“盐业三宗”夙沙氏、胶鬲、管仲的相关介绍。夙沙氏是最早煮海盐的始祖；胶鬲是最早的盐商，把海盐推向了市场；管仲是最早的盐官，推出海盐官营制度。三位盐业始祖都出自胶东半岛，说明这里延续着中国数千年的“盐脉”。

在昌邑博物馆，研究员王伟波带着我去仓库，参观还在整修之中的各种藏品。用于煮盐的“盔形器”很多，大小不一，大的直径1米左右。王伟波说，它们的形状很像头盔，所以叫盔形器，最早是尖底，慢慢发展成尖圜底、圜底，这样可以增大受火面积，提高燃料的利用率。这些青灰色的器皿，还带有烟熏火燎的痕迹，有的已经残破，仍能嗅到一股腥咸味道，看到淡淡的白色盐痕。

我们赖以生存的星球，就是一个盐的星球。作为一种力量强大的“酵母”，盐创造了色彩斑斓的人类生活史，在人类存在的大部分时间里，人们狂热地寻找盐，交易盐，争夺盐。据《中国盐业志》记载，“世界制盐莫先于中国，中国制盐莫先于山东”。

在寿光，我看到一本名为《寿光历史人物》的书籍，里面有制盐鼻祖夙沙的传说。远古时代，居住在寿光北部沿海的一个原始部落，以渔猎为生，部落首领夙沙氏聪明能干，臂力过人，善于用绳结网，捕获禽兽鱼鳖。一天，夙沙氏用鬲打来海水生火煮鱼，一只野猪飞奔过来，他急忙去追，等他扛着野猪回来时，罐中海水已熬干，罐底出现一层白白的细末。他用手指蘸点尝尝，味道又咸又鲜，就用细末烤起野猪肉来，味道鲜美可口。那白白的细末便是海盐。

这个夙沙氏，是一个部族，还是一个人物？拟或兼而有之？

结网捕鱼是东夷先祖伏羲的发明，伏羲和太昊可能是一个人。夙沙氏是太昊的后代，《中国历史地名大辞典》记载："宿沙，亦作夙沙。炎帝时诸侯国，在今山东滨海之地。"寿光至今仍有很多以沙命名的村子。《太平御览·世本》记载"夙沙氏煮海为盐"，称夙沙氏是用海水制盐的鼻祖。中国历史典籍中有关盐事的最早记载是《尚书·禹贡》，称青州一带第一贡品就是盐。还有一种传说，蚩尤与黄帝激战于涿鹿之野，黄帝追而斩之，血流满地，变而为盐，因蚩尤罪孽深重，故百姓食其血，这就是我国古代曾把"盐"说成是"蚩尤之血"的由来。这个传说显然是虚构的，但是它却映射出一个事实：盐是东夷人的创造。

繁体的"盐"是一个会意字，由"臣""人""卤""皿"四部分构成。"臣"和"人"代表盐是由人在监视卤水煎熬，"卤"便是海水，"皿"则是一种被称作"鬲"的陶罐。这是一个从夙沙氏"煮海为盐"实践中抽象出来的字。

最早从北辛文化时期开始，经大汶口文化、龙山文化，至夏商时期，山东先民开启了食海盐、煮海盐的历史，特别是到商代，出现大规模海盐制作作坊、制作工场、制作中心，这不仅仅是传说，而是得到大规模考古发掘成果的有力佐证。

王伟波介绍说：21世纪初，经过连续多年的考古发掘，从天津到莱州，环渤海地区发现800多处商周等时期的盐业遗址，其中山东占了一半还多。

寿光是古代海盐的核心产区之一。2003—2008年，考古工作者前后7次进行考古发掘，在双王城30平方公里范围内发现盐业遗址87处，其中，龙山文化时期遗址3处，商代至西周初期76处。盐业专家燕生东介绍，在双王城盐业遗址上，发现商代盐井3口，井口呈圆形，大者直径超过8米。首次发现了10个制盐用的沉淀池、蒸发池，较大者面积超过300平方米。这次考古，第一次发掘出巨型盐灶和房址，遗址群规模国内最大，证明双王城是古代最大制盐中心之一。寿光境内还存有国内最早记载制盐历史及工艺的盐志碑、盐学碑，记载原盐运输的盐道碑，还有盐马古道、公积运、西坨台、龙车台、胡子岭、方井旺、园井遗址等。

惊喜还在发生着。2009年考古工作者在潍坊滨海新区东西长16公里、南北宽3公里的范围内，发现韩家庙子、固堤场、丰台和西利渔等四处大型古代盐业遗址群，这些遗址群间距在2—4公里不等，由109个古代盐业遗址组成，其中龙山文化遗址1个、商代至西周早期遗址14个、东周遗址86个、金元遗址8个。在国内发现数量如此之多、规模如此之大的东周盐业遗址，尚属首次。

昌邑西北的一片海边滩涂上，有一座鄑邑故城，现在两面靠近盐田，旁边还有棉花地和芦苇丛。这是国内唯一因管理盐务而设置的商周古城。王伟波说，姜太公到齐国之前，昌邑属于纪国统治，制盐业发达，是齐国盐文化的重要源头之一。到春秋时期，昌邑和寒亭成了国家盐场。考古工作者在2009年底至2010年4月对昌邑北部沿海的调查中，发现火道——廒里和东利渔两处盐业遗址群。火道——廒里遗址群发现有东周、宋元时期遗址169处；东利渔遗址群发现西周、东周、宋元时期遗址42处。从发现的盐井、盐灶和蒸发池等遗迹分析，东周时期的盐业遗址布局与商代、西周时期大体相似。

东周盐业遗址多以群的形式出现，每处遗址群大约由30处遗址组成，每个遗址规模都在2万平方米左右。每个盐业遗址群内都发现了盐井、沉淀坑、盐灶等制盐遗存，还有特殊的制盐工具——小口圜底厚胎瓮、大口圜底薄胎罐等，表明东周时期该地区的制盐流程为：从井里提出浓度较高的卤水稍加净化，储存在小口圜底瓮内，利用加热或别的方式提高浓度，并进一步净化卤水，最后把制好的卤水放置在大口圜底罐内熬煮成盐。

在山东，制盐的历史可以分为煮盐、煎盐、熬盐、晒盐四个发展阶段。夙沙氏到商周时期以“煮盐”为主，汉朝时期则改煮为煎。煎盐要先淋卤、制卤，后用盘煎。用这种方式制成的盐比较细碎，在当时被称为上品。明代又将煎盐改为熬盐，并开始掘井藏卤；到清朝乾隆年间，制盐方式则演变成“晒盐”，这种方式一直延续到现在。

在资源稀少的古代，盐和铁是国家力量的象征。掌控了盐，就掌握了一个国家的命运。夙沙氏的后裔们最早悟出这一道理，并运用到治国理政实践。

齐桓公时期，宰相管仲提出“官山海”的盐法，由国家垄断盐资源，实行国家专卖。方法是官民并煮，官煮为主，在每年10月至正月的4个月为官煮时间，这个时间及其后的春季不许百姓煮盐，借以提高盐差。在管仲主持下，齐国盐业发展迅猛，国力大增，“一匡天下，九合诸侯”。管仲因此被誉为最早的盐神之一。

在《齐民要术》中，专门记述了常满盐、花盐、印盐等三种食盐的生产技术。花盐“厚薄和光泽很像钟乳石”；印盐“像豆粒一样大小，呈四方形，全都一个样子”，它们像玉石、雪一样洁白，味道也特别鲜美。该书记载了209种食品的制作方法，其中需要用盐加工的103种，堪称世界历史上第一部盐与饮食的技术大全。

清朝光绪年间，朝廷集资百万银圆，疏浚小清河，把寿光一带的食盐运往内陆腹地。该工程自济南黄台桥至寿光羊角沟海口，全长250

公里，于1890年完成。这是山东历史上最大的盐运工程，寿光羊口镇成为著名的鱼盐重镇。1945年7月，因其特殊重要性设立羊口特别市，是今潍坊市境内设立最早的市……

不论以何种方式制作，盐工们全靠笨重体力劳动，条件艰苦，生活更是难以维系，当时盐工们流传着这样一首歌谣："天雨盐丁愁，天晴盐丁苦。烈日往来盐池中，赤脚蓬头衣衫褴褛。斥卤满地踏霜花，卤气侵肌裂满肤。晒盐朝出暮始归，归来老屋空环堵。破釜渔泔炊砺房，更采枯蓬带根煮。糠秕野菜来充饥，食罢相看泪如雨。"可见当时盐工生活之悲惨。

据勘探，在莱州湾一带，东起莱州沙河，西至黄河三角洲平原，有一条长达120公里的巨大地下卤水矿带，宽度10—20公里，最大面积2500平方公里。其中东起莱州市沙河西至寿光市小清河口，是一个卤水高浓度富集区域，面积约1500平方公里。这是山东生产海盐的资源优势。

今天，行走在莱州湾畔，一方方盐田相连，如一串串小小湖泊，在太阳照射下，闪耀着蓝色的光彩。盐池中，一层层硕大的海盐颗粒，像白色珍珠，晶莹剔透。现在，盐工们已经实现机械化作业，收获食盐的场景，从空中拍摄下来，宛如一幅幅精美的画面。

"调成天上中和鼎，煮出人间富贵家。"厨房里的盐，如同阳光、空气和水，成为我们生命不可或缺的东西。它像一个指挥家，带领着酸甜苦辣诸多味道，在人们的味蕾上，奏出美妙的生命乐章。

在现代人的印象中，鲁菜"黏糊糊、黑乎乎、咸乎乎"，山东人做饭像"打死了卖盐的"，能齁死人。前几年，我听说过这样一件事：一个50多岁的日照女子，兜里总偷偷装着一些粗盐，没事就往嘴里塞，每天直接吃20克左右的盐。大家劝她：超量吃盐有损健康。可是她却回答，已经吃了35年，像有大烟瘾，怎么也戒不掉。吃的时候又香又甜，根本感觉不到咸，只是到了晚上感觉堵得慌。

莱州市民中心展厅中的制盐雕塑

其实，在吃盐这件事上，山东并不是全国最厉害的地方。我查阅过官方从20世纪90年代到最近的抽样调查，陕西、山西农村是全国吃盐冠军。2000年，第三次总膳食研究以全国12个省份为样本进行调查，陕西以17.9克/天的人均食盐摄入量遥遥领先；排名第二的湖北每天摄入量超过15克/天；尾随其后的是河南、江西和河北。2012年，第五次总膳食研究对20个省份进行调查，覆盖了中国人口的79%。北京、辽宁、吉林作为“黑马”跻身全国前五名。2016年，美国医学会杂志发表了一篇流行病学调查报告，显示2009—2012年，全国人均每日食盐摄入量最多的省份是：河南、北京、辽宁、陕西、河北、吉林。

盐吃得久了，就变成一种味觉记忆，很难改变。

我们的童年可以称为“咸菜年代”。咸菜是食盐最大的载体。每家每户院子里都有一个很大的咸菜缸，里面常年轮流泡着各种咸菜。秋天是集中腌咸菜的季节。大人们从供销社买来一堆大粒海盐，稍加收拾，倒进缸里，搅拌成盐水。然后准备好形形色色的蔬菜，有芥菜、萝卜、白菜等，稍微金贵一点的是黄瓜、豆角、辣椒。老百姓把芥菜称作“辣菜疙瘩”，莱州称之为“蔓菁”“卜留克”。这是一种有着悠久历史的蔬菜,《诗经》中有“采葑采菲”的句子。“葑”就是芥菜，“菲”就是大萝卜。芥菜有一个浑圆矮胖的身材，绿色身子，白色尾巴，还有一大把缨子。收获之后，母亲会把它们放到大盆里洗干净，晾晒好，然后放到咸菜缸里，一层芥菜疙瘩，撒上一层粗盐，层层叠叠，再把缸盖密封好。几个月之后，青绿色的芥菜，失去原有的“辣喉气”，变得黑里透红，晶莹剔透。入口后韧性十足，咸而香脆，回味悠长。吃饭时，捞出一块来，用清水洗干净，切成细丝，倒上一点香油和醋，就清香扑鼻了。据说这种腌制芥菜的方法,《齐民要术》中就有介绍。贾思勰老家寿光的老咸菜远近闻名，其中又以羊口的味道最好。羊口人以打鱼为生，在渔船上很难吃到新鲜蔬菜。出海时将蔬菜放在鱼水、虾水中腌制，来充当下饭菜，也被称为卤咸菜，慢慢演变成一种特有的咸菜了。正宗羊口老咸菜选用鱼卤腌制，鱼卤要先晒再发酵、除油，还要在温度不低于60℃的缸内酿制30天；腌制时，要经过多日的翻、晒、倒缸，这造就了独一无二的羊口咸菜……在我们老家，舍不得丢弃的白菜根、白菜帮、萝卜缨子、香菜根，没有长成熟的小黄瓜等等，统统要扔进缸里，腌成咸菜。

我从高中开始住校，中午会排着队，买一份5分钱的汤菜，清汤寡水，最多带着一点肥肉片。很多时候，每个人都会吃母亲炒熟的咸菜。一个大罐头瓶子，装着一个周或者半个月的咸菜。在我们一生的记忆里，都有一个银发老娘，痴痴地站立在村口，看自己羸弱的孩子，背着行囊，拎着咸菜瓶子，走向远方。

潍坊和莱州一带还有生腌螃蟹的习俗。秋冬时节，把鲜活的渤海湾梭子蟹放进坛里，放一层蟹子，铺一层粗盐，然后密封起来，放上几天。打开坛子一股腥鲜味扑鼻而来，摆在桌上，一只只颜色未变的生螃蟹晶莹剔透，蟹黄酷似蜜蜡，流着油，闪着亮光，鲜美至极，让人食欲大增。

朋友孙磊给我细致地讲述过昌邑的虾油。他说，昌邑沿海的村子善于制作虾酱，家家户户的院子里，都有几口大缸，渔民出海归来，总把一些小的鱼虾腌在缸里，经过发酵制作成虾酱。时间久了，经过日光暴晒，缸里会淋出一层油状的物质，形似油脂，这是全中国最为味美鲜香的佳品。

过去老百姓炒菜怎么放盐？有人把从供销社购买的大粗盐粒扔进锅里，搅拌一会儿，让其融化在菜里，哪怕杂质也不浪费一点；有人用开水把盐粒煮开，去除杂质，沉淀之后用文火慢慢熬干，自己制作成细盐，炒菜时就放上一把。原始的粗盐中，含有钠、钾、钙、镁、锌、硒、碘、锰等多种矿物质和微量元素，几乎涵盖了人的营养需求，所以那时候的人身体粗犷而有力。直到20世纪八九十年代，人们才吃上小包装的精细盐。

食盐也是鲁菜文化的灵魂。

山东大厦行政总厨告诉我，善于用盐是鲁菜厨师的一大特点。过去，他们直接用炒勺从罐里取盐，全凭感觉，用量不好把握，有时候勺子背面沾上盐，也不知道；后来化在清水中，变成盐水，仍存在计量问题，而且也容易沉淀；现在，每个大厨的上衣口袋里，都插着一个指甲盖大小的小勺，使用它可以减少盐的用量，并且数量很好把控……医学专家建议，人均食盐摄入量每天不能超过6克，国家标准是7克，统计显示我们人均食盐摄入量为10.5克，所以很有必要控盐。

作为四大菜系之首，鲁菜有形、色、香、味、质、器诸美并举之誉，其中“味”美是根本之所在。《黄帝内经》“辩证施食”一章记载：“故东方之域，天地之所始生也。鱼盐之地，海滨傍水，其民食鱼而嗜咸，皆安其处，美其食。鱼者使人热中，盐老胜血，故其民皆黑色疏理。”

地域不同，食味迥异，但是都离不开一个“盐”字。以中国饮食味型的四大流派来讲，南方为甜咸，甜中有咸；四川及周边地区为辣咸，辣中有咸；山陕地区为酸咸，酸中带咸；山东及周边地区，则是鲜中有咸。

有人形象地说，鲁菜的咸鲜味型，犹如中国之绘画，虽然属同一画派，但是仍种类繁多，层次繁杂，各具千秋。本味咸鲜，是鲁菜最普遍、最基础的一种调味类型，它以中国传统调味理论“本味论”为指导思想，突出原料本身的自然之味，认为“凡物皆有先天，如人各有资禀”，烹调充分调动“鼎中之变”，达到“使一物各呈一性，一碗各献一味”的目的。其主要适用于时令性蔬菜和新鲜动物性原料，调料主要是食盐和酱油；清汤咸鲜，利用清汤和奶汤调味，这是鲁菜的独门绝技。对于某些缺乏味道的干货，借助汤的鲜味弥补味道的不足；酱香咸鲜，鲁菜的酱类调料包括面酱、辣酱、虾子酱、蚝油等等，本身有明显的咸味，还可以通过烹调产生奇妙的酱香味。“大葱蘸面酱”是鲁菜一道独特的风景线；五香咸鲜，指的是原料本身有油腻味道，要通过一些香料去压制和去除，使其自身的鲜香味发挥出来，像五香酱肘花、盐卤肚等。

山东不同地方在以咸味为本味的基础上又有不同，胶东为鲜香，鲁中为清香，鲁西为浓香。就其咸来讲也有区分，鲁东饮食突出鲜咸，咸中出鲜；鲁中饮食为咸香，咸中求香；鲁西受运河中的山陕商人影响，其饮食为酸咸；鲁西南湖区及矿区的饮食以辣咸著称。

盐能够成为“百味之王”，在于它能够主导和激发其他味道。

我看过一篇关于美食家的小说，美食家吃盐吃出了哲学。他说：做菜哪一点最难？是放盐。盐能吊百味，如果在鲃肺汤中忘记放盐，那就淡而无味，什么味道也没有。盐一放，来了，鲃肺鲜、火腿香、莼菜滑、笋片脆。盐把百味吊出之后，它本身就隐而不见了……

在中医理论中，五味对应着人体的五脏，咸对应的是肾。肾是生命之源、生命之根。盐是五味的主味，甜为和味，酸、辣、苦是辅味，盐能激发其他味觉，没有了咸，酸甜苦辣都不会调出美味。从现代化学角度分析，盐能强化鲜味，是因为食物中呈鲜味的物质，同时具有酸味，而盐能适度中和它们的酸味，使鲜味更加突出。

“神奇纬度”上演“五子登科”

我姓黄瓜的黄。山东卧龙种业公司总经理黄翔这样介绍自己，好像自己就是黄瓜家族的一员，是一根骄傲的黄瓜。

黄翔的公司地处“智圣”诸葛亮的故乡——山东沂南。在这个县的苏村镇，他有一个近500亩的蔬菜科技示范园区，培育着黄瓜、花生等优质种苗。在一个恒温大棚里，黄翔给我介绍说，他的夫人娄明莲负责技术方面的事，要从上千个黄瓜品种中选育出几个最优的，在南瓜根茎上嫁接黄瓜苗。一棵苗能卖一块钱，一年产出的黄瓜产值20元，一亩地可以实现收入7万元。从外观看，黄翔公司生产的黄瓜，顶花带刺，条形挺拔，颜色鲜嫩。品尝一下，清脆可口，芳香四溢。黄翔说，他们的黄瓜腔小籽少，便于储存和运输，而且可以控制长度……

在沂南这片充满智慧和灵性的热土上，黄翔和妻子从事黄瓜行业已经20多年了。他对诸葛亮充满感情，注册的商标是“诸葛亮”和“卧龙”，产品品种叫“龙冠”。每当有朋友来，他都会带着去诸葛亮博物馆和故居，给大家介绍诸葛亮的故事。有一次上海举办临沂农产品推介会，黄翔扮演成诸葛亮，羽扇纶巾，侃侃而谈，吸引了大批受众。媒体称“诸葛亮卖菜了”。仔细看看，浓眉大眼、坚忍执着的黄翔，还真有点诸葛亮的神韵。

沂南是中国黄瓜之乡，这里的黄瓜是中国地理标志产品。黄翔是山东省劳动模范、沂南县黄瓜种植带头人。在他的带动下，沂南县的黄瓜产业异军突起，10多万农户建大棚种黄瓜，全县黄瓜总产量达5亿多公斤，并通过寿光和兰陵的蔬菜市场，源源不断运往全国和世界各地，乃至迪拜的豪华酒店里。

黄翔并不满足，他有一个理想：要让沂南黄瓜成为寿光蔬菜一样享誉天下的品牌，自己要成为一个“黄瓜大王”。

站在黄翔公司的黄瓜架下，我感觉到一种绿意盎然的生长感。2021年，山东成为我国第一个农业总产值过万亿元的省份，蔬菜种植面积达到2200多万亩，连续6年蔬菜产量超过8000万吨，成为中国最大的“菜篮子”。

曾几何时，在大雪纷飞的严冬，别说享用五彩缤纷的豪华大餐，就是吃一口黄瓜，也曾是中国人的梦想。我们村有几个老人去世前，最想吃一根黄瓜，亲人满世界找好的黄瓜，却往往失望而归，留下遗憾。老祖宗从五六千年之前，就开始寻找、培育、种植、引进、提升蔬菜瓜果，可是直到改革开放前，山东人冬季也吃不到新鲜蔬菜，四大菜系之首的鲁菜，对大多数人而言，曾是一个遥远而模糊的概念。

菜系菜系，没有丰富充盈、全天候供给的各色蔬菜，如何支撑起庞大的鲁菜体系？

从一根黄瓜开始，山东人掀起一场“菜篮子革命”，结束了冬季北方人只能吃白菜萝卜土豆的历史，改变了中国人的饮食结构和生活方式，甚至影响了中国人的精神状态。

20多年前，我和山东电视台的周勇、郭磊等一起来到山东寿光，他们要拍摄电视片《飞越齐鲁》，其中就有村支书王乐义的故事。我们来到三元朱村，这里除了一排排塑料大棚，和其他农村没什么大的区别，红瓦白墙的平房干净整洁。脸膛黑红、憨厚淳朴的王乐义，是村支书的杰出代表。我们一边吃着刚采摘的小西红柿，一边听他讲述当年的故事。

1988年春节前夕，王乐义的堂弟从大连带来一点新鲜玩意儿，2斤刚采摘的新鲜黄瓜。冬天还有新鲜黄瓜？堂弟告诉他，这是从一种“过冬不用生煤火的大棚”里生产出来的。他的眼前一亮，心里窜起一团希望的火苗。他找到县委书记王伯祥，王伯祥正在寻找一条富民强县的路径，听说这一消息，马上不顾“掉乌纱帽”的危险，坚决支持。

1998年，王乐义传授种菜技术

年还没过完，王乐义带人去了大连，并邀请技术人员韩永山来传授冬暖大棚技术。为了留住人才，王伯祥自己住在平房里，却将50多平方米的一套新房子分给韩永山，让韩永山一家子“农转非”搬到寿光。当时，寿光老百姓人均收入不过百元，投资建一个大棚需要6000多元，这是个天文数字。王伯祥说：“如果有损失，县里给补偿，犯的错误我来承担，我们先搞大棚试点，等成熟了再推广。”王乐义带着同村16户农民，成为第一批“蔬菜勇士”。第二年8月，他们砍掉20多亩快要成熟的玉米建大棚种黄瓜，几个月后新鲜水灵的黄瓜，在风雪寒冬里上市了。当时猪肉2块钱一斤，这些从来没在冬季市面上出现过的黄瓜，每斤卖到10元。这一季下来，17个带头建大棚的人，收入最少的超过2万,一下子全部成了万元户。1990年寿光的大棚数量一下飞涨到5000个，1991年变成3.3万个。一场影响亿万中国人生活的绿色革命，在寿光萌动了。作为“中国蔬菜之乡”，寿光蔬菜大棚已经发展到20多万个，在第七代大棚里，卷帘、喷灌、夜间补光，可以用手机遥控，实现了自动化、智能化和数字化。手机成了“新农具”。从卫星云图上看，寿光城区和大棚构成一个特大城市的架构。

寿光已经成为蔬菜的代名词。这里的蔬菜生产正在向更大时空延伸，他们创造了植物工厂、空中草莓、上菜下鱼、树式栽培、墙体栽培等80多种养殖模式。寿光因此成为全国最大的蔬菜批发市场，“买全国，卖全国”，蔬菜交易品种达到300多个，全年交易额达100亿元，辐射周边20多个省份，影响着几亿人的餐桌。北京1/3的蔬菜来自寿光。菜博会、菜博园、蔬菜小镇、智能大棚等，既是蔬菜生产科研展示基地，又是一个个新的旅游景观和文化标志。

一个南瓜能长到200公斤，一棵西红柿树年产3000公斤，空中地瓜年循环结果600公斤；紫色白菜、黄色番茄、三色水果椒、樱桃西红柿；补钙菜、降血压辣椒、高维C辣椒……当我亲手抚摸这些果实时，竟有一种魔幻之感。

在以寿光为代表的先行地区引领下，我国走出一条中国特色的节能、高效蔬菜供给道路，实现全年有效供给，成功解决了10多亿人的吃菜问题。做了几千年“副食”的蔬菜，此时开始登堂入室，争夺“主食”的地位了。

国人蓦然回首，发现齐鲁大地真是一个神奇的地方：这里大海与高山辉映、半岛与内陆结合、山地与平原交错，天资禀赋刚柔相济；全省地处北纬34°—38°之间，气候宜人，物产丰富，和谐宜居，多种文明交融碰撞。山东是全国唯一土地还在生长的地区，黄河三角洲像一棵巨树，向大海伸展开自己的身躯。这里有800万亩未利用土地，土地以每年1.5万亩的速度在增加；山东蔬菜在种植面积、规格、产量、加工出口等方面领先全国，被誉为中国的“菜篮子”。除潍坊外，菏泽、济宁、聊城也是重要的蔬菜产地。章丘大葱、金乡大蒜、胶州大白菜、莱芜“三辣”，都是标志性产品。

山东还有一个面向南中国的“菜篮子”，这就是兰陵，被誉为中国

兰陵：山东的“南菜园”

蔬菜之乡、中国大蒜之乡、中国牛蒡之乡、中国食用菌之乡。兰陵蔬菜批发市场年交易量达300多万吨，是鲁南、苏北最大的蔬菜集散中心和净菜加工配送中心。目前至少有15万兰陵人在上海从事蔬菜销售，兰陵蔬菜占据当地市场份额六成以上，兰陵也因此被誉为上海市民的“菜园子”。上海市民有一句顺口溜：“一天不见鲁Q，吃菜就犯愁。”

鲁菜的鲜味，除了来自食盐，更多地来自本土丰富的海产和水产资源。

在山东，地形、土壤、气候的多样性，决定了食物的丰富性。《史记》称齐鲁大地“齐带山海，膏壤千里”。这里汇聚了大河、大湖、高山、丘陵、平原、湿地等地貌，具备了丰厚的物产条件。经过不懈努力，山东已成为全国重要的米袋子、菜篮子、果园子、油瓶子、鱼篓子，上演了“五子登科”。

“五子登科”本是封建时代科举考试的事。清朝，山东邹平有一个李氏家族，一家5个儿子考中进士，入朝为官，俗称“五子登科”。他们显然不能和现在山东“五子”相提并论。山东是中国的“米袋子”，用占全国5.4%的耕地，生产了全国7.6%的粮食，是全国13个粮食主产区之一和重要商品粮基地。2020年，全省粮食总产量达到5447万吨，占全国粮食产量的8.14%，连续18年实现增产丰收，连续7年站稳5000万吨台阶。山东省蔬菜面积、产量、产值等主要指标，一直位居全国首位，蔬菜有100多个种类，3000多个品种，70%以上销往省外，出口量占全国1/3，是名副其实的“菜篮子”。山东被誉为“北方落叶果树的王国”，是全国水果主要产区之一，生产水果20多种，品种达数百个，其中苹果产量占全国的1/4，桃、梨、葡萄产量在全国占有重要位置。烟台苹果、莱阳梨、沾化冬枣、金丝小枣、大泽山葡萄等享誉中外，所以山东是全国的“果园子”。山东油料生产在全国具有重要地位，花生种植优势突出，是全国花生主要产区之一，种植面积和产量均位居全国前列，被称为“油瓶子”……

这里重点说说“鱼篓子”。山东具有独特的海洋资源禀赋，三面环海，海岸线漫长，分布着70余处优良港湾。近海海域面积15.95万平方公里，拥有一个“海上山东”。7个城市宛如珍珠散落海滨，形成一种面向大海的格局。独特的海洋资源为山东带来“渔盐之利，舟楫之便”。鱼类、虾类、蟹类、贝类等海产品种类繁多，主要经济渔业品种达100多种，海洋渔业产量、产值等多项指标连续多年位居全国首位，对虾、扇贝、鲍鱼、刺参、海胆等海珍品的产量均居全国首位。

我尝试着为山东半岛勾画一张“海鲜地图”：滨州和东营的黄河刀鱼、大闸蟹、虾皮；潍坊的鳎米鱼、大对虾和咸螃蟹；莱州的梭子蟹、桃花虾、文蛤；烟台的海参、鲍鱼、三文鱼；威海的牡蛎、鲅鱼饺子、龙爪虾；青岛的鲅鱼、红岛蛤蜊、海肠子；日照的大竹蛏、海知了、西施舌……这些都在我脑子里留下深刻记忆，虽然时光流逝，但是那种原汁原味的馨香，还在不断发酵、扩散，充盈着我的生命。

游客品尝山东螃蟹

我第一次听说海参，是在威海石岛，它长相丑陋，长几十厘米，两端钝圆，腹部平坦，背上有几行如刺的肉疣，被称为“刺参”。山东烟台、威海、青岛都盛产刺参，它潜伏在渤海中部和黄海北部沿岸浅海十几米深的海水里，攀附在岩礁、砾石和大叶藻丛中，夏天和冬天都在懒洋洋睡眠，只在春秋季节才捕捞。它对环境要求极高，如有微小污染，也会死亡。海参在地球上已经繁衍6亿多年，品种有上千，可以食用的只有几十种，尤以胶东与辽东海参为上品。关于“烟台海参”的最早记载出现在清朝，清初诗人吴伟业在《梅村集》中明确提出，烟台海参出自蓬莱以北海区，即今长岛周围。海参性温味甘，有补肾益精、养血润燥之功效，能够有效提高人体免疫力。现在海参已经成为烟台的重要产业之一，全市苗种产业领先全国，约占全国40%多，产量2.63万吨，约占全省29%，占全国15%。烟台野生海参占比全国第一，还是国内最大的海参加工集散地，全市海参年加工量占全国80%左右，海参产品加工销售产值超过300亿元……海参已经成为山东人的第一食补佳品。

与海参相媲美的，还有鲍鱼。胶东沿海的鲍鱼个头不小，肉质细嫩，鲜而不腻，营养丰富，清而味浓，烧菜、调汤，妙味无穷。历朝历代的登州官员都把鲍鱼作为贡品献给皇帝，鲍鱼因而被列入御膳。苏轼曾在登州为官，写过长诗《鳆鱼行》，极言烟台鲍鱼之美。清代之后，鲍鱼被誉为海八珍之冠。

食物是一种挥之不去的乡愁。我的故乡莱州盛产海鲜，过去的四大海鲜是梭子蟹、对虾、大竹蛏和文蛤，现在又增加了鳎米鱼、针鱼、刺参、多宝鱼、桃花虾和海湾扇贝，成就了“十大海鲜”。我最喜欢吃的是梭子蟹和桃花虾。梭子蟹是中国最鲜美的螃蟹之一，整个形状酷似一把金梭，背部有3个隆起的疣子，所以被称为“三疣梭子蟹”。它蟹体厚实，体型肥满，肉质细腻，紧密有弹性。蟹黄凝固呈石榴红色。“西风起，蟹正肥”。秋高气爽之时，是梭子蟹上市的时节。一只大的梭子蟹，足以让人吃个半饱。远离家乡的日子，我常常想起梭子蟹，故乡就是一只喷香的梭子蟹了。还有一种桃花虾，莱州独有，只在桃花盛开的季节出产，生长期大概一个月，皮薄肉嫩籽多，饱满肥美。用开水稍微一煮，加点小葱香油凉拌，就是天下美食了。

我行走在蓝色半岛，足迹带着浓郁的海之味。在昌邑，朋友把品尝鳎米鱼的过程，描绘成一场和美女的对话。鳎米鱼是山东沿海较为名贵的珍稀鱼种，学名鳎目鱼，两只眼睛都长在身体一侧，平时侧卧浅海海底的泥沙上。鳎米鱼肉雪白细腻，蘸汤汁入口，软嫩爽滑，有一种独特的芳香味道。煎炖是制作鳎米鱼的一种特殊烹调技法。昌邑本地煎鳎米鱼的时候，不施鸡蛋，而是粘上干面粉下锅煎，有效保持鱼的营养成分，形成一种特殊的香味。在青岛沙子口一个渔家饭店里，我们点了一条半米多长的大鲅鱼，其学名是“蓝点马鲛”，体态光滑娇美，呈流线型纺锤形状，背部为蓝黑色，有许多蓝色斑点，腹部则为银灰色。鲅鱼游动起来速度极快，跃出水面时非常漂亮。青岛渔民捕捞过两米半长、三四百斤重的大鲅鱼。在沙子口一带，一直有送鲅鱼的习俗。每年春季，女婿要给岳父送鲅鱼。“鲅鱼跳、丈人笑”。后来，这一习俗覆盖到整个青岛。红岛蛤蜊只有指甲盖大小，皮薄、肉嫩、花色较浅，肥满度高，汤如牛奶，鲜中带甜，是受青岛人欢迎的下酒菜之一，端上一大盆，忙坏全桌人。在乳山，我们去寻找当地风声鹊起的牡蛎，这里水质洁净，所产牡蛎个大肥美、撬开之后可以直接生吃，肉质爽滑、味道鲜美，经专业水产品质量检测机构鉴定，每100克乳山牡蛎肉中含有的蛋白质、脂肪、锌、铁、锰、硒、铜等，均优于绝大多数外地产品。过去，牡蛎在秋冬季最肥，5—8月是繁殖期，为改变这一状况，乳山引进了三倍体牡蛎，全年生长，肥嘟嘟，水嫩嫩，奶乎乎，填补了传统牡蛎夏季市场的空白，而且生长速度提高30%，单体价格最高可卖到几十块。一个巴掌大小的牡蛎，能赛过普通牡蛎1斤的价钱……

山东半岛尤其北部一侧的海鲜特别鲜美，原因恐怕有这么几个：一是因为这里是中国最大的半岛，海岸线曲折迂回，港湾岬角交错，不同岸线地貌差异显著，水质洁净。两边濒临渤海和黄海，既有深水良港，也有浅海滩涂，既有海湾海岛，也有金色沙滩。烟台盛产鲍鱼，因为这里拥有大量海水清澈、水深流急、海藻丰富的礁岩地带。而鲍鱼尤其是长岛的皱纹盘鲍，最喜盘踞在几米至几十米的礁岩砾石之上。莱州是浅滩，风平浪静，水不算深，所以这里的桃花虾皮软肉嫩。二是因为这里的纬度高，基本处于北纬36°—37°，水温较南方海域低，海产品生长速度缓慢，营养更丰富。海参的生长期最少需要三四年。这里，有从渤海向东流入黄海的黄河冷水团，有黄海北部南下的鸭绿江冷水团。近来发现的黄海冷水团，位于黄海中部洼地的深层和底部，覆盖海域面积13万平方公里，接近山东省的面积，拥有5000亿立方米的水体，是世界罕见的浅水层冷水团。它的温度、溶氧量等水质指标，非常适合养冷水鱼。三是水交换条件良好，整个渤海和黄海北部，有

黄河入海口收获中华绒毛蟹

黄河、大清河、小清河、潍河、胶莱河、弥河、大沽河、母猪河、乳山河流入大海，它们一方面带来丰富的营养成分和有机物，另一方面带来大量淡水资源，使得盐度适中，土质肥沃。有经验的渔民都知道，哪里的港湾有淡水注入，海鲜味道就会更加鲜美。

随着人民生活水平的提高，野生渔业资源不断衰竭，我国海水养殖业开始起步，山东成为领头羊和排头兵。

山东在传统渔业捕捞生产方式基础上，耕海牧渔，建设海上粮仓，催生了海水养殖“藻、虾、贝、鱼、参”5个阶次的技术突破，实现了中国“养殖高于捕捞”“海水超过淡水”两大突破，把对虾、海参、鲍鱼等海中珍品搬上普通人的餐桌。

这“五大突破”分别是：

海洋藻类养殖技术突破。天然海带只适应冷水生长，而中国海域因水温太高不适宜海带生长。以中国科学院海洋研究所曾呈奎院士等为代表的科技工作者，先后创造了海带夏苗培育法、筏式养殖技术、陶罐施肥技术，推动了海带人工养殖在山东的全面兴起。随后又解决了海带南移的关键技术，使中国海带总产量成为世界第一。

海洋虾类养殖技术突破。从20世纪50年代开始，中国科学院海洋研究所刘瑞玉院士，开展关于对虾的调查研究。20世纪60年代末，山东海洋科技工作者率先培植出人工亲虾并育苗成功。20世纪80年代初，以农业部黄海水产研究所赵法箴院士为代表的科研人员，突破对虾工厂化全人工育苗技术，并在全国沿海推广，从根本上改变了中国长期主要依靠捕捞天然虾苗养殖的局面。

长岛渔民养殖扇贝

海洋贝类养殖技术突破。自20世纪70年代末，中国开始人工养殖扇贝，主要品种是栉孔扇贝，到20世纪80年代初步实现养殖产业化。1982年，中科院海洋研究所张福绥院士首次从美国大西洋沿岸引进海湾扇贝，解决了养殖海湾扇贝的一些生物学与生态学问题，突破了产业化生产的一整套工厂化育苗与养成关键技术，在北方海域形成了一个海湾扇贝养殖的新产业。

海洋鱼类养殖技术突破。农业部黄海水产所雷霁霖院士1992年首先从英国引进冷温性鱼类良种——大菱鲆，突破工厂化育苗关键技术，构建起“温室大棚+深井海水”工厂化养殖模式，开创大菱鲆工厂化养殖产业。鲆鲽类名贵鱼种工厂化养殖发展迅速，昔日国际市场上的“贵族”鱼类，开始变成百姓餐桌的普通菜。

海珍品养殖技术突破。自20世纪80年代开始，山东率先突破刺参产业化育苗，2007年已初步筛选出9个速生、耐高温杂交组合，使得刺参养殖在山东沿海全面展开。从20世纪80年代开始，科学家就开始进行鲍鱼的人工育苗和养殖。中国科学院海洋研究所研究员张国范领导的课题组，创建杂交鲍苗种培育和海区养成的技术工艺，并在辽、鲁、闽等省推广。

山东人还有更大梦想，目前正在建设海洋牧场，全省已建成省级海洋牧场105处，国家级海洋牧场44处，居全国首位，将要掀起第6次海洋产业的浪潮。

中国海洋大学教授董双林是一位知名的水产养殖专家，他带领科研团队成功破解利用黄海冷水团养殖三文鱼的难题。他说，利用黄海冷水团进行三文鱼养殖，可以创造出一个千亿元级别的新兴产业。

大约十几年前，我的同事写过一篇新闻稿件，题目就叫《没有草原的山东成为畜牧大省》。从那时候我才知道，原来山东的畜牧业这么发达。

2021年5月，山东省政府新闻办对外宣布：2020年山东肉蛋奶产量1444万吨，占全国的1/10；肉类人均占有量71公斤，是全国的1.3倍，禽肉人均占有量35公斤，是全国的2.1倍，禽蛋人均占有量47公斤，是全国的1.9倍多。上海市场禽肉的70%、沪浙市场猪肉的30%、京津市场牛羊肉的30%都来自山东。山东肉蛋奶的总产量，已经连续多年位居全国首位。国家确定，在山东打造现代畜牧业齐鲁样板。

鲁菜的底气，正是来自菜篮子里丰富多彩的肉蛋奶。

山东为什么畜牧业发达、肉蛋奶生产能力强？第一，山东属暖温带季风气候，年平均气温11℃—14℃，非常适宜动植物的繁衍和生长。全省动物种类数量众多，有陆栖野生脊椎动物500余种，其中兽类50种，鸟类454种，爬行类26种，两栖类10种。山东猪、牛、羊、禽、兔以及特种动物养殖门类齐全。地方畜禽品种众多，拥有鲁西黄牛、渤海黑牛、小尾寒羊、青山羊、徒河黑猪、里岔黑猪、莱芜黑猪等著名品种。第二，山东生物资源丰富、农业发达，为畜牧业发展奠定了良好基础。山东是全国的粮食主产区之一，每年可向饲养业提供1400多万吨玉米，5000多万吨作物秸秆和大量的饼粕、麸皮；全省有160万公顷天然草场，每年种植牧草12万公顷，青贮氨化农作物秸秆3800万吨。丰富的饲料资源，为畜牧业发展提供了优越条件。第三，山东省畜牧业发展历史悠久。山东畜禽饲养始于新石器时代，有六七千年历史。《齐民要术》等农书曾对畜禽饲养经验进行过深刻的总结。在数千年的时间中，山东人摸索出一系列成熟的养殖经验。

四五十岁以上的山东人，心里都有一种深深的"猪肉依恋"。猪肉脂肪和维生素远比其他肉类含量高，纤维细软，加工后味道醇香，营养丰富，占据着中国人日常动物蛋白质的最大份额，民间有"诸肉不如猪肉，百菜不如白菜"的说法。

猪成为"六畜"之首，猪肉成为"大众化的主要荤食"，经历了一番酸甜苦辣。

猪是中国人最早驯化饲养的动物，甚至是"家"的象征。但是从汉代开始，猪的地位下降了。魏晋南北朝一直到隋唐宋，羊肉取代猪肉成为流行千年的食尚。把猪肉推向前台的，一是苏东坡，他因"乌台诗案"被贬到贫穷的湖北黄州，生活拮据，就用十分便宜的猪肉炖出"东坡肉"。他专门写了一首《猪肉颂》：净洗铛，少著水，柴头罨烟焰不起。待他自熟莫催他，火候足时他自美。黄州好猪肉，价贱如泥土。贵者不肯吃，贫者不解煮。早晨起来打两碗，饱得自家君莫管。东坡肉获得民间广泛认可，由此带动了猪肉消费潮。二是明清时期的政府。这一时期，因为人地关系紧张，牛羊等逐渐退出肉食主力。猪是杂食动物，不占耕地，易于饲养，且把植物转化为肉的效率最高；猪的产粪量非常高，可以有效提升地力。所以明清时期，猪的社会地位急剧提升。三是新中国成立之后，数亿人民嗷嗷待哺，大量农田亟须施肥，猪被前所未有地重视起来。毛泽东指出：养猪是关系肥料、肉食和出口换取外汇的大问题。人民日报刊登文章，将猪从六畜的最后提升到首位，全国人民的养猪热情被充分调动起来，还一度出现了千斤肥猪的浮夸风和小孩骑大肥猪出行的荒诞事……

山东，既是养猪业的发源地之一，也是全国生猪主产区和产销大省，常年生猪存栏2800万头以上，出栏5000余万头，猪肉产量400多万吨，居全国第4位。山东的屠宰行业实力稳居全国第一，2020年屠宰行业实现营业收入2200多亿元。目前，全省共有300多家生猪屠宰企业，每年屠宰生猪约2700万头。

到20世纪八九十年代，山东专业养殖户和工业化养殖取代了庭院养殖。据说山东的规模化养猪场有1万多家。一排排现代化的猪舍，干净整洁，有通风排污设备，冬天甚至有地暖空调，几乎闻不到酸臭味。有的猪圈里配备了发酵床，猪排出的粪便可以马上发酵。聊城有个养殖户，买了高级音响，让猪享受音乐的熏陶，早晨播放欢快的《百鸟朝凤》，中午播放柔和的催眠曲，这样环境中长大的猪，毛色光润，肉质鲜香。滨州有一个养殖场，依靠互联网养猪，一个手机可以掌控一切，从母猪配种、怀孕、产仔，到仔猪长成出售，每头猪都有一个大数据，指导生猪养殖。这里还有一个覆盖全国的生猪流动地图，帮助预测存栏量，合理控制养殖规模。

养猪业也正经历着考验。改革开放之后的第一个十年，我国畜牧产品从短缺进入供需平衡阶段，吃猪肉不再是难事；第二个十年，猪在肉类消费中占比从90%下降到不足50%，禽肉和牛羊肉占比达50%以上；新世纪之后，养猪业面临绿色和安全的巨大挑战。抗生素猪、速生猪、泔水猪、瘟疫猪，养殖污染，价格“过山车”……导致猪肉供给不断产生缺口，消费量下降。为减少脂肪摄入量和热量、改善营养结构，少吃红肉多吃白肉成为潮流，禽肉、牛羊肉和鱼肉成为更多人的选择。

养猪的人们也在努力着。一是挖掘保护山东本土的原生黑猪品种，像徒河黑猪、莱芜黑猪、里岔黑猪等，富含矿物质、维生素和“全蛋白质”，多汁、鲜嫩、耐嚼，有一种特别的肉香。山东徒河黑猪有限公司董事长张训照有一个想法，要生产出像神户牛肉一样的中国黑猪。他说，徒河黑猪是一个4000多年前的本土物种，当年大禹治水，在徒骇河流域驯化了一批黑猪，个体较小，膘厚、肉香。他的家乡济阳流传着一首歌谣：“大黑猪，黄瓜嘴，耳朵垂，爱玩水；莲花头，屁股丑，背如刀刃身子扭。徒骇河里游一游，岸边林中走一走，不见大禹不叩首。”到20世纪70年代，国外品种的猪大量涌入，徒河黑猪濒临灭绝。有一次，张训照在支书家吃了一顿徒河黑猪，那种独特香味令他难忘。他沿徒骇河寻找，购买了103头黑种猪，可是没有一头是纯正的徒河黑猪。后来，在山东省农科院畜牧兽医研

徒河黑猪的杀猪雕塑

究所研究员李森泉指导下，他收购到81头类似徒河黑猪的种猪，经现代DNA技术血统鉴定，其中有30头纯种徒河黑猪。于是，他投资搞了一个黑猪养殖基地，并把事业越做越大。现在，他在济南搞了数个餐饮店，里面有独具特色的涮徒河黑猪肉片……莱芜黑猪有6000多年的历史，被誉为“世界猪种的宝贵基因库”，到20世纪70年代末濒临绝境，山东组织7次调查，才找到40头种猪，并进行科学有效保护，现已发展成1000头的原种猪核心群、2000头的二级扩繁群，每年出栏优质商品猪5万多头。二是向绿色有机养殖方向发展。山东省青州市退休干部钟安信，在院士的指导下，发明了一种中药添加剂，解决了动物性和植物性食品的安全问题，让大家吃上了没有激素的猪肉、没有污染的蔬菜。钟安信说：“新中国成立70多年了，山东人已经从吃得饱、吃得好，开始希望吃得健康、绿色、安全了……”

山东在畜牧业方面的全国“隐形冠军”太多，不能一一列举，仅选两个典型行业简述一下。

一是肉鸡。全国肉鸡看山东，山东迎来新“鸡”遇。山东是我国第一白羽肉鸡养殖大省，也是加工和出口大省。2018年，山东省出栏商品肉鸡16.5亿只，占全国41.2%，位居全国第一位；白羽肉鸡已成为山东畜牧业一大重要支柱产业。我到多个养鸡场参观过。上高中时，我们村里建了一个养鸡场，生产肉食鸡，不到两个月就可以上市销售。这件事轰动一时，我们知道有了住在“集体宿舍”的鸡。后来，我多次到阳谷，这是武松打虎的地方，一个叫刘学景的企业家，同时经营着肉鸡养殖和冶炼铜两个风马牛不相及的行业。我们穿上白大褂，经过层层消毒，进入鸡的“高级公寓”参观，这里光线柔和，温度湿度可以根据二十四节气自动调整。鸡的成长期是40天，每个成长阶段，都有科学配比好的营养化饲料。因为鸡肉的品质好，成为麦当劳、肯德基的供应商。青岛一个叫“梦圆”的农业公司，建起山东规模最大的全程自动化养鸡场，两个人管理着15万只鸡。蛋鸡养殖采用8层层

诸城：20世纪90年代的养鸡专业户

叠式高密度饲养，喂鸡的食槽下面有一个传送带，每过两至三个小时，设备会自动投食并输送到每个鸡笼里；每个小鸡笼安装有两个乳头饮水器，只要鸡一啄就会出水，几十万只鸡过着“衣食无忧”的生活。在莱芜区王石门村的大山里，我见到一群群散养的鸡，漫步、飞翔在山坡上、松林中，吃有机食物，喝山泉水，野性十足，然而，只要一听到主人的口哨声，它们马上会自动集合，排列成行……

二是肉牛产业。牛过去是重要的劳动力和运输工具，随着时代发展，它们被从繁重体力劳动中解放出来，成为肉和奶的主要来源之一。山东是全国肉牛的主产省区，凭借优越的自然条件和悠久的历史传统，齐鲁儿女培育出鲁西牛、渤海黑牛和蒙山牛3个优秀地方品种，存栏了500万头肉牛。

高青黑牛是我国首例和第二例健康成活的体细胞克隆牛，它的诞生带动了整个肉牛产业的发展，扭转了中国高档牛肉依赖进口的局面。在高青纽澜地公司的黑牛养殖场里，凉风习习，一头头黑牛在音乐声中摇头甩尾，它们高大匀称，膘肥体健，惬意悠然。这里的负责人说，养牛就像“养孩子”，每天按照科学的生物钟，让牛喝啤酒、睡软床、听音乐、享按摩、吃熟食。黑牛睡的软床，由添加了有益菌的锯末渣铺成。每个牛棚设有一个毛茸茸的橘色感应按摩器，只要牛主动靠近，按摩器就会工作。早晨伴随着晨曦，古典音乐如约而至；夕阳西下，又会传来贝多芬、莫扎特的钢琴曲。牛棚上方悬挂着大木酒桶，一头牛每天要喝20斤啤酒，有助于消化和提升肉质。黑牛还会定期洗澡，定期查体。牛栏里装有摄像头，可24小时进行监控。黑牛的心跳、步数等数据实时显示。900天的精良谷饲喂养，让黑牛肉沉淀出大理石花纹，肉质细腻，纹理丰富，口感绝美。一头黑牛，可以实现十二三万元的价值。在济南的大超市里，最好的高青黑牛肉，一公斤可卖到2000元。

山东小吃：“鲁菜之母”

遍布各地、独具特色的山东小吃，是鲁菜的根基，是“鲁菜之母”。

小吃是一个地方历史的积淀、特产的精华、地气的精灵。它既不是主妇烹制的家庭美食，也不是登堂入室的饕餮大餐，它只是一个区域百姓共同打造和认可的风味，廉价，卑微，简朴，实在，但却馨香四溢，味道穿心，成为贫穷时代孩子们流下的口水，成为富裕时代成人们的乡愁。

在传统的“五谷”中，山东人更多把小麦塑造成各色小吃。小麦面粉在餐饮的历史中犹如漫天大雪，纷纷扬扬，飘落到生活的每个角落，塑造了我们的餐桌和生活，并成为展现我们精神世界的一个窗口。

馒头是面食的“大哥大”。山东馒头更是独领风骚，征服全国。

山东小麦亩产高，氨基酸、蛋白质和面筋质的含量高。这样的面粉，制作出来的馒头瓷实、耐嚼、筋道、香甜，是馒头中的“王者”。除了原料好，制作工艺也很关键，山东馒头用老面发酵，自然醒面，经过反复揉制，讲究力道、水面比例、面粉品质全面到位。据说一个手工制成的大馒头，或许要经过1500次以上的搓揉。山东人把自己的憨厚朴实坚韧，全部揉到面里，馒头才实而不硬、软而不塌。

作为名吃的山东馒头有几种类型。一是戗面馒头。就是在面团充分发酵之后，将其擀成面片，一边擀，一边把面片层层叠起来，每叠一层，就撒上干面粉，以防粘连。经过揉搓滚圆之后，成型的馒头，里面层层叠叠，表面光洁圆润，入口自带香甜……菏泽鄄城是闻名全国的“馒头之乡”。朋友付勇告诉我说，仅在北京，鄄城人就经营着数百家上规模的“山东戗面馒头店”，每天使用面粉几千吨。县里每年都要举办“馒头节”，心灵手巧的农村妇女大显身手，不光制作大馒头，还要展示千姿百态的“花饽饽”。二是签子馒头，它形如纺锤，两头尖，中间粗，要用铁签或者竹签串起来，放进笼屉蒸熟，也有人称为高桩馍馍、杠头馍馍。签子馒头起源于山东平原，过去这里叫恩城。恩城签子馒头选用优质小麦作原料，辅以老面和碱面，倒入清水和制而成。据陈氏签子馒头第五代传人陈延强介绍，现在他们仍然采用老办法蒸馒头，水温保持在30℃—50℃，碱面用清水化开，再加上老面发酵，从压面、挤制、成型、醒面，每一道工序都有很严格的讲究。成型之后还要上签，一个个洁白如玉的馒头，并排在签子之上，急火蒸20分钟，一笼笼热气腾腾的馒头就出锅了。其色泽白润如玉，油光微亮，闻之芳香扑鼻，食之甘甜如饴。三是黄夹馒头。黄夹是乐陵市的一个镇。乐陵全市在外从事面点经营的有6万人，一年赚回20多个亿，黄夹是“中国面点师之乡”。“乐陵馒头房，遍布京津塘。”在北京、天津和塘沽，看见3个馒头房，至少有两个是黄夹人开的。他们蒸馒头用家乡产的优质麦粉，馒头不讲究洁白度，不用添加剂，嚼

20世纪50年代，敬老院的人在吃馒头

起来很筋道，有麦香味。四是青岛王哥庄大馒头。这里的大馒头历史悠久，花样繁多，据说最少有500多年历史了；体型很大，1斤一个很普通，3斤一个也寻常。最大的重60多斤，白白胖胖，像一座小山；制作时选取当年生产的饱满小麦作为原料，加工成面粉，纯手工制作。和面时，加入一定比例的牛奶、鸡蛋、蜂蜜和崂山清泉水。大馒头要做成各种形状，面团的软硬程度就很重要了。揉面的时候动作要快，用力要匀，不然捏出来的外形不圆润。出锅后的大馒头，带着白茫茫、轻飘飘的热气，让这个世界的味道瞬间变得香甜起来……

馒头再向后来发展，形成包子之类的食物。山东的胶东大包、青岛大包，都是名吃。一个北京朋友每次到济南出差，不仅要吃到胶东大包，还要打包带回去，给大家吃。胶东大包一个足有半斤重，饭量小的要两个人分开吃，它的皮既薄又软，馅主要是猪肉和各类蔬菜，因为加了略肥一点的猪肉，偶加海鲜，倒上足够的花生油，依靠胶东主妇的手感，那种鲜美清爽之感，能让人吃得满嘴流油，欲罢不能。我最爱吃韭菜和芸豆馅的大包，一顿饭曾经吃下四五个。包子还可以水煎。利津水煎包是山东省级非物质文化遗产。早在清朝光绪年间，利津县有很多制作水煎包的铺户。用一个满月大的盘子盛装，圆柱形的水煎包齐齐地立着，像一顶顶小型的厨师帽，水煎包皮呈金黄色，酥而不硬，馅多皮薄，兼得水煮油煎之妙，一面焦脆，三面嫩软，香而不腻。菏泽有一种“壮馍”，实际也是包子，外形如月，最大的8斤重，很适合壮汉吃，所以叫“壮馍”，它是一个椭圆形，皮分4层，用优质小麦粉和成面团反复揉压而成，肉馅分牛肉、羊肉、猪肉三种，以牛肉为上。近几年有了素馅的。成熟后的壮馍，色泽金黄，外焦内嫩，食之鲜而不膻，香而不腻。要翻动锅里如此庞大的壮馍，需要一把子力气。一到农闲时节或者阴雨连绵时候，就有人家支起灶来，放上煎锅，不久就有香气夹杂在炊烟中，飘荡在整个村子里。

烧饼、肉火烧、煎饼、盘丝饼……饼类组成山东面食的第二大方阵。除了“一张煎饼包天下”的煎饼、“一弯明月照山东”的周村烧饼，山东优质饼还可以罗列不少：老潍坊人最喜欢吃上一口潍坊肉火烧。具体做法是，把花椒水泡过的肉馅，包进小面团里，收边做成扁圆形的火烧坯，再放进炭火炉烤而成。泰山驴油火烧是省级非物质文化遗产，色泽美观，层如薄纸。相传汉武帝封禅泰山时，曾品尝过驴油火烧。只要到东昌府，人们都要尝尝沙镇呱嗒，这是一种煎烙的焰类小食品。制作技术特巧，味道鲜美。所制馅料有肉馅、鸡蛋馅、肉蛋混合馅等多种。在包制时，先用烫面和呆面，随季节变化，按不同比例调制，卷以配好馅料，两端捏实，轧成矩形，后放入油煎制而成，外酥里嫩，香而不腻。关于呱嗒名字的由来有多种说法，一种说法是，因呱嗒形似艺人说快板的道具“呱嗒板”而得名；另一种说法是，将其吃在嘴里，会发出“呱嗒”的声音；还有一种可能是，在制作时擀面杖与面团在案板上接触，会发出“呱嗒呱嗒”的声音，尤其是制作完毕时的响声最大，也最为清脆，故名曰“呱嗒”。在聊城众多呱嗒中，以沙镇呱嗒最为有名，而沙镇呱嗒又以“杨家呱嗒”最为有名。沙镇东街的杨氏家族，从山西老家带来祖传煎肉饼的绝活。郑板桥到范县做县官经过沙镇，正对着一个生肉饼专心致志地看，被身后的人撞了一下，他的一只手正好把一个生肉饼压扁了。主人舍不得扔掉，便把这个被压扁的肉饼煎熟吃了，顿感味道特别，照此又煎了几个，照样很香。历经200多年的传承，它遍布于聊城的大街小巷。每逢城镇闹市，乡间集日，大多有设摊者供应，发展较好的，都有了自己的门面，打起了自己的招牌。近几年，随着聊城市经济的发展、对外交流的增多，呱嗒走出乡土，流传到了各地。

在山东乐陵，郑店的马蹄烧饼很受百姓喜欢。郑店镇位于乐陵市城南35公里，处于“四县三市”交界处，于明代建镇，有着300多年历史。这里有许多地方名吃，其中马蹄烧饼就是其中之一。马蹄烧饼是用面粉、植物油、芝麻为主要原料，用特制岩灰壁炉烤制而成的食品，其形状如马蹄，故名马蹄烧饼。据传说，乾隆皇帝下江南时，马蹄烧饼和糖酥火烧作贡品呈献给乾隆皇帝，倍受皇帝和大臣们的赞赏。马蹄烧饼制作方法非常考究，从制作到出炉需要十余道工序，其配料严格精细，所用面、油、酥、芝麻均有精确比例，每个烧饼约2两重，用两个面团制成，一个面团涂上用油炒好的酥，层层叠叠卷曲着，当作烧饼的瓤，用另一个面团包在外面，当作烧饼的皮。在光滑的面板上一拉一卷，搓制成马蹄状。最后蘸上芝麻和糖色，倒贴在炉面上烘烤七至八分钟而成。马蹄烧饼除配料严格精细外，烤制火候也十分重要。制作马蹄烧饼所用的锅炉比较奇特，它所用的大平锅面朝下，底朝上，为保持炉内所需温度，锅底需用泥糊好，炉底上下不透气，制成马蹄烧饼最理想的燃料是优质果木屑和谷糠，也可用无味锯末代替。随着温度升高，烧饼皮一点点鼓起来，一个个圆鼓鼓地“倒挂”在大锅上。待其出锅，粮食谷物特有的香气顿时令人食欲大开。用手轻轻撕开一个小口，热气扑面而来。刚出炉的马蹄烧饼皮瓤分离，外脆内嫩，酥香兼备，具有焦香、清香、芝麻香三香的独特风味。

此外，山东还有莱芜烧饼、武大郎烧饼、枣庄菜煎饼、济南盘丝饼等等。

山东的汤类面食，包括胶东沿海的鲅鱼饺子、内陆的韭菜饺子、各种面条、馄饨等。有人曾经推出一个“山东最好吃的十大面条”排行榜，其中有老济南的打卤面、凉面，潍坊的鸡鸭和乐、金丝面，福山大面，蓬莱小面，泰安豆腐面，台儿庄黄花牛肉面，滕州大肉手擀面，日照涛雒羊肉面。胶东沿海人家都会做海鲜面，风格不同。我品尝过海阳摔面和蓬莱小面，都非常有韧性，爽滑顺口，色香味俱佳。除了面粉要好，制作过程中加入碱和老面，“摔”是最突出的特点。海阳摔面有“碱是骨头，盐是筋”之说，必须经过摔打。摔的力度太大，需要场地大，案板硬，一不小心，案板就会被摔断。蓬莱小面讲究三遍水、三遍碱、九九八十一遍揉。面在案板上反复摔打、拉抻，制作出来的小面细如发丝，既有筋有骨，又软硬合适，配上各类海鲜做卤，味道自然很好。潍坊的鸡鸭和乐，要在一个木质床子中间，放置一个柱形圆筒，筒底满是“漏眼儿”，筒的上方悬空着一个圆形铁饼，铁饼与一根超长的杠子相连，人从杠子的另一头压下去，铁饼砸在面上，和好的面团从“漏眼儿”里被挤下去，一条条筋道的和乐面就这样“漏”了出来，直接到了沸腾的锅里。面煮熟后盛到碗里，浇上原汤卤子，成为潍坊人最爱吃的面食之一。

山东人还把“六畜”中的猪、鸡、羊，变成了滋味悠长的美味，烹饪出一道道名小吃。

猪肉是山东百姓最喜欢的美味。过去有一句话，生猪全身都是宝。把山东的小吃堆砌起来，就是一头完整的猪。山东诸城的猪头肉，是中国四大名猪头肉之一。其特别之处，就是先煮后熏，肉中带有浓浓的烟熏味道，既有北方喜欢的酱咸味，又有南方熏腊肉的味道。猪蹄要数青岛流亭做得好。流亭秘制猪蹄已经150岁了，其制作技艺精良，需要经过20多道工序，蒸煮两个多小时。外观色泽鲜亮，浓香四溢。用陈年老汤凝固成形的猪蹄，切割后蹄骨呈米白色，置于盘中块状分明、晶莹剔透，嚼起来口感清爽。商河炮肉和潍坊朝天锅，可以把猪身体的任何一个部位加工成美食，不同的是，一个要经过烟熏，一个要经过汤熬。商河炮肉用老汤在大铁锅里加热，再把猪肉或者内脏洗净下锅，开锅后加中药包和盐，一个半小时后，把熟肉捞出放在铁箅子上，进入熏制流程。熏锅加热后，放入白糖，在铁箅子上熏五分钟，看到冒黄烟时即出锅。熏制的火候，是炮肉制作的最关键环节。潍坊朝天锅起源于清朝乾隆年间，当地人在路边架起大铁锅，为吃不上热

小店里的潍坊朝天锅宣传画

饭的农民煮菜热饭，因为没有锅盖，就称“朝天锅”。汤是鸡肉和驴肉煨成的老汤，锅里煮的是猪头肉、猪下货、肉丸子等，煮熟切好，放入一张柔韧的薄面饼内，夹上土豆丝、鸡蛋、猪耳朵等熟食，配以十几种调料和小菜，卷成饼状，吃着饼，喝一碗热气腾腾的汤，那滋味，羡煞神仙。济南名吃黄家烤肉，用果枝熏烤猪肉，肥而不腻，猪皮香脆可口。济南的把子肉和济宁的甏肉，则把五花肉“肥而不腻，瘦而不柴”的味道发挥到极致。

前不久，黄焖鸡成为闻名全国的“国民小吃”，风靡一时，追根溯源，原来是来自山东的美食。蓦然回首，大家才发现，山东是一个吃鸡大省，山东人把一只鸡吃出百般花样。几千年来，鸡在传统农耕家庭中占有重要地位，母鸡下蛋，为一家人提供营养，并且换回零花钱，换来一些小物件。只有在孕妇生产需要大补的时候，才狠心杀上一只老母鸡，炖鸡汤喝上一段时间。沂蒙革命老区的红嫂，为了抢救八路军伤员，为亲人熬鸡汤，成为佳话。味道寡淡的日子，山东人把鸡当成工艺品去雕琢，培育出一个个小吃品牌，其中有省级非物质文化遗产，像德州扒鸡、青岛香酥鸡、知味斋肴鸡、聊城铁公鸡等；市级非物质文化遗产，像枣庄辣子鸡、史口烧鸡、芦花烧鸡、小二回锅炒鸡、定陶烧鸡；还有各地风格鲜明的品牌，像潍坊芥末鸡、济宁地锅鸡、泰安花椒鸡、淄博布袋鸡、威海蛤蜊炒鸡、菏泽灯笼鸡、寿光虎头鸡……

不仅仅要吃鸡，连鸡架子也要吃出百般滋味。山东大厦有一道名菜，就是诸城烤鸡架。山东是养殖肉鸡大省，诸城的养殖业很发达，曾是山东肉食鸡的出口大户，他们把肉食鸡分割后，留下鸡架子，洗净后，用葱姜花椒八角等多种调料腌制，并充分浸润，使内外风味统一；再烧一锅老汤，煮熟之后，撒上一把红糖，进行熏烤，小火炙烤约5分钟，鸡架表面被熏出一层透亮的酱红色。每一根肉丝都咸甜碰撞，滋味丰厚。

山东人为什么爱吃鸡？有人说：你看山东地图的形状，是不是正像是一只烧鸡？

单县县长魏传永是省直下去的干部，他有丰富的基层工作经验，年轻能干，思路开阔。一次到济南，他带着企业来创建“单县羊肉汤”连锁店，告诉了关于单县羊汤的很多知识。他说：在中华名吃谱上，以汤入谱的只有单县羊肉汤，被国人称为“天下第一汤”。一口大锅沸腾着，肉汤呈牛奶般的白色，香而不腻、鲜而不膻，烂而不黏，很多菏泽人每天不喝一碗羊汤，就睡不着觉。

单县羊汤为什么好喝？魏传永说：首先是食材好。单县是中国青山羊之乡，青山羊是国家地理标志产品，也是单县的著名土特产。青山羊的氨基酸是普通羊的14倍，价格是普通羊的2—3倍，《本草纲目》记载，“羊吃百草、百草入味”，单县青山羊肉质细嫩，容易被消化，高蛋白、低脂肪、磷脂多，有益气补虚、温中暖下、补肾壮阳、抵御风寒等功效。正宗的单县羊汤，必须选用3岁的青山羊为主要原料，尤其以单县黄河故道和大沙河两岸的青山羊为最佳。其次是水好。

济南单县羊肉汤馆里的青山羊画像

单县处于新太古泰山岩群山草峪组，地下埋有140亿吨铁矿，位于高磁转换带上，高地磁和远红外线共同孕育出弱碱性、负电荷、高活性的小分子团水。小分子团水能直接通过人体细胞膜上的水离子通道进入细胞，吸收渗透能力强，能快速溶解多余的脂类物质，降低血液黏稠度，有效预防心脑血管疾病、脂肪肝。第三是制作工艺精巧。单县羊肉汤历经百年不衰，制作工艺有绝招：一曰久熬。根据需要定量加水，燃火升温，响锅后陆续放入新鲜羊肉、羊杂和羊骨架，然后急火猛攻，使之处于滚沸状态，一鼓作气至少烧煮4个小时。熬出的骨髓油脂与水互相撞击，水乳交融，浓化成乳状。二曰巧火。火的大小根据熬的时间和程度控制，有时连烧什么柴添多少柴都十分讲究。火小了水和油不能融为一体，火太急则熬不出全味，又丢失了营养成分。巧火要的是机动和灵活。三曰精调。单县羊肉汤的味道与众不同，与佐料调制有很大关系。在高温烹煮过程中，需要根据火候依次添加18种佐料。时间、调料、火候三者密不可分，成就了单县羊肉汤水乳交融、清香爽口的独家风味。

单县人常说：不是在喝羊肉汤，就是在去喝羊肉汤的路上。

小吃是有故乡的，甚至是有容貌、有口音、有性格的。

我忽然想起故乡莱州，恍然间，看到莱州古老的街道，熟悉的村庄，听到亲切的掖县土话，闻到有点腥气的海鲜味，还有宛若游丝的羊汤味……有一次清明节回家扫墓，祭奠完毕，居住在青岛的哥哥嫂子说，咱们去找一家羊汤馆喝羊汤吧。莱州羊汤被列入山东十大羊汤之一。从不下厨的父亲，偶然会从大集上买来羊肉羊杂，亲自做一锅羊汤。程序似乎不复杂，热油爆锅，放上葱姜蒜之类，水沸腾之后，放上羊肉羊杂，再放香菜、葱花等调料，一碗清香美味的羊汤就可以喝了……这次回家，父母已经作古，羊汤味道犹存。我们和哥哥嫂子去了莱州城南一家羊汤馆，和农家院一样的店面里，人声鼎沸，坐满

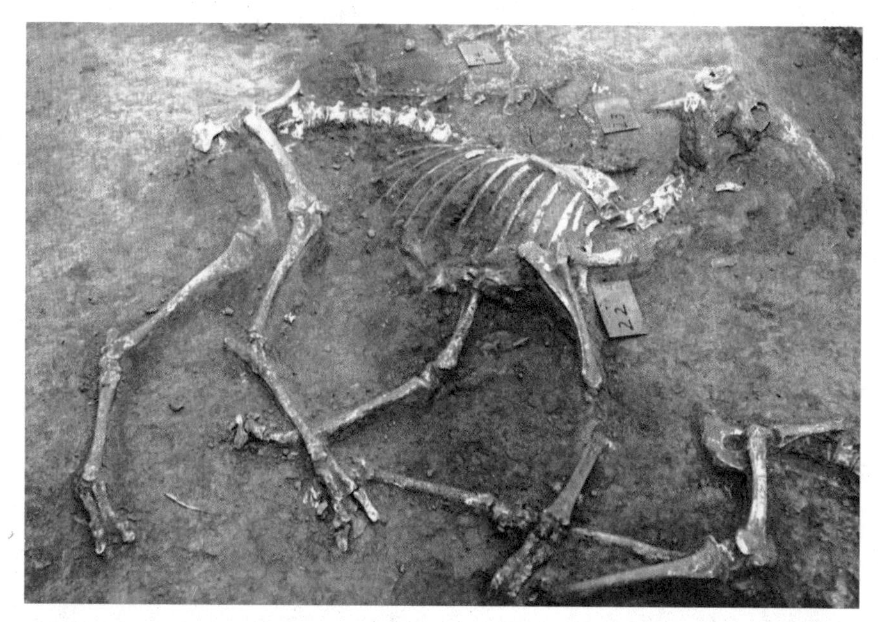

济南洛庄汉墓出土的羊骨骼

食客。我们点了一大锅羊汤。据师傅介绍，莱州羊汤用当地青山羊为原料，一定要现场宰杀，保证肉质的新鲜和纯正。他们用骨头熬老汤，端给顾客的羊汤，保持清澈的原色原味，肥瘦相间的羊肉入口即化，羊汤醇厚，色香味俱佳。莱州羊汤要和大面鱼或者烧饼搭配着吃，才有味道……

羊汤馆里雾气飘散，朦朦胧胧，我有点分不清幻想和现实了。

小吃，会在瞬间把你拉回到过去的岁月，拉回到遥远的家乡，拉回到最熟悉的亲人面前。小吃的味道，是一个味觉定位系统，无论走到天涯海角，都带着它的味道和它的性情。

行走在齐鲁大地上，每到一地，我都不喜欢大酒店里奢华的宴会，它们太雷同、太通俗、太普及，就像浓妆艳抹的化妆品淹没了女人的真实面容；只有小吃是真实生动的，如邻家女孩楚楚动人，风情万种。去青岛要喝啤酒吃蛤蜊，在济南吃把子肉喝甜沫，在德州要吃一盘新鲜的德州扒鸡，去枣庄吃辣子鸡，到泰安来个“泰山三美”，到临沂喝一碗“糁”汤……小吃是一种纯粹地域文化的载体，它刻意维护传统，不迎合异乡人的口味，只抚慰游子的乡愁，它不营造宏大的历史纵深感，只讲究即时、现场和质感。

小吃从口味上界定了山东各地的疆域。

济南人善于把“五谷”和“六畜”制作成精美的小吃，这其中尤以把子肉和甜沫最具代表性。不知道为什么，看到把子肉我就会想起秦琼的塑像，高大、威猛，有压迫感。早在清朝时，济南就有了把子肉。它选用肥瘦搭配的五花肉，切成巴掌大小，用草绳捆扎起来，加上酱油，猛火开锅后文火慢炖，出锅的把子肉咸淡适中、肥而不腻、瘦而不柴，入口有醇厚的余香，体力劳动者连肉带汁倒在白米饭上，可以成就一顿人间至味。早年间，吃大米干饭把子肉的首选是万紫巷一带的赵家干饭铺，后来迁址到大观园，现在它改名为“春和饭店”，是吃传统鲁菜的好地方。现在把子肉又几乎成为“超意兴”连锁店的专利了。如果说把子肉是“六畜”的精华，那么甜沫就是“五谷”的精灵。济南的甜沫，类似于河南的胡辣汤。说是“甜沫”，其实是一种五香味的咸粥。它起源于明末清初，制作简单，摆个小摊就可以开张。最早的济南甜沫，要选用地道的龙山小米，浸泡后磨成糊状，粥熬好了，需要“添末儿”，就是加上粉条、花生、豇豆、豆腐皮、菠菜，调料有盐、五香粉、胡椒等，味道好极了。制作甜沫最关键的技术是加水，水必须一次加足，否则甜沫就澥了。一碗热气腾腾的甜沫端上来，闻起来香气扑鼻，五味俱全，再看看嫩绿的菠菜、透明的粉条、白色的豆腐皮、红色的豇豆，你会食欲大开。喝进嘴里，微咸略辣，进入腹中，浑身畅快，五体通泰。老济南人喝甜沫不用筷子和勺子，而是端着碗，顺着边儿转圈，无论是粥汤还是其中的花生、小豆或是粉条、豆腐皮，连吸带喝，一干二净底儿朝天……小吃把济南人既豪爽朴实、热情好客、大气浑厚，又食不厌精、脍不厌细、细腻精致的个性表现得淋漓尽致。

胶东沿海属于海洋饮食文化区，名小吃多如繁星，如果要选一种标志性小吃的话，我会投票给鲅鱼水饺。这种美食像极了齐鲁文化和山东人：包容万物，用农耕文明的皮，包海洋文明的馅儿。我喜欢鲅鱼水饺，是因为结识了荣成泰祥集团老总于建洋。他是一个典型的荣成人，听着海浪长大，见过大风大浪，喝酒豪放，办事干脆。他一路打拼，成为当地渔业公司的厂长，后来自己成立泰祥食品公司，向日韩出口农副产品。他说：世界各地都有自己的代表性食品，意大利有面，法国有鹅肝，日本有寿司，美国有汉堡，中国有什么呢？有鲅鱼水饺！于建洋这么自信，就是因为他太了解自己的家乡，太了解自己的实力。冰雪融化的春天，成群结队的鲅鱼追逐着洋流和饵料北上洄游，来到胶东半岛附近海域。它们深蓝色的身躯和渐变的斑纹，与海水融为一体，很容易吃到小鱼小虾。常年生活在冷水中，使其躯体丰盈绵密，以鱼虾为食，使它的味道鲜嫩甘甜，高速灵活的游弋又使其肉质细腻而颇具韧性。以这样的原料制成的水饺，是否应该风靡世界？

我曾经去于建洋的生产车间参观，只见身穿白色大褂、头戴防护罩的师傅们，有的在剔除整条鱼的骨刺，有的双手挥舞菜刀剁着鱼肉馅，女工则切韭菜、拌馅、擀皮，忙得不亦乐乎。胶东人包饺子用双手一捏，饺子就成为元宝型了。于建洋说，鲅鱼饺子的馅要有小块的肥肉，才能紧致，韭菜则用来提鲜。鲅鱼饺子要趁热吃，咬破透明的面皮，露出白嫩多汁的鱼肉，汁水鲜甜四溢。鲜香冲入口腔，肉糜绵软肥厚，肥肉的荤香不但没有压制海鲜味，反而让其味道更鲜甜。韭菜味道裹挟着鲅鱼的鲜香与肥肉的荤香，让味道体验更上层楼……

青岛、烟台、威海，加上辽宁大连，是中国鲅鱼饺子的四大重镇。青岛饺子清新时尚，善于创新，甚至还有多彩饺子；烟台饺子大气磅礴，一个鲅鱼饺子有半斤重，甚至比人的脸还大；威海饺子既不像烟台饺子那么雄壮，也不像青岛饺子那般秀气，当地鲅鱼水饺以味道取胜，馅里加入用新鲜海带熬制的汤汁，充分吸收鲅鱼的腥味，口感又

大年除夕包团圆饺子

嫩又滑，鲜香直从口鼻侵入人的肠胃。

于建洋把鲅鱼水饺做成山东的一张饮食名片，还在于他擅长打造企业的文化理念。他要把泰祥建成一个充满正能量的学习型企业。他发现，饺子是神奇的美食，一块面皮包裹着馅料，煮熟不裂开，味美汤汁鲜，传承数千年，盛满人们的祝福和祈愿，代表着分享、团圆，是中国美食文化必不可少的一部分，甚至可以说是中国美食文化的根儿。

现在，泰祥每年生产鲅鱼水饺2000多万个，约500吨，它们除了满足国人需要，还漂洋过海，去征服外国人的胃和心。

如果说鲅鱼水饺很像粗犷豪迈的于建洋，那么糁汤则是热情纯朴火辣的临沂人的象征。在临沂，黄翔开车七拐八拐，带我们到沂南一个“老味道糁”饭店吃早餐。这是一个老店，里面有十几张桌子，木头条凳上坐满了人，有老人农夫，有俊男靓女，也有背着书包要上学的孩子。我们拼了两张桌子，每人点了一碗牛肉糁。黄翔说，糁汤是鲁南临沂、济宁和枣庄一带的特产，它用一种牛骨头加上牛肉熬汤，鸡肉和羊肉也可以。熬制过程中，需要加入麦仁，淀粉勾芡，再放入适量胡椒粉提味。喝糁有四大讲究，即热、辣、香、肥。一碗热糁配以油条、烧饼等面食，是临沂人的最爱。我要了一碗牛肉糁，暗红色的汤汁里，漂散着切好的牛肉，黏稠，喷香，喝了不到半碗，就全身流汗，好像毛孔都被打开了。黄翔说，这家的老汤有几十年了，油条是自家花生油炸的，烧饼分豆腐素馅和牛肉馅，柔软筋道。这种据说是从西域传来的美食，成为我最爱吃的早餐之一。

第五章

鲁菜：自发型菜系引领中国味道

鲁菜“双翼”：城市文明和商业文明

前几年，时任淄博市委常委、宣传部部长毕荣青邀请媒体记者云集淄博，开启“淄博味道，鲁菜起源”活动。她特别推崇博山菜，说鲁菜真正成为体系应该从博山开始：一是因为这里在100多年前就形成煤炭、陶瓷、琉璃等三大产业，产业工人群体对于餐饮有消费需求，也有消费能力；二是因为淄博千百年来就有好吃、会吃、善吃的民风，餐饮文化根深叶茂。到明清时期，一批在朝廷做官的博山人，告老还乡，带回宫廷菜，出现了众多庖厨世家；三是形成了严谨的菜品体系和宴席规制。据博山菜谱记载，博山传统菜达332个，使用外地食材的就有81道。“四四席”更是博山人宴请嘉宾的一种礼仪规制，展现出博山人的贵族气质和知书达理的性格。

当然，临淄的宫廷菜、周村的商埠菜、高青的农家菜等等，也各具特色，精彩纷呈。

这些年，经常有人问我一个问题：鲁菜究竟起源于何时，发源在哪里？毕荣青的话给出了一个答案：淄博是鲁菜的发源地之一。

菜系，是指在一定区域内，由于气候、地理、历史、物产及饮食风俗的不同，经过漫长历史演变形成的一整套烹饪技艺和风味，并被全国普遍承认的地方菜肴。城市文明和商业文明既是它产生的前提，又是它生存发展的土壤和载体。在传统的四大菜系之中，鲁菜是唯一的自发型菜系，菜品特质、烹饪方法等等，都是在齐鲁大地自发形成的，受外来饮食文化的影响较小。

山东历史上3个重要的城市建设高潮期，都极大推动了餐饮业的发展。

第一个时期在先秦至两汉。到西周时，山东至少有56国，其国都均具备“城”和“市”两种元素，成为真正的城市。其中鲁国都城曲阜、齐国都城临淄、曹国都城陶脱颖而出，发展为著名的大城市。

鲁本以农业立国，都城位于今曲阜市东北的鲁国故城，商业本不发达，到战国后期，商业才有了发展。这座城市最大限度地体现着“礼”的特色，属于典型的礼制建筑，与《考工记》的记载完全吻合。

孔子教学图面塑

鲁都的城址是周公亲自卜定的，而且周公还对古城的规模、形制及布局进行筹划。随后营建之役全面展开。城市的建设，充分利用当地的地形特点，被称为“曲阜”的条带状隆起由西向东蜿蜒延伸，至今旧县村与古城村中间伏下，到今周公庙一带又突起，再四面坡下，恰似巨龙昂首。鲁城的核心——宫城就在这里，以此为中心，四面筑起外郭城，可谓独具匠心。曲阜的外廓城是“方九里”“旁三门”；内城有宫殿区、贵族居住区、手工业作坊区和墓葬区，还有排水系统。公宫在南，宗庙在北，左祖右社，面朝后市，完全符合周朝的礼制。

鲁国古城历经3000多年风雨，其外郭城垣至今犹有780多米残存在地面上，绵延如龙，宽度约38米，当时城高应在10米以上。

齐都临淄重工商，是一个商业大都会。战国时期，陶被纳入齐国版图，临淄取代陶成为最大的商业都会，富甲天下。

姜太公建都营丘，后来一度迁徙到薄姑，齐献公时迁回营丘，并改名临淄。据战国史书记载，“临淄辖四邑”，这四邑就是临淄的四个城区。当时整个临淄城比现在的临淄城区还大。这里地势平坦，临近淄水，多条交通要道经过。考古学家在临淄发现了大小两座古城。据勘探，临淄大城南北长约4.3公里，东西宽3.4公里，面积近15平方公里，城墙有20—40米宽，现在已探明有6个城门，7条交通干道。战国时期临淄极度繁荣，苏秦对齐泯王说：“临淄之中七万户……甚富而实，其民无不吹竽、鼓瑟、击筑、弹琴、斗鸡、走犬、六博、蹋鞠者；临淄之途，车毂击，人肩摩，连衽成帷，举袂成幕，挥汗成雨；家敦而富，志高而扬。”7万户，按照每户6人计算，就是42万人。可见这个城市的繁荣程度。齐君还在大城西南角修建了一座小城，面积约3平方公里。大城是官吏、平民和商人的居住区，小城则是国君居住的地方，内有许多宫殿庙宇。

鲁菜就是从这两个城市发端的。都城之内，人们的饮食状况如何呢？

我翻阅了很多史籍，发现除涉及具体人物时提到饮食，竟然很少有关于饭店和菜品的记载。那时候，大部分人连吃饱饭都是问题，更不要说吃到什么菜系。具有社会化功能的酒店，在殷商时期开始萌芽，叫“驿站”；到周代，诸侯国要向天子进贡，城市和交通要道修筑起驿馆、传舍、路室、侯馆，供客人简单饮食休息；战国时期，民间客店业初步形成并不断发展，这些民间客店是饭店的雏形。这些具有饭店功能的地方，以牛、羊、猪为主料，提供菜品，也制作家禽、野味和海鲜，但是形态简陋。

如果说商周时期鲁菜已经萌芽，那么只能命名为“宫廷菜”，局限在很小范围之内。帝王在祭祀的过程中，既供奉诸神和祖先，也满足自己的口腹之欲。商周时期有淳熬、淳母、炮豚等“八珍”，代表了当时宫廷菜系的烹饪水平。伊尹和易牙都是因为厨艺绝佳成为宰相，并把餐饮理论用于治国理政。伊尹以五味喻天下大势，从哲学高度奠定了中国传统饮食五味调和的基本原理。“天下第一相”管仲，把发展餐饮业与刺激消费、增加国民收入联系起来。易牙善于以盐调节滋味，而且善用水火变易之法，成为中国历史上第一个私人开饭店的人……

中国礼仪，源于一张小小的饭桌。临淄和曲阜两个古城最大的贡献，在于塑造了中国人的饮食观。“周礼尽在鲁”，周代的宫廷饮食在齐鲁地区得以很好传承，这可谓是鲁菜的源流，也塑造了鲁菜“宫廷正统饮食”的雏形。儒家学派极为注重饮食，甚至有“文明始于饮食”之说。孔子不仅是伟大的思想家、教育家，还是一位杰出的美食家。孔子饮食观奠定了两千多年中华饮食最核心的审美观念，是我国重要的文化瑰宝。管仲详细阐述了上菜顺序等饮食礼仪问题：摆放陈列各种饭食酱料时，不可违反礼仪规定。一般来说所上的菜品，鸟兽鱼鳖等动物肉食之前，必须先上蔬菜羹汤。汤羹与肉食相间排列，肉肴摆在酱的前面，席面摆设要成正方形。饭在最后上，左面一侧放置饮用的酒；右面一侧放置清口用的浆。

临淄出土的齐国炊具和容水器

从源头来说，齐与鲁是两种异质的文化品格。齐地自太公始便是天下最富足的地区之一，工商业发达。这种环境下形成齐地奢侈、开放，饮食重味道、重内容的风格。鲁地为圣人故里，文化上讲究正统、正宗，在饮食上重“正味”，摈弃偏杂之味，故孔子有“十三不食”之说。汉魏以后齐鲁文化逐渐融合，形成经典鲁菜重味、讲和、守正的风格。

在秦汉盛世，特别是汉代，山东再次迎来饮食高峰。山东60多个县市出土汉画像石，其中的庖厨图，画面一般包括和面、烧水、提水、剥狗、杀羊、剖鱼等内容，证实秦汉时期，鲁菜由宫廷向民间扩展，饮食文化相当丰富多彩。到魏晋南北朝时期，宫廷菜过渡到“庄园菜”。《齐民要术》吸收了前人成果，也吸收了少数民族饮食风格，鲁菜由此开始成为“北食”的代表，变得更加开放和多元。

山东第二个城市建设高峰，出现在明朝。特别是明中叶以后，资本主义萌芽，社会结构重组，衍生出一个新阶层——市民阶层，饮食从饱腹功能，上升到精致、艺术、健康的新追求，宫廷菜和民间菜双峰并立，市井化特征明显。

明清时期，山东进入社会转型期，经济和文化复兴，以省府济南、运河沿岸和山东半岛海防线为重点区域，一批新型城市因为政治、经济和国防的需要而崛起。沿着城市崛起的轨迹，鲁菜体系三大主力——济南菜、胶东菜和孔府菜开始趋于成熟，成为体系化、程式化、礼仪化的菜系。

济南正在全力打造“明府城”这一文化旅游品牌。在济南人的印象里，济南老城就是明府城。济南的建城史有4600年，是中国最早建城的地方。汉代济南称为“历城县”；从魏晋南北朝到隋唐，济南一直是郡和州首府，相当于一个地级市；宋代成为济南府，管辖5个县；元代成为中书省直辖的六个路之一——济南路。到明代，济南正式成为山东首府，一直到今天。当时的济南府，管辖范围比现在大得多，包括4州26县，今泰安、德州、滨州、莱芜的大部分及淄川、桓台、利津等都是其辖区。

明代之前，济南的城墙是土墙。明洪武四年，即公元1371年，济南城进行了一次彻底整修，内外包上了砖石，并进行加高加厚。当时城墙的规格是：周围十二里四十八丈，高三丈二尺，阔五丈；池阔五丈，深三丈。城上有垛口3350个，还设有角楼、敌台、炮楼数座。在冷兵器时代，这种高大厚实的城防堪称“固若金汤”。新建的济南城内，有大明湖、德王府和省、府、县三级政府，以及军卫、仓廒与庙宇、商店、民居等。修建之初，在东西南北分别设有齐川、泺源、舜田和历山四门，南门居中，北门偏东，东门偏北，西门偏南，俗称“四门不对”，在民间风水学解释中，这种格局有聚财纳气之象。此后近600年间，府城墙历经清军陷城、五三惨案、济南战役等数次重大战

泉水之城

事，于20世纪50年代开始渐次拆除，所拆除的东、南、西三面墙基，辟为黑虎泉北路、黑虎泉西路和趵突泉北路。明府城建设是济南自古以来规模最大、最完善的一次城建活动。儒家讲究天人合一，整个济南城的建设就体现了这一思想。旧济南城顺应山势、泉群和湖河走势而建，有自己独特的格局。

繁荣的商品经济催生着菜系的诞生。商业繁荣了，才会有人想着给菜品定样式，取名字，使其真正进入市场。从隋唐到宋朝，随着市肆经济的发展，鲁菜由庄园进入更加具有开放性、流动性和多元性的民间。在广袤的中国大地上，不同区域的人民依托不同的自然社会环境，逐渐形成各具特色的地方饮食习惯，传统中国菜系的“三大流域四大菜系”，即黄河流域的鲁菜、长江流域的川菜、淮扬菜以及珠江流域的粤菜格局逐渐清晰起来。鲁菜作为“北食”的代表，其影响力已扩展京津、东北西北，逐渐形成自己的菜系风格。随着明清近代经济元素的产生与整个市民阶层的萌芽，鲁菜真正走入民间，具备了市井化特色；同时，作为鲁菜本源的“宫廷菜”传统并没有消失。

因为济南是首府，兼得物产和人口红利，巡抚各衙门口、官宦人家、驿站会馆等都离不开厨子，各地厨艺会聚于此，就形成了鲁菜三大分支之一的济南菜。明朝时，猪再次超越牛羊，成为中国人消费量最大的肉食。作为一个农耕大省的首府，济南汇聚了全省的物产，济南菜尤其善于烹制猪肉和猪的内脏。济南城内有大明湖，北部靠近黄河，市民喜欢吃蒲菜、茭白、莲藕、莲子、荷叶、大米和黄河鲤鱼等。因荷花夜晚会闭合，家在水边的济南人傍晚将茶叶用纱布包好，放入荷蕊之中，早晨荷花重新绽开时取出，用泉水冲泡饮用，荷香浓郁。

据史料记载，济南明府城北设有稷坛，俗称“北坊”，专门祭祀五谷之神，直到新中国成立之前，当地还有一个开坛节，由当时的一方势力主持，领头人被称为“坛主”。坛主手下有100多个徒弟，专门负责开坛，并维持物资买卖的秩序。

胶东菜是伴随着沿海卫所体系和“蓬莱水城”建设而崛起的。为防御倭寇，山东都指挥使司在胶东沿海设立9个“卫”10个“所”，在国家海防体制中地位重要，防守、出战、屯田三位一体，耕战结合，十分有效。烟台和威海等由此从小渔村变成繁华的城市。奇山所的占地面积是9.68万平方米，城内面积7.96万平方米。北门不远，是一座三面环海的无名小山，因建有一座烽火台，被称为“烟台山”，烟台因此得名。大量官兵从安徽、江苏等地调入，随之而来的，还有匠户、酒户和菜户等，这就带来各地丰富的餐饮理念和技艺，推动着胶东风味菜的形成。

烟台福山是著名的“鲁菜之乡”，这里曾经建起一座鲁菜文化博物馆，虽然已经荒废，但是仍保留着的老照片，诉说着往昔的荣耀和辉煌。

在烟台磁山温泉小镇，董事长张宝健告诉我：福山地处交通要塞，文化积淀厚重，明中叶以后，随着海运的发展，对外经贸活动十分活跃，加之当地盛产各种瓜果蔬菜、禽类兽类，大海里又有数不尽的海产品，所以大气、精美、淡雅、鲜香的胶东菜，也开始进入宫廷。明朝的刘若愚在《酌中志》里写道，万历皇帝喜欢把海参、鲍鱼和鲨鱼筋等烩在一起，取名“烩海鲜”，这是胶东菜进入宫廷的最好证明。《明宫史》也记录了这件事。福山厨师成为宫廷和官府菜的重要人力来源，胶东菜也在服务宫廷的过程中得以提升。山东成了向京城供应优质海鲜食材的来源地，海参、鲍鱼、鱼翅、乌鱼蛋等，成为宫廷菜的主料。

在福山城北，有一个村庄叫銮驾庄。据传说，在明朝隆庆年间，兵部尚书郭宗皋推荐福山厨师主持御宴，这个厨师烹调技术高明，特别是他制做的糟溜鱼片，色泽白亮，软嫩润滑，糟香浓郁，鱼鲜味美，得到文武百官的赞赏。多年以后，厨师告老还乡，皇帝从此经常念叨糟溜鱼片，不思茶饭，最后派半副銮驾到福山把老厨师接回去，銮驾庄由此而来。

把福山菜引入皇宫的郭宗皋画像

胶东菜为什么如此鲜美？很多人把它归功于

一种神奇的海产品，这就是海肠。福山厨师闯荡北京，饭菜味道总比别的厨师鲜美，其中的秘密是什么？直到一个厨师告老还乡，才向众人解开谜底：奥秘就在海肠身上。每年冬天，福山厨师都要回家过年，并收购大量海肠，焙干之后，碾压成细末儿，再带回京城。那时候厨师腰间系着一块大围裙，厨师就把海肠藏在里面，做菜的时候撒上一点海肠粉，味道自然大有不同。海肠长约二三十厘米，手指头般粗细，伸缩性极强，据说它的嘴如果被咬掉，很快会长出新的来。海肠体内含有大量谷氨酸，体壁肌富含蛋白质和氨基酸，其营养价值不比海参差，号称“裸体海参”。

除了省城济南和胶东沿海，另一条经济带在崛起并壮大，运河沿岸城市进入繁荣期。800公里大运河上的鲁西城镇，商品经济蓬勃发展，南北物产和饮食交相辉映，犹如一串璀璨的明珠，光彩夺目。各地商旅南来北往，繁忙的运河带来各地的饮食文化，表现出融合南北的特色。海参、鱼翅、燕窝、鱿鱼、火腿等沿海或南方的贵重食品原

福山鲁菜博物馆里的菜品展示

料，充斥运河的城镇码头，燕翅席、海参宴等也在这一内陆区域兴起。相比之下，山东境内的其他城市则黯淡得多。《金瓶梅》假托宋朝故事，实际上描述的是明代山东运河两岸社会风俗，书中共出现108种菜肴，像干蒸劈柴鸡、油炸烧骨、凤髓三道菜等，令人垂涎。书中还出现19种茶、24种酒……

清末民初，山东城市发展迎来“东盛西衰”的大变局。烟台、威海、青岛、济南、潍坊等，都成为对外开放的商埠，鲁菜开始接受外来文化的影响，最终形成完整体系。

从18世纪中叶开始，山东东西格局再次发生变化。在西部，运河的漕运终止，沿岸城市群随之衰落；沿海贸易逐渐发展起来，城市群和铁路随之兴起。鸦片战争之后，西方势力入侵中国，山东有8个城市先后开埠通商，既有沿海地区，也有内陆城镇；既有约开口岸，也有自开商埠。约开商埠包括烟台、青岛、威海，自开商埠有济南、潍县、周村、龙口和济宁。

1861年，烟台开埠，成立海关，8月22日开关征税，成为山东第一个对外开放口岸。南来北往的商贾在这里云集，中西贸易在这里中转。到20世纪二三十年代，烟台形成以奇山所城为中心的旧城居住区，以大庙为中心的商业区，以烟台山、东海岸、大马路一代的外国人居留区。

1899—1904年，德国在青岛与济南间修建了一条贯通山东腹地的胶济铁路。7年后，津浦铁路贯通。胶济和津浦两条铁路呈丁字型分布，将山东全省联结成一个整体。近代以前，由于交通不便，山东的市场被分成两部分，一个是沿大运河形成的运河城镇市场，一个是沿海形成的沿海城镇市场，这之间很少有商品交流。随着铁路的兴建和新河道的疏浚，沿海和内陆两个市场连接起来了，形成一个以济南为中心的全省统一市场。在这个统一市场中，济南和青岛是两个最重要的点。这两个点连成一条线，一直是山东近代以来最重要的经济带。

胶济铁路的开通，推动济南自动开埠，一跃成为山东内陆第一大商贸中心，成为清末城市自我发展的典范。济南初步走出以农耕经济为特征的圈子，开始向现代城市转变。济南开埠，采取了一种“老城保护、发展新城”的模式，在老城区西部建起一个新商埠区，道路以“经”“纬”命名，经一路、经二路、经三路成为繁华之地，德、日、法、英、美等国纷纷设立银行、洋行；官办、私营、官商合办的各种工商企业，出现在济南的大街小巷。据统计，1927年，济南仅城关及商埠两地区的商户就达6700多家，瑞蚨祥、宏济堂、泰康、精益、兴顺福、草包包子，一个个济南人熟悉的老字号逐渐崛起。

开埠后，随火车而来的是西方的物产和西方的生活方式。洋火，洋油，洋布……一下子迷乱了还留着辫子的山东人。济南有了第一个电影院，第一家西餐馆，第一处公园。青岛诞生了啤酒厂，并在慕尼黑博览会上获得金牌奖。张弼士在烟台创办张裕公司，奠定中国葡萄酒工业化的基础，孙中山为其题赠“品重醴泉”。

除青岛、济南外，铁路沿线的潍坊、青州、张店、周村、德州、泰安、兖州、枣庄等城市也发展起来。

鲁菜如日中天，达到辉煌的巅峰时期。胶东菜形成4个体系，以烟台福山为代表的“本帮胶东菜”，以威海为代表的“东洋胶东菜”，以青岛为代表的“西洋改良胶东菜”，以京津为代表的“京帮胶东菜”，各具特色，交相辉映。官府菜“孔府菜”也走出深宫大院，来到民间。济南菜出现了成型的菜品和具有代表性的老字号……

在烟台，英、法、美、德、日等17个国家设立领事馆，开厂设店，餐饮活动空前活跃。真可谓“灯火家家市，笙歌处处楼”。此时烟台酒店林立，民间筵饮名目繁多，酒席之风尤为浓烈。福山一个小县城就有40多家有名气的酒店。据《烟台大观》和《烟台通览》记载：“烟埠居民，宴会之风甚盛，普通宴会分中西两种”。中餐采用“半桌头”，就是干果碟、水果碟、南果碟各4个，4个凉荤菜，两大件，八小碗，中间要上两道点心。“以翅席最上，海参席次之。”酒有黄酒和白酒。西餐采用分餐制，每人一份，喝的是白兰地。

后来，福山菜传入青岛，形成自成一派的青岛菜。

青岛市区建制只有百余年，但烹饪史可追溯到新石器三里河文化遗址。远古时代他们已能熟练使用陶器制作食品、烹制海鲜了。青岛海岸线曲折、海湾多，适宜海洋生物栖息繁衍，食材丰富。胶济铁路通车后，青岛又是山东重要港口码头，各地蔬菜瓜果、五谷杂粮、山珍海味都能运进来，由此促进了青岛菜的迅速发展。到20世纪三四十年代，青岛先后被德国、日本、北洋政府、民国政府统治过，成为当

胶东宴会礼俗

时中国的“一线城市”，也是一座饮食极具包容性的城市。当时青岛的餐饮可以用“南北齐聚，中西兼容”来形容，鲁菜馆遍地开花，粤菜店位居第二，川菜、淮扬菜、北京菜走进了青岛。位于中山路北端的顺兴楼、春和楼、聚福楼、亚东饭店被称为老青岛的“四大名楼”。因为外国人多，西餐馆和日本料理店开始出现，德国人佛劳塞尔在中山路开了一家餐馆。

“山东厨子”不仅在齐鲁大地上展示技艺，更以“闯关东”的精神，来到京城和其他地方一显身手。

烟台开埠之时，胶东菜打入北京已有四五百年历史，在北京大饭馆经营的多为胶东帮。近代学者张友鸾在《中国烹饪》杂志撰文写到：“五、六十年前，在北京，有名的大饭庄，什么堂、楼、居、村之类，从掌柜到伙计，十之七八都是山东人，厨房里的大师傅，更是一片胶东口音。”散文家梁实秋在《雅舍谈吃》中说：“北平的饭馆几乎全属烟台（胶东）帮，济南帮兴起在后。”由于福山人经营有方，名厨辈出，很快成了京师餐饮业的主力军。台湾哲学家张起均认为：“北京自辽金以来，七百多年的帝都，尤其元明清三代，集全国菁英于一地，更是人才荟萃京华盛世。不论是贵族饮宴，官场应酬，都必须以上好的菜来供应，而这些人（特别是贵族）真是又吃过又见过，没有真材实货，精烹美制，哪能应付。”山东菜经过大官、有学问的人指点后，不仅技术口味好，而且格调高超，水准卓越。“其风格是：大方高贵而不小家气（如川菜比起来就小了），堂堂正正而不走偏锋（例如广东即多怪菜），它是普遍的水准高，而不是以一两样菜或偏颇之味来号召，这可以说是中国菜的典型了。”

清朝祖制规定：满洲八旗贵胄不许经商。为掩人耳目，他们暗中投资，雇用山东人为其经营。在辛亥革命前后近一百年间，北京的饭庄及一大部分饭馆多为旗人出资，而掌柜的、掌灶的，以及打杂的徒工，都是山东人。这种满汉合作的饭庄，均开在闹市区，院落清洁恬静，桌椅古香古色，一派富丽堂皇。市井小民吃不起但却“心向往之”，很自然就把鲁菜当成是最高档菜系了。

胶东菜和济南菜在京城相互融合交流，形成以爆、炒、炸、熘、蒸、烧等为主要技法，口味浓厚之中又见清鲜脆嫩的北京风味，进而影响齐鲁、松辽、三晋、秦陇等北方风味的形成，在烹饪园地中一枝独秀。

百年老字号：守住“老汤”

一个个百年老字号，浓缩着山东人对味蕾的美好回忆。那古朴的建筑、文雅的牌匾、堂皇的店面、诱人的香气和满面红光的食客，引来人们对于一个富足世界的向往，也为后世留下饮食的菜品、准则和精髓。

旧时的济南，有“四大鲁菜馆”，汇泉楼、燕喜堂和聚丰德当然入选，第四个究竟是便宜坊，还是泰丰园，说法不一。汇泉楼和燕喜堂位于泉水文化区，擅长利用泉水和湖产品，烹制“历下风味”传统美食，以清汤和奶汤见长；而聚丰德、便宜坊和泰丰园均在繁华的商埠区，这里饭店林立，中西风格融汇，利于博采众长，兼收并蓄。

我发现，济南的鲁菜老店有共同的特点。

一是所处环境优雅，建筑具有鲜明的民族特色和高古气息。汇泉楼和燕喜堂都在老城区及边缘，这里家家泉水，户户垂杨，颇具泉城神韵。汇泉楼是济南最古老的饭店之一，起源于清光绪年间，位于济南府城西门外江家池子街，这条街不到百米，却有天境泉、醴泉、东蜜酯泉、金泉等六七个泉池。天镜泉原名江家池，因明代嘉靖年间官至陕西按察副使的历城人江浚世居于泉池之上而得名。明万历年间，山东提刑按察副使张鹤鸣游览此地，但见泉水中景物倒映，如天垂

济南：泉水里游动的唐王锦鲤

镜，称其为“天镜泉”。江家池畔有锦盛楼和德盛楼，都是饭店，比邻而居。因为只隔着一条丈余宽的小溪，两家饭店竞争一直很激烈。1927年，二者合二为一，1937年，改名汇泉楼，并在泉池以北增盖二层楼，饭店大堂有一半在泉池中，垂花门楼，出厦花棂门窗，南面墙壁上书写着“汇泉楼饭庄”5个正楷大字。顾客登楼之后，俯视一片波光粼粼的泉水，心旷神怡，食欲大开。一群群鲤鱼、鲫鱼，特别是红色的锦鲤，在水中遨游，能在此仙境饮酒赋诗，何等快哉。创建于1932年的燕喜堂，位于济南老城区一个幽静小巷内。当年，这条不足百米的小街，是济南最为奢华的地方。开业之时，南燕北归，便取名燕喜堂。这是一组精美的建筑，由两座三进四合院组成，有两个高大的门楼，青砖黑瓦，古朴庄重。饭店共有18个房间，可以容纳200人同时就餐。院子中间，有一汪清泉咕咕冒出，鱼翔浅底，令人舒爽。聚丰德位于洋人建的商埠区，但也是明清风格的建筑，装饰底色是喜庆的中国红……

二是这些老店都汇聚了一批从基层摸爬滚打出来的大厨，他们摸索出一整套符合鲁菜特点的技艺，选料精，下料狠，作工细，一菜一技，百菜百味，形成完整的烹饪程式和各具特色的菜品体系。

成长于聚丰德的王兴兰大师，深得鲁菜精髓，她多次给我讲过鲁菜知识。鲁菜老店都很重视原料的选择，一般按照时令选择原生态新鲜食材。改革开放前，济南海鲜市场在万紫巷，饭店要在凌晨4点半去采购海鲜、冰鲜，当天原料必须用完，不能过夜。如果是海参、鱼翅、蹄筋等干货，不用火碱，而完全用泉水泡制。调料使用盐水、花椒水和姜水，调味均匀。原材料的大小、粗细要基本一致，尺寸一样，标准规范。至于厨师的刀工，对于火候的把控，烹调的技法等，都有很高要求，大家像创作一件艺术品，去对待每一道菜品，这就形成各自的拿手好菜。

汇泉楼以正宗鲁菜和风味面点享誉海内外，其招牌菜有活鲤鱼三吃、糖醋鲤鱼、红烧面筋、炸里脊等。糖醋鲤鱼现在风靡大江南北，其根则在济南。清代诗人孙兆桂留下“侬家不住西湖上，偏喜今朝醋溜鱼”的诗句。活鲤鱼三吃有三种做法：红烧鱼头、糖醋鱼腰、清蒸鱼尾。客人指定池中一条活鱼，厨师立即捞出，让顾客看过之后，用力扔向厨房。二三十分钟后，活鱼即变成美味佳肴。

也许是因为紧靠名泉，燕喜堂对汤菜的领悟深刻而独到。“汤是唱戏的腔，是炒菜的魂”。有人说，在燕喜堂，到后厨要块肉吃很容易，要一口汤喝很难。炉灶间，有一口大锅熬汤，整天开着，需要经常加骨头添水。就是靠这锅汤，他们研发出清汤燕菜、奶汤鱼翅、奶汤鸡脯、奶汤全家福、奶汤蒲菜等招牌菜。另外，燕喜堂的传统名菜还有五星苹果鸡、清氽鸭肝、糟煎鱼片、油爆双脆等。

王兴兰大师介绍说：聚丰德1947年由数十家股东集资创办。程学礼是经理。饭店各取当时三大饭庄的一个字，即济南“聚宾园”的“聚”字、“泰丰楼”的“丰”字、北京“全聚德”的“德”字组成，意在取三家“爆”“烧”“烤”绝技之长，所以聚丰德是正宗鲁菜和京津鲁菜的结合体。其菜肴配料齐全，刀口均匀，火候适度，色香味俱佳。其中九转大肠、干烧鲳鱼、蟹黄鱼翅、烤鸭等几十种菜肴，以及五仁包、豆沙包、油旋等精细面点，名扬天下。油旋是聚丰德的镇店之宝，它呈漩涡状，是一种葱油小饼，色泽金黄，内软外酥，葱香扑鼻。聚丰德大厨苏将林回忆过一件事：1958年的一天，经理说有客人等着取走油旋。两名穿中山装的中年男子来到屋里，站在苏将林和耿师傅身后等着，始终未说一句话，眼睛一直盯着油旋。很快，20个油旋做好了。两人小心翼翼地将每个油旋用透明塑料纸包好后离开。10分钟后，经理兴冲冲地跑进来喘着粗气说："报告一个特大喜讯，你们知不知道，你俩刚才打的油旋是送给敬爱的毛主席吃的，他老人家正在济南考察。"

三是他们秉承儒家文化理念，以仁为本，善于研究顾客心理，营造宾至如归的温馨氛围。

王兴兰回忆说，当时到聚丰德的客人要排队、发号，客人基本都是大学教授、著名演员、各大商号的老板。一个人也会点一盘清蒸鳜鱼、一盘清炒虾仁，再加主食银丝卷。他们都是美食家，不但会品尝菜的味道，还谙熟每道菜的烹饪程序，任何一个环节稍微差一点，他们就会挑出毛病。经常来的客人，门口有一个记菜单的老先生，会记住客人的喜好，并及时根据客人的口味对菜品进行调整。客人入座后，服务员经过几句寒暄，就要弄清来客中谁是首座，谁是二座等。问菜时要先问首座，再问其他人，或者全由首座点菜。每人点了什么菜，都要记得一清二楚，然后到厨房唱给掌案师傅，由掌案师傅备料，再交掌勺师傅烹炒。

燕喜堂创立之初，创办人赵子俊便提出：做生意最讲究与人"结缘"，就连拉黄包车的车夫也要请进来，不能怠慢；点菜更是丰俭由人。在服务上，如添菜、热菜、添汤等，不必顾客开口，要主动去问。

对于我来说，胶东鲁菜老店，只是一个个朦胧的影子，是一个个带有神秘色彩的传说。他们带着大海浪花的基因和胶东人火爆的性格，具有开放特征和强大的传播力，从点到面，辐射到整个山东乃至全国，并延续至今。

燕喜堂的老物件

胶东菜强大的势能来自多方面，首先是他们从宫廷和京城带回御厨的手艺，有力提升了家乡菜的档次。新派京味、津味鲁菜在故里风光尽显。其次是开埠之后，西风东渐，胶东鲁菜受到西方饮食影响较早。再者，全国其他菜系如粤菜、浙菜、闽菜等，都最先在胶东流行。不同风格的餐饮文化交流碰撞，使得烟台的鲁菜在清末达到巅峰，并涌现出一批具有代表性的老店。

张宝健告诉我：20世纪二三十年代，福山县城有四五十家鲁菜名店，其中以善于做糟溜鱼片的“吉升馆”最有名。致美斋、中兴楼、聚香园等老店，也都有自己的绝招。

据老一代人说，“吉升馆”大约创始于清朝道光年间。最初是西关村谢姓一家本利甚微的火食摊，后来受到一位关东打富济贫义士的资助，逐渐扩大规模发展起来，至清末民初已初具规模。大四合院里，有25间房子，后面建起福山第一幢两层小楼，菜品兼顾雅俗，既有上层人物喜欢的名贵奇珍“燕翅席”，又备有一般平民所需的杂烩及小炒。厨师店员有二十五六人，是福山员工最多的一家饭馆。由于这里的厨师烹饪技巧高超，管理经营有方，经营方式灵活，很快就在福山的饭店中独占鳌头。一般饭店每天营业额二三十个大洋，吉升馆能到100多个大洋。

“吉升馆”平时经营五六十种菜品，最多时达到二三百种。这里的名厨有当灶厨师于庆树、墩子厨师武学寿、面案师傅张立瑞等，他们都是餐饮界的佼佼者，烹制的菜肴与众不同：选料特别精心，并能使主料、配料、调料“三位一体”，搭配得当；极讲刀工火候，墩上刀工熟练精巧，妙刀生花；色香味形器并重，而尤以“味”为最；既讲菜质又注重分量。“吉升馆”精于溜、爆、炸、扒、蒸和扒丝，以烹制海鲜和猪内脏著称。该店的代表性名菜有溜黄菜、雪花丸子、糟溜鱼片、清炒腰花、油爆肚片、水晶肘子、全家福等。

胶东传统婚俗

在福山的吉升馆，经常看到一些烟台知名饭店，像东坡楼、恒盛园、大罗天等经理和掌灶厨师的身影。这表明福山和烟台市区已经有了一种交流通道，而且这一通道非常顺畅。早在烟台开埠之前，福山人就走出家门，来到烟台市里，发展餐饮事业。烟台有资料可查的饭店，是清咸丰年间福山人在秋夜胡同开的东顺馆，能摆十几张八仙桌。烟台开埠之后，饭店越来越多，有点名气的大约20家。1922年，烟台知名饭店达20家，据《烟台要览》记载：在老电报局街有4家：新冠芳楼、小洞天、松竹亭和永隆饭菜馆；小太平街有3家：大罗天、大兴楼、菊水菜馆，其中大兴楼是日本料理馆；还有广东街的鹿鸣园、会英街的大观楼、太平街的东坡楼、老广仁堂街的会英楼、德源街的悦宾楼、轿子街的公和楼、桃花街的同升楼、西域栈等菜馆饭庄。到1936年，烟台常住人口达16万，饭店达三四百家。

今天，行走在烟台街头，还可以看到一些百年老店饱经风霜的老建筑，同和成、中兴楼、大罗天、悦来客栈、克利顿饭店等等，每一个老建筑，都保存着一种记忆，飘散着独特的味道。

当年，这些饭店有几种类型：一是综合性大饭店，以鹿鸣园、大罗天、东坡楼、芝罘第一楼、松竹楼、渤海番菜馆等为代表，承办“迎官接招、喜丧事酒筵和各种酒席”，价格昂贵，动辄需要“十数金或数十金”，一般百姓只能望而却步；二是地方风味饭店，像彭盛园、恒升园、信顺居、恒顺园、东顺园等，它们各有特色，是普通居民可以光顾的地方；三是专业饭店和面食店，经营拉面的有同顺馆、兴顺馆，饺子系列的有三合园、三义馆，包子系列的有苟不理、美春包子铺，烧肉系列的有万香斋等。为满足南方顾客需求，一些小饭馆则专备米食而不备面食，如塘子街上的福源居、丹桂茶园对门的谦成馆等即是如此……

位于芝罘区小天平街的大罗天饭店，建于1924年，股东是烟台商界名流邹子敏和崔葆生等人，所以这里接待的官员和富商很多，冯玉祥、张宗昌、韩复榘、刘珍年、烟台特区专员张彬忱、中央国术馆馆长张之江等，都曾是大罗天的座上宾。

当时大罗天的当灶厨师是曲洪玉、王松令，堂头是钟玉礼和赵锡庆，其拿手菜有炸八块、炸小鸡、溜鱼片、溜虾片、清蒸加吉鱼、鸡茸八宝和鸡茸鱼翅。除此之外，他们还有独家秘籍：一是熏制类菜肴，像熏鱼、熏肉、熏对虾等。熏制方法有两种，一是在锅灶上放置铁箅子，将鱼或肉码放置其上，扣上铁锅，柴火用的是松木锯末子和松塔。再撒上少量黑糖，使所熏鱼肉上色并入味；还有一种熏制法，是在灶中点火，将小米糠放到铁锅中加红糖进行爆炒，起烟后，把铁箅子放在锅中，码上所熏制的食品，上面再扣上一个锅，5—10分钟后，熏成出锅，熏制出来的鱼和肉味香、色亮。面对激烈的市场竞争，大罗天还从日本引进自助火锅，当年叫作“鸡素烧”，雨雪天光顾的顾客很多。据《烟台要览》记载，鸡素烧“食时置火炉于棹上，架小铜锅其上”，酒店备餐的“菜蔬鱼肉皆系生品，须自烹食之”。

烟台老饭店里的“土冰箱”

老烟台街还有许多西餐馆，最为有名的是芝罘第一楼番菜馆和渤海番菜馆。英、法、意、美、俄、德等国家的域外风味也在烟台留下印迹。

历史不仅保留在古老建筑里，也铭刻在一代代山东人心头。为了抢救优秀民族传统文化，一些有心人呕心沥血，从历史长河中，打捞起一颗颗砂砾，并用智慧和汗水把它们凝聚成一座殿堂，为后来人描绘历史场景，提供精神力量。原青岛市图书馆馆长、山东大学兼职教授鲁海就是这样一个人。他活到84岁，出版过20多部关于青岛地域文化的书籍，对于青岛鲁菜老店的描述详细而生动。

19世纪末，德国人占领青岛，初生的青岛被人为地划为两大区域，南部沿海是欧人区，北边才是华人居住区，中山路像一条线，把这两大区域连在一起。鲁菜老店主要集中在中山路一带。

青岛中山路一号是一座典型的德式建筑，当年叫“国际俱乐部”，至今仍在营业。鲁海的父亲从青岛港的苦力起步，干到国际俱乐部和青岛饭店的经理。在鲁海幼年的记忆里，中山路上聚集了各种菜系与多国风情的饭店。就中餐而言，位于中山路北端的顺兴楼、春和楼、聚福楼、亚东饭店被称为老青岛的“四大名楼”。

鲁海曾说过：最难忘顺兴楼，这里是文人雅士聚会的地方。其兴旺和两次大的历史机遇相关。一次是清朝灭亡、民国成立，清朝的遗老遗少到青岛避难，而这里恰好是德国租界。书法家王垿曾任兵部侍郎，在青岛偶然发现了一个饭店，菜品味道酷似北京的鸿兴楼，询问得知，店主就是鸿兴楼的学徒，到青岛创业后，遇到资金难题。在王垿倡议下，大家集资建起顺兴楼，成为当时最高雅的酒楼。王垿组织了一个由25人组成的“耆年会”，其中有逊清遗老，也有青岛的商人。会中有人过生日，大家就到顺兴楼宴请祝贺。如果有人请王垿写字，也会在顺兴楼请吃饭，王垿留下“举杯为欢能几何，酩酊已忘身是客”的感叹；二是20世纪30年代，国立山东大学在青岛成立，顺兴楼的文化气息更加浓郁。在山大任教的闻一多、赵太侔、杨振声、梁实秋、方令儒等文化名人，经常在这里会餐。这里精致的水饺和美味的“西施舌”让梁实秋终生难忘。他们“三日一小宴，五日一大宴”，“酒压胶济一带，拳打南北二京”，豪气干云。到1935年，文学家王统照、洪深、孟超、臧克家、吴伯箫等12人组织编写文学刊物《避暑录话》，大家每周聚餐一次，定好下周选题，聚餐地点常选在顺兴楼。

鲁海还随父亲去聚福楼会餐。聚福楼是一个回字形的三层楼，二三楼是雅座，中间是个很大天井，场子很火。这里的挂霜丸子、芦笋扒鲍鱼很出名。根据当时《青岛指南》的记载，聚福楼“包办酒席异常昂贵，12—14元之席，在南方已颇觉可下箸，在此尚显十分菲薄”。而当时普通工人月工资约在4—6元。

在青岛中山路上，有一座白墙青瓦的清末建筑，墙体上有“1891”的纪年，这就是赫赫有名的“鲁菜第一楼”春和楼。看名识店，春和楼与生俱来就有浓浓的文化味。推门而入，大堂古色古香，格调庄重大气。墙上的名人照片，引人注目……有人说，这家饭馆曾在1891年招待过到青岛视察的李鸿章，也有人说，在青岛经营木材生意的天津人朱子兴，在1902年创办了这家鲁菜馆。“先有春和楼，后有青岛港”。今天，春和楼已经传到第18代掌门沈健基的手中。沈健基认为：春和楼的历史和文化是最大的亮点。

沈健基指着文化长廊里的一张张老照片说：“春和楼是一个有故事的饭馆，百余年来星辉熠熠，李鸿章、恭亲王溥伟、康有为、王尽美、徐特立，还有老舍、沈从文、萧军、尚长荣等，都在这里吃过饭。康有为用‘五柳斑加吉’宴请梁启超。徐特立盛赞我们的招牌名菜香酥鸡，他对葱烧海参也特别满意。我们还为美国太平洋舰队司令莱昂斯上将专门做过以青岛著名风景命名的十大风景菜，被他誉为皇帝规格的盛宴……”在众多名人中，春和楼的“忠实粉丝”非康有为莫属，他不仅隔三岔五来吃饭，还将厨师请回家里做，春和楼俨然成了他的私人厨房。

除了“四大名楼”外，青岛著名的饭店还有东华旅社、大华饭店、厚德福、三阳楼、公记楼、英记酒楼；不仅有鲁菜馆，粤菜、川菜、淮扬菜、北京菜也很多；另有多家西餐和日本料理店。

1998年，大嫂子面馆火爆青岛

青岛菜来自福山；福山菜还辐射到北京，推动了一批鲁菜老店在北京出现。最著名的有八大楼、八大堂、八大居等满汉合作的饭庄。

据鲁菜大师李建国介绍，他的父亲李长久最早在济南、上海等地当厨师，1945年来到北京东兴楼，挣了两件冻粉钱，回家乡济南开了一个萃华楼。北京这个萃华楼，就是东兴楼出来的厨师自立门户开起来的。

这里面有个故事。老北京餐饮界，以八大楼最为有名，都是鲁菜体系，它们分别是东兴楼、泰丰楼、致美楼、鸿兴楼、正阳楼、新丰楼、安福楼和春华楼，东兴楼排在第一。它开业于1902年，经营着胶东菜系，名菜有芙蓉鸡片、烩乌鱼蛋、酱爆鸡丁、葱烧海参等。其经营之道被概括为“选料精、制作细、质量高、服务好”。由于经营有方，东兴楼门前，车马不绝，一年纯利达四五万两白银。山东有一句顺口溜：“吃着东兴楼，娶个媳妇不发愁。”因后人不善经营，东兴楼于1944年12月停业。东兴楼倒闭前，一些山东厨师在王府井大街另起炉灶，建起萃华楼，以精美肴馔及优良服务享誉北京，成为“东兴楼第二”。这里的股东熟悉业务，善于经营，以山东菜“清鲜脆嫩”为特色，名气渐长，博得“萃华楼”才是真正的东兴楼之誉，名菜有油爆双脆、清汤燕菜、净扒鱼翅等。萃华楼的芙蓉鸡片，是用捣成肉泥的嫩鸡胸脯肉、鱼肉，再加鸡蛋清烹制而成，外观雪白，品尝起来嫩软似豆腐，清香鲜嫩……因为北京萃华楼至今仍在，李建国在济南宽厚里的鲁菜店起名“李长久萃华楼”。

北京还有一个鲁菜名店，今天还誉满京城，这就是丰泽园。它来源于“八大楼”之一的新丰楼。1930年，新丰楼的名堂栾学堂、名厨陈焕章辞职，带走20位师傅，在前门外煤市街南口济南春饭庄原址，开办丰泽园饭庄。当时，丰泽园由四进大院构成，是一个青堂瓦舍、门面精饰、环境高雅、风格别致的大饭庄，以上层人士为服务对象，聘请名厨掌勺，菜肴选料精，制作细，成为京城达官显贵、社会贤达、知名人士的好去处。到20世纪30年代末，丰泽园发展成为京城最大、最有名气的饭庄，并相继在多地开设分号。新中国成立后，国家出资对丰泽园实行公司合营，这是北京实行合营的第一家饭庄。

“老腊肉”：烟熏火燎中成长起来的大师们

鲁菜之所以能够位居四大菜系之首，关键在于培养了一批批技艺高、人品好、热爱厨艺的鲁菜大师。

在王兴兰从艺60周年交流会上，这位年逾七旬的鲁菜大师，身穿一件暗绿色中装，精神矍铄地走上舞台，庄重地宣示着自己对于传统文化的敬仰，对于弘扬鲁菜文化的决心。她身后的大屏幕上，一张张照片翻动着，既有她刚刚学艺时在聚丰德炒菜的镜头，也有她率弟子南征北战推介鲁菜的身影。

齐鲁大地上究竟何时出现了厨师这一职业?

商周时期的伊尹和易牙，是最早的两个名厨。他们从底层起步，靠厨艺成为宰相级人物，奠定了齐鲁饮食的根基。厨师以群体面目出现，且有标准服装，是秦汉时期的事儿了。在诸城前凉台出图的汉画像石“庖厨图”中，42个厨者分工严密，有条不紊。他们几乎都戴着统一形状的帽子，可见当时某种场合下，对厨师的衣着有了统一规定。图画下方，一人坐卧在地，一女子手持烹勺，其他人高举棍棒，在“执行厨房纪律”，惩戒违规的厨师。

山东省博物馆陈列着两个汉代厨夫俑。左边的高0.34米，是位正在剖鱼的厨师，他手握尖刀，形态自若；右边的高0.29米，是位正在和面的厨师，看来动作非常熟练。这从一个侧面反映出红案和白案的分野。

从唐宋到明清，齐鲁烹饪达到了很高境界，一批批厨师练就一身本事，对刀工、火候等的把握，无人可及。只是这时候的厨师，并不为食客所知。

直到近现代，伴随着鲁菜概念的确立、百年老店的诞生，真正的鲁菜大师开始走到前台，展示自己的风采，成为受人民尊重的劳动者。

济南菜大师基本上是在“鲁菜四大名店”成长起来的。汇泉楼培育出一批全国餐饮大师。其前身锦盛楼和盛德楼留下名字的厨师，一是锦盛楼的主厨闫汉阳，一是盛德楼的经理刘佩河，还有名厨王志田。王志田从事厨艺50余年，善于烹制黄河鲤鱼、活鱼三吃、红烧面筋、蜜汁山药等。两家合为汇泉楼之后，出资人之一陈汉卿的徒弟李寿堂主管菜案，以擅长烧面筋闻名，并善于制作“冰糖肘子”。新中国成立前后，汇泉楼的于善祥是一个名厨，其拿手好菜是菊花虾仁和糖醋黄河鲤鱼。到1965年，汇泉楼改成“汇泉饭店”，开业时，红案厨师有三级厨师于善祥和赵洪起、四级厨师崔义清和杨玉生，以及丁永泰、钱曰宝等。白案厨师有孙彩云、季美德、张德岭、陈美华、陈玉章、纪善祥、薛兆岩等，阵容庞大。赵洪起善于烹制白汁菊花虾饼、松子鱼条、糟煎活鱼；陈玉章曾任汇泉饭店白案组长，银丝卷是他的绝活。纪善祥的绝活则是清油盘丝。20世纪80年代初，汇泉饭店红案厨师很多，有特二级厨师颜景祥，二级厨师宋其远、杜建德、李德刚，三级厨师赵福祥、赵淑芝、纪朝明、宁曰海、焦成富、刘贯顺。白案有一级厨师陈玉章，三级厨师郑其芳、朱明道、侯庆珍、纪善祥、梁庆华、赵福荣等。20世纪60年代末70年代初进入汇泉饭店的红案厨师李全杰、张广军、程增福、丁大刚、赵霆等，也成长起来……20世纪80年代和90年代初，李德刚、张广军、程增福、丁大刚被誉为“汇泉四大炉子”。

据王兴兰回忆：聚丰德是由程学礼、王兴南等7个人，用100袋面粉赎回来的。这其中有面案高手王丕有和李万禄、切工高手王兴南、善于烹炒的程学祥，以及技术全面、熟稔各道程序的程学礼。一代鲁菜宗师王兴南在聚丰德的股份最大，每个月的获利也最高。他是王兴兰的师傅，负责制定菜品标准，人很有个性，技艺高超。他从事烹饪60年，拿手绝活是垫布切肉丝。他和师兄程学祥研制的油爆双脆、九转大肠、干烧鱼、蟹黄鱼翅等菜肴，成为聚丰德的特色菜。因名

崔义清大师在指点晚辈

声在外，聚丰德培养的大厨备受国家重视，成为外交战线的“奇兵”。20世纪60年代初，聚丰德大厨刘兆贤被调往北京前门饭店，厨师杨清泉被调外交部后赴我国驻几内亚大使馆任厨师。1964年，聚丰德大厨安振常被调往人民大会堂，3年后到周恩来总理身边工作，1969年10月17日来到西花厅，成为周恩来和邓颖超的厨师……

在重新开业的燕喜堂，鲁菜高级烹饪师邓君秋还在一线工作。因为母亲在燕喜堂工作，所以他自幼就在这里玩耍嬉戏。后来进入燕喜堂工作，并拜崔义清为师。他说，燕喜堂的创始人赵子俊是餐饮科班出身，把燕喜堂搞得轰轰烈烈。当年，这里的掌灶大厨侯庆甫、梁继祥以善于制作汤菜闻名。

在和鲁菜大师们交流的时候，我脑子里常常闪过一个词：老腊肉。他们一辈子坚守在厨房里，冬天像冰窖，夏天赛火炉，天不亮就起床，半夜才能回家。一身水，一身油，在日复一日的烟熏火燎中，让世俗味道，熏染至身体与灵魂深处，成为坚韧恒久、晶莹剔透、馨香四溢的“老腊肉”，成为化平凡为神奇的味觉大师。

要成为一个鲁菜大师，必须能吃苦，有悟性，重厨德。

在旧时代，厨师是伺候人的职业，属于“下九流”，要尽尝人间的酸甜苦辣。

在烟台百年老店里，当一个学徒很不容易。要找熟人介绍，还要有铺保，写契约。学徒3年，3年为奴，只管饭不给钱，1个月给20个铜板，算是剃头洗澡钱。学徒小伙计干粗活，半夜睡，五更起。前堂后厨，掏炉灰、上煤生火、买菜摘洗、刷盘洗碗，样样杂活都得干。干一段时间后，掌柜的才按照学徒的表现，进行再分配。有点文化的，学账房，十个八个学徒中才能挑出一个；长相好、头脑伶俐、口齿清楚的，到前堂跑堂；余者到后厨，练刀工，打下手。能否有资格上灶颠勺，那得看灶头大厨喜不喜欢了。3年出徒后，才可以挣工资……至于能否成为大师，更要看个人如何奋斗了。

王兴兰说，她刚到聚丰德工作的时候，只有13岁，个子很矮，切菜够不到案子，炒菜够不到炉子，只好在脚下垫一个大墩子。她是个左撇子，要改成用右手切菜，很不习惯，几乎天天切到手。既不能让老师知道，还要止住血，她就去锅炉房打一盆开水，把手伸进去，血就止住了。每天她还要洗一大池子海带，先用刷子刷得干干净净，卷成卷，系好，放到老师的案子上。池子太矮，弓着腰劳作，时间久了酸疼难忍；洗完海带就去擦萝卜丝，把一个个大萝卜擦成丝，一点也不能浪费，灯光昏暗，有时候手上的皮被擦去一半，“疼死我了！疼死我也得咬牙干！”这个活儿她干了8个月。她还去开凤尾鱼罐头，罐头装满一个大屋子，她用螺丝刀全部打开。为了保持食材的新鲜度，饭店里有土冰箱，王兴兰和另一个小孩去天桥拉冰块。第一次蹬三轮，她不知道刹车闸在哪里，马路坡度大，三轮车冲到警察岗亭上，竟把警察撞出去老远，半天爬不起来。回来的路上，车上多了两大块冰，200多公斤，两个小孩费尽吃奶的力气也拉不上高坡，多亏一个地排车师傅帮忙，才把冰块拉回店里，这时候大约到了下午四点，她们把冰块砸成核桃块，放进土冰箱，接着就要张罗晚饭了……

每个大师的学厨之路，都非常坎坷。崔义清曾经先后在汇泉楼、燕喜堂和聚丰德担任主厨。他16岁就在“日本阁”学做日本菜，后又在银座学习西餐。1947年进入聚丰德学做鲁菜，刚开始当学徒，他负责拉风箱。他每天提前上班，把没有燃烧完的煤渣拣出来，存放在院子角落，堆了一人多高。在这个岗位上，他一干就是6年……

颜景祥在燕喜堂做学徒。学徒3年才能出徒，一开始只能做拉水车、拉风箱、送外卖、择菜洗菜这些粗活；第二年学发干货；第三年才能“站墩子”切菜。俗话说“七分刀工，三分做法”，为了学好切菜功夫，他练得手腕都发肿了。

从一般厨师成长为鲁菜大师，必须具有很高的悟性和灵性。鲁菜技法多，难以掌握，其他菜系食材和配料都有标准可以遵循，而鲁菜基本都用“少许”“酌情”“适量”等词，对厨师的理解力和领悟力要求很高。

从一名农家子弟，成长为国家级名厨，张吉顺靠的是一个“悟”字。他说，最初学艺时，自己盯着看父亲怎么做菜，即使一丝不差照样做下来，菜的味道仍不一样，这是火候与手感的问题，不可言传，要想做好，就必须慢慢琢磨。他的师傅王义均告诫说，厨艺最重要的是一个“悟”字。当年福山鲁菜名满天下，就是因为厨师们大胆创新，勇于吸纳各地菜系的精华。王义均这样称赞他，“张吉顺研究鲁菜的悟性在厨艺界少为人见”，他品尝一口，一道菜缺什么就八九不离十。

在北京丰泽园，王义均接触烹饪是从“蹭勺”开始的。为了防止串味，保证“一菜一味道”，厨师们用完炒勺就随手一扔，徒弟们得捡起来轻磨细蹭。一天内要和3个火眼47把汤勺反复打上百遍交道，王义均一干便是3年。虽然双手常被三五斤重的大勺和沙子炉灰蹭破流脓，但他却做得有滋有味。慢慢地，师傅对这个勤快又聪明好学的小伙计开始另眼相待。

崔义清在拉了6年风箱之后，靠自己的悟性争取到机会。虽然干拉风箱的活儿，但他每天看着师傅们煎炒烹炸，所有要点记在了心中。有一天，师傅去吃饭，跑堂的端来一盘糖醋鲤鱼骨架，要做一个鱼汤。他赶紧点火，把骨架放到锅里，做出一碗色泽诱人、清香扑鼻的酸辣鱼汤，盛到碗里八分满。师傅发现崔义清已经把鱼汤做好，而且盛到八分满，符合要求，鱼汤上面漂着葱花、香菜和花椒油，味道层次鲜明，这才第一次抬头正眼看了一下他，崔义清自此脱颖而出，开始上灶炒菜。

王兴兰不光刀工好，而且记忆力超群。她说，那时候的饭店，厨师凭脑子记菜名，不管点多少道菜，都不能出错。有时候客人还自己想出一道菜，王兴兰从未记错过，所以很快就成为排名第二的厨师。

1966年，济南市举办全市厨师刀工大赛，王兴兰荣获第一名。

大厨必具大德。他们要坚持儒家文化的理念，诚实守信，保持弘扬鲁菜文化的初心，耐得住寂寞，一门心思地去研究食材和烹饪技法。王义均精通鲁菜，善做海参，并将众师之长与川、鲁、淮扬、粤菜精华相结合，融会贯通，在发扬山东风味菜肴的基础上，大胆创新改革，赋予鲁菜新的生命力。无论什么菜的原料，王义均都要经过两次以上的热加工，从而保证菜肴的口味纯正、清淡和利口，而很少采用生鲜原料一次加热至熟食的做法；不论何种烹制方法，都强调火候掌握恰到好处，尽量做到无过无不及，突出口味的清、鲜、脆、嫩、纯。所有这些看似固执的坚持，都是保持鲁菜纯粹味道的最基本保证。崔义清在教育弟子时，经常说的一句话是“先做人，后做菜”，教育学生做菜要下足成本，用足火候，否则就对不起食客。他做大菜，拘小节，勤俭节约，惜料如金。有一个习惯，他坚持了70多年，这就是每天晚上换洗衬衣，永远保持洁白干净。他说：厨师是最受人尊重的“进口”食品制作者，讲究卫生是最基本要求。做菜各个环节干干净净，客人吃着才放心，这样厨师才能对得住自己的良心。王兴兰说：不学诗无以言，不学礼无以立。我在教徒弟们烹饪技法前，首先培养他们的品德，要求他们先去读《论语》，了解中华饮食的悠久历史，感悟儒家文化的博大精深，并以此为依据去推介鲁菜文化。

为了推广宣传鲁菜文化，王兴兰经常带领弟子们举办活动。在一次活动上，六七个大厨，穿着统一的白色厨师服装，迈着整齐的步伐，走到一排长桌前，给大家表演气球上切肉丝的绝技。

围观的人里三层外三层，大家都屏住呼吸，感觉心都提到嗓子眼了，唯恐听到气球的爆炸声。只见大厨们全神贯注，仿佛忘掉了外边的世界，已经和刀融为一体。气氛安静得可怕，好像一根针掉到地上也能听到声音。不一会儿，气球上的肉片，变成了一根根均匀、整齐的肉丝。

鲁菜之所成为四大菜系之首，绝非浪得虚名，而是实至名归。鲁菜有历史，有文化，有传承，有体系，更重要的是有一个具有工匠精神、身怀绝技的厨师队伍。他们对于原料的选择处理，对于刀工和火候的把握，对于清汤和奶汤的自如运用，堪称中国厨艺典范。

刀工关乎菜肴的形态，影响入味的均匀程度，乃至能让食客感受到厨师的匠心，这是鲁菜大师的最基本功力。这来自历史的传承。

大厨们表演气球上切肉丝

唐朝相国段文昌是临淄人，喜欢美食，他的儿子段成式留下一部笔记体小说《酉阳杂俎》，记载了鲁菜的故事。其中有这样的描述："进士段硕尝识南孝廉者，善斫脍，索薄丝缕，轻可吹起，操刀响捷，若合节奏，因会客炫技。"切的肉丝轻风可以吹得起，可见肉丝之细，刀技之精。宋人所撰《同话录》中记载了山东厨师在泰山庙会上的刀工表演："有一庖人，令一人袒背俯偻于地，以其背为刀儿，取肉一斤许，运刀细缕之，撤肉而拭，兵背无丝毫之伤。"

历史在一代代人的奋斗中延续。王兴兰的老师王兴南，是特一级厨师，尤其精于刀工，垫布切肉丝、剔鸡骨是他的绝活儿。"优材优用，大材大用，物尽其用，减少废弃"是刀工的基本原则。王义均历经9年，才掌握了一手娴熟的刀工。他精于雕刻，作品"雄鹰展翅"运用国画写意手法，力求神似，在技法上刀口整齐，厚薄一致，拼摆细腻，既具备较高艺术水平，又具有食用价值。

据王兴兰介绍，在传统鲁菜中，曾经有一道“油爆鱼芹”，要求厨师以精湛的刀功去掉鱼头鱼尾，并从中取出鱼骨，在切鱼肉的过程中，刀不能切断鱼皮。这道菜吃起来没有鱼刺，没有鱼头鱼尾，味道非常好。如今能够做这道菜的厨师，也不多了。她说：“跟我差不多年纪的鲁菜厨师可能会做，年轻人估计连见都没见过。”

在王兴兰组织的一次活动上，名厨梁京国表演了萝卜切长丝的绝妙刀工。他把洗干净的萝卜去掉外面一层硬皮，再把整个萝卜切成一道道薄片，折叠起来切下去。只见萝卜丝像面条般从刀背滑下，十分均匀。几十刀下去，萝卜丝连成上百米。100多个学童排着长队，手捧萝卜丝，绕着会场转了一大圈。据他说，一个萝卜最长可以切出200米的长丝。

鲜海参口感硬，为解决这个问题，鲁菜厨师通过抻拉的技术，把活海参抻拉成薄而透明的大片，海参筋膜透亮，薄如蝉翼，再进行烹制，回弹后的手拉海参软硬适中，或烹或煲，味道独特。高速建“手拉活海参”打破吉尼斯世界纪录，他拉出了世界最薄的海参，只有0.003毫米。

邓君秋说，糖醋鲤鱼为什么好吃？首先是刀工到位。从黄河运来的鲤鱼，在燕喜堂内的甬元泉养一段时间，去掉腥味后，开始烹制。第一个步骤就是“打花刀”，为完美呈现“鲤鱼跳龙门”的造型，厨师要在鱼的两侧切上几刀，外面是七刀，里面是八刀，直接切到鱼骨，恰到好处地让鱼有一个跃升的弧度。一盘品相过关的糖醋鲤鱼须做到“四开”：鳍开、腮开、肚开、翅开。

鲁菜大师们还有一个绝技，就是蒙眼整鸡出骨。为了制作“八宝布袋鸡”，厨师可以蒙着眼睛，从鸡喉管处打开一个口子，下刀从上往下剔，鸡的骨头架子全部去掉了，而鸡肉还完好无损。再往鸡的空腔里倒入清水，清洗干净，装上各种材料，堪称“庖丁解鸡”。宋其远蒙眼4分钟完成整鸡出骨，被载入吉尼斯世界纪录。

有了初步加工好的原材料，要做出色香味形俱佳的大餐，鲁菜大师们还有两个“独家秘籍”。

一是精于制汤。传统鲁菜不使用味精，却咸鲜味突出，鲜从何来？从食材本身提炼而来，海边的人用海肠粉，内陆人用高汤。

山东人善于制汤也有历史基因。《齐民要术》记载了人类烹饪史上最早的高汤，其制作方法和今天类似：“捶牛羊骨，令碎，熟煮取汁，掠去浮沫，停之使清。”到鲁菜鼎盛的明清时期，因为它是宫廷菜的主体，服务于皇家和贵族，所以汤汤水水多。新中国成立前，山东菜馆会因为高汤用完而打烊，虽然主料都有，但是为了不损店铺名声，坚决不做没有使用高汤的菜。

鲁菜中的汤一般分为两种，一种是清汤，另一种是奶汤。清汤是菜品调味提鲜的“灵魂”，在鲁菜的制作中至关重要。过去的老鲁菜馆子吊汤，有这样一种说法，叫作“无鸡不鲜，无肘不浓，无骨不香，无水不纯”。在济南聚丰德，一锅清汤要经历“一煮二潲三吊”的繁杂步骤，要熬制4个多小时。据聚丰德行政总厨、中国烹饪大师孙存勇介绍，清汤的制作要先选用老鸡、老鸭等足够的料，配以足够的水，慢慢炖煮出食材的鲜味。快熬煮好时，再分两步加入“红哨”和“白哨”，也就是鸡腿肉和鸡胸肉泥，经过这两道工序，能“魔术”般将汤中的血沫、杂质、颗粒物吸附出来。过滤后，汤色晶莹剔透，不见杂质，这样一锅清汤才算大功告成。在清炒里脊丝、佛跳墙等经典鲁菜中，一勺清汤的注入让菜的口感更加鲜活，更富层次。

王兴兰说，你们知道过去奶汤是怎么制作出来的吗？它是用整鸡、猪肘肉、猪肘骨、猪肋骨，放到大锅里急火猛炖，再用慢火煨，两三个小时之后，汤就成了乳白色，所以叫奶汤。现在人用大油炒面粉，再加水就成了奶汤，味道能好啊。最经典的奶汤菜是奶汤蒲菜。平淡无奇的大明湖蒲菜，配上特浓奶汤，吃一口唇齿留香。过去聚丰德有一道奶汤豆腐。师傅出锅时撇一勺辣椒油浇上，又香又入味。但菜里还是一片乳白，不见点红。原来这是专门调制的白辣椒油。

鲁菜"青龙过海"选用大葱、甲鱼为原料，用奶汤烧制而成

二是火功出色，急火旺炒。王兴兰说，山东人性格热情豪爽，脾气火爆，所以鲁菜原材料新鲜，爽脆重咸，油爆菜特别多。

在漫长的发展过程中，鲁菜形成一套完整的烹调技法，技法达40多种，常用的有20多种，尤以爆、炒、扒、溜最为突出。现在虽然少见鲁菜招牌，可识别鲁菜并不难。但凡菜名中带糟、溜、扒、葱烧、酱爆、锅塌、奶汤、清汤、烩汤等词的，都是鲁菜的底子。

爆的技法充分体现了鲁菜的用火功夫。济南菜里有一道"火爆燎肉"，看着让人惊心动魄。炒勺内外，都有烈焰升腾，火苗蹿起二尺多高。炒勺忽高忽低，肉片在火焰中舞动，恍如神奇的魔术。这道菜在烟熏的味道中，微带回甘。

孙存勇介绍：爆炒腰花将"爆"的技法运用到极致，锅中必须有火，从入锅到出锅，整个过程不超过18秒，急火快炒，才能让腰花脆、嫩、不腥。一道九转大肠需要先经过一小时的炖煮，每隔十分钟翻搅一次，时间短则嚼不烂，时间长则失去韧劲，烧制时也需争分夺秒，才能给大肠穿好均匀入味的枣红色“外衣”。汤爆爽脆和炸虾球也一样，不过厨师动作要快，服务员端菜的速度也要快，否则菜就变老了，虾球就萎缩了。

李建国说：他经常给朋友做一道“三不粘”，6个鸡蛋黄加水，以及少许淀粉和糖，搅拌均匀。一手颠勺，与炉火若即若离；一手拿着铁勺不停地按照顺时针方向搅拌，动作极快。一会儿，“三不粘”成型了，用“大翻勺”翻转180°，之后让“三不粘”滑到盘子里，不粘锅，不粘盘，不粘牙，软糯香甜，很多人竟吃不出这是什么东西。

鲁菜大师们还善于炒糖与拔丝。蜜汁，挂霜，琉璃，拔丝，炒糖色，是鲁菜炒糖五步曲，要根据火候递进。做拔丝关键点是160℃油温熬糖，等温度降到140℃再拔丝，这时候丝会抽得很长。在淄博几乎人人会做拔丝。鲁菜厨师的绝技是油底沉糖：一锅油，上面油炸主料，油下面熬糖，等到主料炸好了，拔丝也几乎同时做出来。

第六章

鲁菜新矩阵：何止“三足鼎立”？

守正创新济南菜

在20世纪90年代以后相当长一段时间内，川菜、粤菜、湘菜，乃至港澳风、洋快餐横扫齐鲁大地，搞得鲁菜老字号灰头土脸，大厨们纷纷改投别的菜系门下。有外地朋友到济南，偶然要品尝一下鲁菜，鲁菜竟然给人“三个乎乎”（油乎乎、黑乎乎、咸乎乎）的不良印象。一时间，人们的信心尽失：号称菜系之首的鲁菜究竟去了哪里？鲁菜的春天还会到来吗？

今天，我们惊喜地发现，真正的鲁菜，在经历残酷的市场竞争之后，强势回归了，鲁菜再次勇立潮头，成为中国餐饮的引领者。

这一次，鲁菜崛起的奥秘在于既坚守又融合。

菜系不是一开始就有的，也不会一成不变。济南这个城市，在传统的“菜系”概念中，有着特殊的地位和作用。

究竟什么时候开始有“菜系”这个名词？查阅历史资料，我们会发现，直到20世纪70年代，正规出版物和文献里，才有了“菜系”这个词。此前，菜系的发展经历了不同的历史时期。菜系起步于宋代。那时候的济南，还不是齐鲁大地的首府。专家王育济认为，北宋和明代是济南城建的两个重要时期，北宋奠定了济南“湖、山、林、泉”的园林格局，明代通过“修墙”，奠定了济南城区的风格。北宋“修园”并非像苏州那样建造私家园林，也不是一泉一景的修饰，而是依据“城即园林”的思路，对湖山林泉予以整体规划和修整。这个优美的城市里，交通便利，物产丰富，富商大贾云集。鳞次栉比的街道上，有形形色色的酒肆和饭店。

孔子和《论语》：鲁菜永恒的话题

在宋代之前，没有菜系之分，只有特产、食材不同，人们跪着就餐，实行的是分餐制；到了宋代，高桌大凳齐备了，人们开始围桌而食，煎炒烹炸等烹饪手法逐渐完备，杯盘碗筷等餐具慢慢备齐，一日三餐的生活方式从这时才开始……宋代成为中国餐饮的一道分水岭。

北宋之前，人们聚餐主要在家庭或者旅馆，没有真正意义上的饭店。而在首都汴京，大大小小的饭店酒馆多如牛毛，可分几大类：高端的是酒楼，接待达官贵人，甚至餐具也是白银的，如“七十二正店”；平民可以去街边的招牌店，这些小店专注于家常菜，以及某一种美食；街上、乡村还不乏走街串巷的小贩，为不方便出门的妇女、孩童送去各色美食……来自全国各地的饮食，在繁华的首都融会贯通，逐步形成北食、南食和川饭三大体系。它们之间既相互切磋，又保持本身的特色，经过数百年发展，滥觞而成为四大菜系。其中“北食”的核心和精髓，就是鲁菜。

真正出现与现代中国饮食流派大致对应的文献记载，大约在清代中晚期。《清稗类钞》是一部出版于1916年的清代笔记汇编，记载了晚清各地居民的饮食偏好，比如“北人嗜葱蒜”，但是完全没有“菜系”的概念，采用“某地人之饮食”的提法，只有特点，而无流派。

到民国时期，中国饮食史上有了类似于“菜系”的概念，这就是“帮口”。直到今天，用某帮指称特定地域的风味，如“本帮菜”“杭帮菜”“扬帮菜”，在长三角地区仍很流行。在山东，“济南帮”和“福山帮”是两个最大的体系。新中国成立后，各帮菜馆在公私合营运动中逐渐消失。帮口等民间自发形成的行会，被视为封建组织予以取缔，“以帮分菜”的传统分类法很快式微。

“菜系”这个名词，出现在1975年。这一年出版的《中国菜谱》丛书，坚持菜名改革，最先采用“菜系”一词。据说，时任国务院副总理姚依林在20世纪五六十年代接待外宾时创造出“菜系”一词，他介绍了鲁菜、粤菜、川菜、淮扬菜“四大菜系”。1980年6月20日，《人民日报》刊登了《我国的八大菜系》一文，将山东、四川、江苏、浙江、广东、湖南、福建、安徽的菜列为八大菜系。改革开放之后，官方举办的1983年中国第一届烹饪技术比赛、1987年中国烹饪协会成立大会、1987年国务院副总理田纪云的讲话，都采用“四大菜系”之说。1992年3月，中国商业出版社发行的《中国烹饪词典》将四大菜系列为条目，湖南、福建、浙江、安徽等地纷纷提出意见和建议，最后扩充为八大菜系。2017年4月6日，北京烹饪协会正式发布“京菜”菜系，宣称要打造“九大菜系”。

有人对四大菜系做了简明扼要的概括：鲁贵、粤富、川民、苏雅。

鲁菜中的济南菜包括周边的泰安、淄博、滨州、东营等地域，扩展而为“大鲁中风味区”，包括鲁北、鲁中和鲁南3个饮食区。东营、滨州地处黄河下游入海口，资源丰富，人民自古精于膳事，饮食口味丰富，注重时尚，属于鲁北饮食区；鲁中饮食区，包括济南、泰莱、古齐国3个饮食区。泰安素菜制作尤为巧妙，擅作豆腐菜，以酸煎饼为主食，口味清鲜滑嫩。古齐国淄博饮食区自古好商，饮食讲究，口味咸鲜，略带甜味，多使用酱油、豆豉制菜；鲁南饮食区，包括济宁湖区、枣庄矿区、沂蒙山区3个饮食区。济宁风味菜受南北饮食影响较大，居民口味喜咸鲜、嫩爽、醇厚，以烹制河湖水产品及肉禽蛋品见长。枣庄矿区居民善食辣，枣庄辣子鸡和煎饼也很有名。沂蒙山区历史上“地域近鲁，民风近楚”，且山区贫瘠，居民饮食粗犷简朴，以煎饼为主食。

济南本埠菜包括历下风味菜、城外商埠菜及市民和近郊的庶民菜，注重爆、炒、烧、炸、烤、汆等烹调方法。讲究实惠，风格浓重、浑厚，口味偏重于清香、鲜嫩。

济南菜有很多特点。

首先是因地利，顺天时，最大程度挖掘利用自然界的精华。

济南靠近黄河，是闻名中外的泉城。“唐宋八大家”之一的曾巩，北宋时任齐州知州，重修了从趵突泉、大明湖直到北部华山和鹊山一带的水景、湖景、山景。趵突泉经过开渠引泉，像一条飘带，汇入大明湖，整个城市泉溪环绕，变成一座泉水涌流的城市：“来见红蕖溢渚香，归途未变柳梢黄。殷勤趵突溪中水，相送扁舟向汶阳。”黄河在济南北部绵延180多公里，现在济南正试图跨河发展，把它变为一条城中河。依靠河与泉的润泽，济南菜中水产和湖产很多。

沿黄省区都有鲤鱼，只有济南人把它做成了名菜。黄河鲤鱼被誉为中国四大名鱼之一，济南北部的黄河，出产一种金鳞赤尾的“龙门鲤”。它有4个鼻孔，最早生活在黄河故道入海口，为了能够在浑浊的水中呼吸顺畅，演变出4个鼻孔。很多鲁菜老店里，每天都养着从泺口码头运来的“龙门鲤”，饲养一个多月后，鱼吐净肚子里的泥沙，就可以做成糖醋鲤鱼。那盘中鲤鱼，焦黄若金，昂头翘尾，其上挺之势，真如鲤鱼跳龙门一般。尝一口，外酥里嫩、酸甜可口。

大明湖由泉水汇聚而成，盛夏时节，碧荷连天，香气扑鼻。这里除了生产鱼类，还曾盛产“明湖三宝”：白莲藕、茭白和蒲菜。民国初年出版的《济南快览》记载：“大明湖之莲藕，其形似纺锤，其味甘甜。”白莲藕肥大肉厚，质嫩而脆，味道甘甜，食后无渣，藕断丝不连。尤其是“花下藕”，荷花盛开时采摘，可以作为时鲜水果生食；茭白是一种水生蔬菜，一般生长在浅水田或水渠旁；蒲菜更是济南的特产，嫩茎翠绿，纤细修长。《济南快览》记载：大明湖的蒲菜，“其形似茭，其味似笋”。由“明湖三宝”加工而成的凉拌白莲藕、茭白炒肉片、奶汤蒲菜等是济南人餐桌上的美味。奶汤蒲菜是经典鲁菜之一，用奶汤和蒲菜烹制而成，汤呈乳白色，蒲菜脆嫩鲜香，入口清淡味美。很多外地人到济南，就是为了尝一口奶汤蒲菜。割取蒲菜后，还有一段粗茎及块根，俗称“老牛筋”“面疙瘩”。把它们洗净生吃，口感清甜。炎炎夏日，在大明湖牌坊一带常有小贩，把一张鲜荷叶顶在头上当作太阳帽遮阳，叫卖着“老牛筋面疙瘩，谁要不吃馋煞他”。

济南大明湖里盛开的“玉莲”

烤鸭须配章丘大葱吃，证明它是济南菜的一个代表。在清代，烤鸭与烤乳猪一起被称为“双烤”，是“满汉全席”中要菜之一。济南盛产肥鸭，张廉明在《济南烤鸭略考》中详述了选鸭、填鸭、焖炉炙烤的过程。买回膘肥的鸭子后，用高粱米与粗面糊团等喂养20余天，至膘肥体胖，便可宰杀。老济南的焖炉烤鸭，不见明火，先用明火烧热砖炉，至无烟只剩灰火时，再把鸭子挂在炉内，烘烤约45分钟即可。取出后趁热上桌，客人过目后，再由厨师片成薄片装盘上席。吃时佐以葱丝、甜面酱、荷叶饼，卷成小卷食用。

其次，济南菜选料精细、考究，重视营养保健，讲究按照节气和节令烹制菜品，既符合万物生长的规律，又符合四时养生的古训，成为原汁原味的“养生菜”“健康菜”。

济南过去不生产反季节蔬菜，菜肴按季走，什么季节吃什么菜，春夏秋冬，使用的食材不同。刚开春多吃香椿、韭菜；五月多吃莴苣；盛夏时节，白莲藕既可当水果解馋，也可用来下酒；秋冬季是大白菜和萝卜的天下，也是收获白莲藕的最佳时节。

王兴兰介绍说：传统鲁菜中用料较精，多用名贵食材，走的是中高端路线。颜景祥曾在燕喜堂做学徒，刚到燕喜堂时，他看到柜子里满满的海参、鱼翅等干货，像扇子大的鱼肚能发到六七厘米厚，鱼翅、海参都是顶级的……在济南四大名店里，采购的原料基本要在当天用完，不能过夜，以保证食材的新鲜度。干货要用泉水泡制，自然胀发。传统鲁菜里有一道海参扒肘子，色香味俱全。它充分挖掘海参和肘子的长处，并使之互相激发，烹调完成后，肘子红亮烂软，香而不腻，海参黑亮软糯，鲜香可口。

第三，济南菜走中正平和的路线，不是很咸、很甜、很辣、很酸，看着颜色很重，这是用炒糖来添加的颜色，需要很高的功力。大厨们会根据不同菜品，使用不同的糖，炒的轻重程度也不一样。有人说鲁菜“三个乎乎”，口味太重，这从另一个角度说明，济南厨师善于做

“下货菜”，必须用重味去掉它们的腥臭。济南菜里有九转大肠、爆炒腰花、油爆双脆等，都属于“下货菜”，他们把平凡的食材，变成了人间至味。

在李长久萃华楼上，李建国谈起一段“九转大肠”的往事。九转大肠是鲁菜传统保留菜品之一。它是谁创造的呢？说来话长，清末民初，济南后宰门附近有个饭店叫九华楼，店主是济南富商杜氏和郇氏，他们在软烧大肠的基础上，添加调料，制成咸、甜、苦、酸、辣五味俱全的大肠，因为店主喜欢“九”这个数字，因此起名“九转大肠”，其齿感、舌感，复杂而有味，代表着红烧菜的新高度。

李建国介绍说，烹制正宗九转大肠，首先将大肠清洗干净后煮熟切段，然后起锅炒糖色，要炒到鸡血红色，再放入大肠煸炒上色，这是最考验厨师手艺的一步，火候过大过小都会影响成品，炒个七八十滚后，放入葱姜蒜，再烹醋，添汤加盐，然后收汁，最后一步则是放入肉桂面、胡椒面和砂仁面，淋上花椒油翻炒均匀，盛出装盘。正宗的九转大肠，色泽红亮，咸、甜、酸中稍微有些苦辣，这是炒糖色和砂仁面带来的结果，大肠则毫无异味，油香软糯。九转大肠选料讲究，只能选用特定部位的一段，20厘米长短。一道简单的大肠菜品要经过十几个步骤。李建国说：“我父亲当年在北洋大戏院对面开的萃华楼，就以这道菜见长，因为父亲炒汁儿的手艺好。梅兰芳等京剧名家都到萃华楼吃过饭，梅兰芳吃过一次九转大肠后，就每来必点。”现在的鲁菜店里，为了消除这道菜的油腻感，往往在大肠中夹入山楂、黄瓜、山药等。

九转大肠

在济南，我还经常听说一个传奇人物，绰号“闫腰子”，他以擅长制作爆炒腰花闻名，创办了闫府私房菜馆。其真实姓名闫玺林几乎没人知道，而他的故事却家喻户晓。他30多年只潜心钻研腰花烹饪技术，开“全腰宴”先河，并研制出槟榔腰花、干煸腰筋等系列产品，号称“山东第一腰”。

还有一道下货菜是爆双脆，以猪肚头和鸡胗为主料，加工过程烦琐：将猪肚头用刀劈开，除去筋膜，洗净，打成十字花刀，呈鱼网状，再切成一寸见方的小块，加清水浸泡；鸡胗改成十字花刀，清水洗净，放入碗内待用。炒勺内放入清水，用旺火烧至八成热，先放入鸡胗，后放入肚头焯一下，速捞汤碗内，加葱椒料酒调匀，撒上香菜末。另起炒勺放清汤、酱油、精盐烧沸，速浇入汤碗内即成。随即食之，否则肚头嚼而不烂。上席时，需将加工好的双脆与特制的清汤分别端上，待汤碗落桌后，双脆入汤，别有一番情趣。

为什么有人认为鲁菜不行了？王兴兰说，真正耐下性子做鲁菜的厨师越来越少，原材料不符合标准，加工制作过程偷工减料，越少越好，另外，传统鲁菜制作成本高，时间长，顾客图便宜，要求快上菜，都影响菜的质量和口感。

和朋友在济南“鲁香味道”吃饭，我问了一个问题：你是根据什么选择就餐的地方？是菜系、酒店还是菜品？

他说当然是菜品，不管你是什么菜系什么店，菜好吃、营养健康才是硬道理。就像这家酒店，进门有小桥流水，锦鲤欢愉，墙上有传统水墨，古朴雅致，但更因为这里有几道济南名菜，你才愿意光顾。

槟榔腰片、九转大肠、滑炒肉丝、炒素八丝、全家福……品尝着一道道济南传统名菜，感觉自己的味蕾正在苏醒，仿佛遇到一个很久未见的故交挚友。

我感慨：谁说鲁菜衰落了？一个不争的事实是，经历过20世纪最后20年的风吹雨打、跌宕起伏，鲁菜再成菜系之首，正无声无息地改变着国人的胃口。

这里面有一个深层次原因。新中国成立后到改革开放之初，人们的物质收入很低，遇到举办婚礼等大事，也没有条件去汇泉楼、燕喜堂、聚丰德等饭店。即使有钱也要走后门托关系，才能排得上队。直到20世纪90年代初，解决了粮食和菜篮子问题，中国出现第一次民工潮，各地方的菜品开始大规模交流。鲁菜一下子站在风口浪尖，出现了很多不适应时代的问题……餐饮业和思想界一样，一会儿迷恋“西风”，一会儿喜欢“港味”，酸甜苦辣咸轮流登场，金迷纸醉，时尚刺激奢靡，刚刚吃饱饭的山东人，忽然发现自己有一只巨大的胃，好像要把世界吞下去，却冷落了爹娘般把自己喂养大的鲁菜。而反观鲁菜自身，也躬下尊贵的身躯，越来越萎缩……

随着新世纪特别是新时代的到来，在外界一阵阵“鲁菜衰败”的嘈杂声中，山东人在坚守和传承中寻找着鲁菜丢失的灵魂，在开拓创新中拓展出鲁菜的新天地。而时代也变了，经过中西文化、古今文明的对比，中国人重拾文化自信，反映在餐饮领域，就是不再贪大求洋，而是注重味道的本真，菜品的绿色健康，菜系的中正和谐，餐饮的历史文化，这一切都是鲁菜的强项。内外因素的耦合，促成鲁菜的火爆。

这些年，关于济南菜的好消息不断传来。燕喜堂、聚丰德等老字号重新开张；崔义清鲁菜馆、萃华楼、闫府私房菜等，展现着老一代鲁菜大师的技艺；春江饭店、老济南四合院、鲁香味道等，既有老鲁菜的基因，又有新的发展；友朋家宴、金春禧、城南往事、八不食、尧舜酒家……数不清的济南菜馆，彰显着鲜咸适中的特色，追求着豪放大气的风格，让大街小巷飘溢着温暖馨香的济南味道。

找回自信的济南菜，正在朝着几个方向发展。

一是坚持传统，在细微处见真章。老风格的济南菜酒店，弘扬工匠精神，精选食材，厨师刀功精湛，火候运用纯熟。以盐提鲜，以汤壮鲜，调味讲求咸鲜纯正，突出本味，让老饕们重温旧梦。这类饭店价格不菲，但生意火爆。

在萃华楼，我拿着一本古香古色的菜谱浏览，上面的菜名和价格都用毛笔书写，很少有低于五六十元的菜品。这里总共两个房间，回头客很多。这说明传统鲁菜馆适应了部分高端需求。而且这个需求的队伍在快速壮大。李建国说：“如今餐饮业发展到大工业生产阶段，中央厨房的出现成为必然。但有些技术没法用机器完成，把餐饮理解成食堂就没有意义了。鼓励有技术的人去传承古老的技法，并要坚持自己的想法，不要看别人跑得快，也想自己跑得快。慢工才能出细活儿。”

在重新开业的燕喜堂，我和友人去吃饭，正值盛夏之际，酷暑难耐。燕喜堂院子的泉水清澈，里面泡着啤酒和西瓜，还有鱼儿游动。身穿白色厨师服装、戴一副眼镜的邓君秋，亲自把一盘盘他做的美味佳肴端上桌来。白色大盘里装着糖醋鲤鱼；汤盆里的奶汤蒲菜，有一

燕喜堂名厨邓君秋烹制糖醋鲤鱼

股蔬菜的鲜香味；还有一道菜，袅袅升腾的烟气中，脆白的莲藕、红色的荷花、嫩绿的莲蓬，在一束粉红色灯光的照耀下，若隐若现，胜似仙境……最后我似乎忘了每一道菜的形状，只觉得我好像进入一条鱼的身体，好像一棵蒲菜在大明湖挺立，好像一朵荷花正在绽放。

二是适应现代人的口味需求，创新求变，改善技术和工艺，提升菜品的性价比，塑造具有地域文化特色的就餐环境，让鲁菜“飞入寻常百姓家”。

老鲁菜饭店的菜品在进行改良。在鲁菜名店“老牌坊”，从艺30多年的胡付华说：传承不守旧，创新不忘根。现代人对菜品有新要求，我们就慢慢融入其他菜系的精髓，慢慢去改造。比如九转大肠，成品酸、甜、苦、辣、咸五味俱全。他对这“五味”均做了改良。过去甜味来自白糖，他改用冰糖；酸过去用白醋，现在加入大红浙醋；苦味取自砂仁和肉桂，可以开胃理气，美容养颜；辣用胡椒粉加入小干辣椒。五味俱全之后，再在菜品中加入黄瓜、山药等养生食材，辅以盘饰。经过创新改良的菜品还有很多，如葱烧海参、油焖大虾等等。葱烧海参搭配西兰花和米饭团，这是一种创新。海参作为海鲜里最有营养价值的存在，增加了碱性食材，如粮食、米和蔬菜纤维，膳食营养更上一个台阶。

近年，山东凯瑞商业集团不断推出传统菜、创新菜、开埠菜，既有济南特有的文化符号，又有浓烈的时代气息。城南往事则融合古典、时尚、现代、怀旧等诸多元素，撩起人们对于老城老味的欲望。在这里，大明湖、曲水亭街、状元府、老火车站……仿佛瞬间穿越到明府城。店里的核心产品是传统鲁菜糖醋鲤鱼、济南烤鸭、蓑衣黄瓜等。据介绍，酸酸甜甜的糖醋鲤鱼，征服了大江南北，仅这个单一品种，凯瑞旗下酒店每年要卖出100万条以上。它们都来自济南黄河，体重在900—1100克，身长在38—40厘米，腰围则在10厘米左右。性别一律为雄性，因为雌性腹部大不利于造出“跳龙门”之形……蓑衣黄瓜是城南往事的招牌菜，极见刀工，一根黄瓜，如蓑衣，像丝网，似一张让人恋恋不舍的情网，让人陷入其中不能自拔。

济南近年开始流行“泉水宴”。在良友富临大酒店，通过创新传统鲁菜，体现济南泉水文化，把美景、美味、美色相结合，制作出泉水系列菜品。奶汤蒲菜煲海参、芙蓉湖虾仁、炸荷花等则把人带到夏日的大明湖畔。明湖鲜莲蓬是一道餐前小吃，内含莲子，寓意多子多孙；酥炸荷花极有济南特色。老舍当年执教齐鲁大学时，写有一篇《吃莲花》。讲的是友人约游大明湖，他叫厨子“把荷花用好油炸炸，外边的老瓣不要，炸里边那嫩的”。厨子以为香油炸莲瓣是治烫伤的偏方。友人笑了：“治烫伤？吃！美极了！没看见菜挑子上一把一把儿的卖吗？”

济南军悦大酒店曾推出一款特色菜品“明湖四坛”，以明湖特色水产为主。据说乾隆到济南私访，在大明湖畔与夏雨荷相遇，雨荷家以这四菜招待皇帝。它用老济南手工菜饼子，配上明湖小鲫鱼、新鲜莲藕、小河虾及虾酱烹制而成。

三是以鲁菜为底蕴，大胆吸收，积极进取，遵循市场规律，紧跟消费者的习惯变化，乃至打入其他菜系，融合发展，独成一派。

这类酒店以“舜和”为代表。舜和是一家鲁菜店，但好像又不是。“他们来自鲁菜，但决不拘泥于鲁菜，他从鲁菜中走出去，又最终回到了鲁菜的起跑点，但每一次轮回的起跑点都上升到更高的层次。”“舜和”的根在鲁菜，掌舵人任兴本原是一家国企的高管，后来90年代中期下海创办酒店，后转入舜耕山庄负责餐饮，接着自主创业，办起全国第一家“商务酒店”，起草了山东省商务酒店认证标准。从此一发不可收拾，以1—2年开起一家连锁酒店的速度，规模迅速扩张。舜和总是与时俱进，转型升级，先后聚焦海鲜、德国餐厅，拥有很高的人气。

这其中发生了两件意味深长的事情。

2012年底，中央八项规定出台后，任兴本砸掉装饰华丽的荷花洲餐厅。这是舜和的样板区，青砖汉瓦，流水环绕，餐位用磨砂玻璃隔断，配以荷花图案，顾客可以领略“四面荷花三面柳，一城山色半城湖”的风韵。有人说，花这么多心血打造出的荷花洲，砸掉太可惜。任兴本却认为：不能用的东西留着，只能是阻碍新事物发展。

在这之前，为挽救“燕喜堂”这个老字号，任兴本去参加拍卖会，一直举着19号竞拍牌，从未放下，吓退了其他竞争者，最后以70万元的价格拍得。他计划，先在舜和酒店设一个“燕喜堂”餐厅，然后再到历下区老地址，重建燕喜堂……那个餐厅真的建起来了，在海鲜香味和酒香四溢的舜和，它像一颗孤独的心，鲁菜的心。

胶东菜：走向新蓝海

在济南，我经常去一个叫“胶东人家”的酒店吃饭。它不是济南最大的酒店，但却以温馨感觉、优质菜品和贴心服务，成为胶东菜的代表性门店之一。在这里就餐，能感受到蓝色的大海，触摸到暖暖的乡愁，一片片帆影如白云在心头飘飞……

在胶东人家，你才能真正体会什么是胶东菜。

从宽泛的概念上说，胶东菜以烟台福山为核，随着时代发展不断向外扩展，除了在北京达到巅峰期，还统一了整个山东半岛的口味，烟台、青岛、威海、日照，乃至潍坊、东营的一部分，都成为胶东菜的势力范围。

胶东菜以海鲜为主，清鲜脆嫩。我感觉胶东菜有几个鲜明特点：一是因为胶东物产丰富，所以在以烹制海鲜见长的同时，胶东菜对于粮食和果蔬的加工也独具特色，用料极广，风味繁复而微妙；二是受海洋经济和齐文化的影响，胶东菜具有较强的外向性。胶东作为古齐国的区域，民众的功利色彩较为浓重，外出经商的习俗历代不衰。这些外出谋生者多以餐饮为首选行业，在胶东籍人士相对集中和经济较为发达的地方，传播胶东菜；三是胶东菜的大厨有一身硬功夫，和济南的大厨一样，刀工、火工和芡工都很出色。烟台市烹饪餐饮协会会长程伟华说，胶东菜深谙炸、熘、爆、炒、蒸、煎、扒、焖等烹饪之道，所创菜肴用料讲究，色、香、味、形并重……

在胶东人家大酒店，董事长向仁莲给我介绍招牌菜“葱烧海参”的制作过程：来自胶东大海深处的海参，最少生长三四年，有四排刺。干海参经过三遍火的发制，变得柔软，捞出后再用冰水浸泡，使海参更有弹性。章丘大葱经过油的浸润，在小火中慢慢释放香气，再配上鸡、鸭、肘子、火腿、干贝熬煮的浓汤，本身味寡的海参就有了丰富香浓的味道。成品的葱烧海参，汤汁与油汁融为一体，葱香浓郁。

胶东菜为什么能影响以北京为中心的整个中国北方？也许有地缘临近、交通流畅的便利性，有饮食习俗、菜点口味的趋同性，有气候环境、物产原料的类同性，但最重要的原因，恐怕就是胶东菜有一大批具有技法独特、风味鲜明、适应面广的名菜名点，以“参虾翅鲍”最为高端，也就是海参、对虾、鱼翅和鲍鱼烹制出的各种菜肴。

现在，胶东菜的第一品牌是海参。然而，在民国之前，宫廷之中最显赫的宴席是鱼翅席和燕翅席。孔府的通天鱼翅、以“吕宋黄”为原料的大包鱼翅和取自鲨鱼尾鳍的金钩翅，依次排在前三位。黄焖鱼翅通常使用直径一尺四的盘子，可以装满一大盘子。可能是鱼翅的营养价值不高，也可能是人们的口味变了，海参被推上中国式宴会的第一把交易。明清两代，葱烧海参成为不可或缺的御膳。朱元璋十分喜欢海参，把海参作为宫庭食谱中的头道美食。慈禧太后常在宫中摆“海参宴”。以烹饪海参见长的鲁菜，影响力自然越来越大。

在福山鲁菜文化博物馆，我看到了关于兵部尚书郭宗皋把福山菜带入皇宫的故事。在皇妃生日之时，他带的两个福山大厨做了两道菜，其中一道是葱烧海参，另一道是糟熘鱼片，皇帝感到最满意，胶东菜由此开始了京城之旅。

胶东半岛的大海盛产海参。清初吴伟业称："海参，产登莱海中"。他还写下一首吟咏登莱海参的诗："预使燂汤洗，迟才入鼎铛。禁犹宽北海，馔可佐南烹。莫辨虫鱼族，休疑草木名。但将滋味补，勿药养余生。"

烹制海参程序复杂烦琐。清代文学家袁枚的《随园食单》记载："海参无为之物，沙多气腥，最难讨好，然天性浓重，断不可以清汤煨也。"清代山东日照学者丁宜曾在《农圃便览》一书说："制海参，先用水泡透，磨去粗皮，洗净剖开，去肠，切条，盐水煮透，再加浓肉汤，盛碗内，隔水炖极透，听用。"这种先水发、再用肉汤二次加热的发制方式，至今还在山东流行。

烟台渔民在捕捞海参

据《清稗类钞》记载，清末时，京城福兴居、义胜居和广和居3家酒店同时推出"葱烧海参"，到新中国成立之前，北京的丰泽园、上海的丰泽楼、大连的泰华楼等鲁菜名店都把它作为头牌菜品。

新中国成立后，丰泽园开展了一项建言活动，大家认为：做好餐饮首先需要突出金牌菜。在丰泽园四五百种菜品当中，来自胶东的王义均擅长烹制葱烧海参，其烹制的葱烧海参，在色泽上呈红亮色；香味上章丘大葱香气浓烈诱人；味道上咸鲜适口；造型上十分美观，成为海参菜品之首。丰泽园邀请国内专家进行鉴定，证明海参是世界上少有的高蛋白、低脂肪、低糖、无胆固醇的营养保健食品。1955年，毛泽东主席、周恩来总理给元帅、将军们举办的授衔宴会上，王义均被请去当厨；1983年，首届中国名厨烹饪大赛上，王义均被评定为中国十大名厨之一，成为唯一双金奖获得者……2000年，国家国内贸易局全国饮食服务业标准化技术委员会评定出55位德高望重、出类拔萃的厨师，授予“中国烹饪大师”称号，王义均名列第一，成为当之无愧的“海参王”。现在，胶东菜形成一批新派中高档菜品，但仍以海参为主。厨师们用活海参、自发参、高压参为原料，采用生吃、凉拌、蘸食、水晶、葱烧、烧焖、虾籽、红煨、烩制、蚝皇等20多种方法，开发出系列海参菜肴，使“南鲍北参”这一概念得到延伸，也使鲁菜中的这一“主菜”得以发展。

胶东菜里，著名的海鲜菜有百种之多。山东海域生产的对虾，占全国总产量的2/3，“红烧大虾”是胶东传统名菜。对虾每年春秋往返于渤海和黄海之间，其肉厚、味鲜、色美而营养丰富，代表菜品有小鸟明虾、罗汉大虾、翠绿虾球、油焖大虾、蒜蓉开边虾等。“煎火㸆大虾”，把新鲜整尾的对虾，放入调好的汤汁中，以小火㸆熟，成对摆入盘中，再浇以鲜艳光亮的浓汁，大虾形体完整，一对对相映成趣。胶东还有一道名菜“扒原壳鲍鱼”，先将鲍鱼肉制熟后，分别盛在各个原来的壳内，再浇以芡汁，透明油亮，原壳置原味，面目一新，是造型和盛器双重配合的杰作。宋代诗人苏轼任登州知府，写了一首《鳆鱼行》，赞美鲍鱼的美味：吃了鲍鱼，一切珍馐都算不得什么了。

胶东菜的名厨不论是烹制海参、鱼翅、贝类，还是烹制鱼、龟、虾、蟹，都能花样翻新。如胶东沿海产的偏口鱼，他们能烹制出“爆鱼肝丁”“糟溜鱼片”“糖醋鱼块”等上百个菜品。可谓千变万化，妙在一鱼。每一道菜都在保留食材原本味道的同时，放大其特有的滋味。但胶东菜并非高不可攀，用小海鲜烹制的“双爆菊花”“红烧海螺”“炸蛎黄”“韭菜炒蛏子”“芙蓉蛤仁”等，风味独特，可口宜人。

从山东省范围来看，胶东菜的消费中心已经转移到济南，毕竟这里是省会；而在胶东菜的故乡，人们则打响了“鲁菜之乡”和“中国鲁菜之都”的品牌。

“胶东五市”总海岸线接近4000公里。这里，黄渤海交界，冷暖流交汇，海洋物产丰富，根据地域的海产和技艺不同，胶东菜又分为烟台威海分支菜系、青岛日照分支菜系和潍坊菜系。

在济南众多胶东菜酒店里，来自烟台和威海的老板最多。他们早晨从老家运来海鲜，当天中午就可以上桌招待顾客。这些酒店大多生意火爆。经营者的底气，源于故乡优质海产品的支撑。铁路和公路线，则像一个个飘带，把他们和故乡连在了一起。

胶东渔民捕鱼忙

烟台能够成为胶东菜的发源地，一是因为这里物产丰富，它不仅是全国首批14个沿海开放城市之一和亚洲唯一的国际葡萄·葡萄酒城，还是全国著名的水果之乡、渔业基地，烟台苹果、莱阳梨、大樱桃、葡萄、海参、对虾等特产都享誉海内外。当地民间流传着一首歌谣，

“海味河鲜水里捞，山珍野味坡上找，想吃苹果不出门，炕头伸手摘樱桃”；二是因为烟台是一个礼仪之邦，民众讲究礼节，热情好客，注重迎来送往，家家善烹饪，人人皆厨师；三是因为有悠久的历史传承，涌现出一大批鲁菜大师。鲁菜烹饪特级大师程伟华认为：千百年来，烟台烹饪经历了探索形成、完善提高、成熟发挥、鼎盛辉煌几个历史时期。烟台鲁菜在明朝就已经有包括爆、炒、熘、炸、扒、蒸在内的几十种烹饪技法，制成的菜肴具有软、焦、酥、嫩、脆、滑等特征。

烟台菜系的基本特征是原汁原味、清鲜脆嫩、口味平和纯正、色香味形俱佳；在制作风格上既吸收山海之灵气，又润泽儒家文化之雨露，形成制作精细、配料巧妙、讲究造型、口味淡雅的美学风格。烟台美食主要由菜肴、小吃、主食和点心四大类组成，每一类又有若干子类，每一子类又由于原材辅料、烹调技法和口味要求不同，花色品种琳琅满目，数不胜数。烟台主要有海鲜、禽畜、蔬菜和水果四类菜品。其中海鲜烹饪有独到之处，其风味鲜美可口、举世无双，经典菜品有葱烧海参、鸡松鲍鱼、㸆大虾、清蒸加吉鱼、芙蓉燕菜、奶汤鱼翅等几百种；畜禽菜肴达上百种，浮油鸡片、栗子扣鸡、樱桃肉、熘肝尖等名菜传世不衰；水果名菜肴有拔丝苹果和拔丝樱桃等。烟台小吃历史悠久，名吃有福山大面、大馅馄饨、三鲜水饺等上百种。

山东有两个地方的鲁菜大师最多，济南之外，就是胶东了。福山的烹饪高手遍布海内外，像北京全聚德的蔡其厚、丰泽园的王义均，在日本的郭光甲，香港的王国梁等，都在刀工、火候和制汤等方面有绝活儿。胶东大厨的刀工熟练精巧，他们会根据菜肴需求，把原料、辅料切成厚薄均匀的片、粗细均匀的丝、大小均匀的丁、深度均匀形状一致的“花”、黏稠符合要求的泥等，达到造型美和口味美的完美统一。火候上，把握油温、爆炒烧熘和烤㸆火候3个环节，使菜肴达到软、焦、嫩、酥、爽、滑、香和色8字要求。用汤上，善于用大葱强调口味。高汤有清汤和奶汤之分，其特点是清澈透明、色白如乳、味道鲜美。

中国烹饪协会副会长高炳义认为：青岛博采齐鲁各地特色小吃之精华，吸收西方饮食的长处，逐渐形成“浓油赤酱、咸淡适中、保持原味、醇厚鲜美”四大特色，菜品口味多样又不失海洋风味。

青岛餐饮文化有几大特点：第一，海鲜成为青岛饮食文化的一面旗帜。青岛盛产名贵海参、扇贝、鲍鱼、海螺、大对虾、加吉鱼等，这决定了青岛烹饪以海味原料为主的特色。高炳义经过对渔家饮食进行合理挖掘，汇合青岛地区农渔人家饮食品种、饮食习惯和饮食风格，推出以“鲜”和“土”为特点的“渔家宴”；第二，小吃作为青岛饮食文化的一个亮点，充分展现着青岛城市饮食文化特色。青岛的知名小吃有鲜虾馄饨、流亭猪手、青岛锅贴、鲅鱼饺子等，喝啤酒，吃蛤蜊，更是一道风景；第三，饭店、美食街纵横交错，布局合理，与商业街交相辉映，显现现代都市饮食文化的繁荣。闽江路、云霄路、啤酒文化街、新湛小吃街、海博民俗美食街、海云庵民俗小吃城、“劈柴院”、大麦岛海鲜城、汇泉小吃街、长安食街等，荟萃八方风味；第四，西式风格饮食异军突起，成为新的亮点。在近百家肯德基、麦当劳、必胜客、维拉法国餐厅等西式餐店里，出售汉堡包、比萨饼、油炸薯条以及各种西式糕点，成为大多数年轻人喜爱的美食。

青岛的“小吃”确实厉害。船歌鱼水饺在济南很受欢迎。臧健和在香港创造出“湾仔码头”这一著名品牌。上合组织青岛峰会期间，青岛远洋大酒店首席总厨刘金波推出多彩海鲜水饺。另一个青岛名厨刘凯民，带领5名厨师制作的大虾面，采用胶州湾产六至八个头对虾，虾肉配面，虾头熬汤，配上爽口的手擀面，很多客人一天三顿吃不腻……

日照位于山东南部，过去属于临沂管辖，餐饮文化受内陆影响较大，流行“沂蒙风”；升格为地级市之后，日照成为典型的海洋城市，力推海洋文化、东夷文化和太阳文化，乌鱼蛋汤、西施舌、日照大竹蛏、对虾等，都是这里的特色美食。不过，日照人似乎对推广自己的菜系不太重视，只是顺其自然地捕捞海鲜、烹饪菜品。这里最早兴起渔家乐，游客自己去赶海，弄点海鲜，人家给你原汁原味加工好，让你吃个不亦乐乎。

1990年，渔民捕获大鲅鱼

潍坊地处齐鲁腹地，北有渤海，南依泰沂山脉，脚下是昌潍大平原，饮食上水陆杂陈，味道丰厚。潍坊寿光、昌邑和滨海新区位于渤海湾底部，海产品丰富，加之大平原上粮食、蔬菜和水果的交融，潍坊人用最普通的食材，创造了极不平凡的潍县菜体系……

是巨轮总要远航。

饱含海洋文明基因的胶东菜，从不甘于安居半岛一隅，而是千方百计扩大着自己的半径，不断走向新的蓝海。

20世纪90年代后，普通百姓家庭开始到酒店吃饭。这是一个历史性的巨变。济南餐饮“百花齐放”。文旅专家牛国栋脑海中至今保留着一幅济南饮食地图：这一时期，英雄山下白杨林中的乡村俱乐部，经十路旁的云亭火锅店，舜井街东的企业家俱乐部，朝山街路东的加利福尼亚酒店，保温瓶厂的俄罗斯餐厅，北园路和体育中心东侧的金三杯大酒店，十六里河的德福道大酒店，林祥南街和山大路的老转村饭店，大观园内的麒麟阁餐厅，堤口路的真如意餐馆，经十路的桃园大酒店，解放路的金马大酒店，文化东路的伟民鱼头餐厅以及济南首家台资酒店山大路宝岛大饭店，千佛山下的万国大酒店等，如雨后春笋，从四面八方“冒”了出来……

金三杯大酒店，曾是济南餐饮的旗舰店。金三杯店内，生猛的海鲜、喝酒的声浪，显得相当魔幻。但是金三杯等酒店的风头，很快被来自山东半岛的“外来客”彻底压倒。在本地餐饮提档升级的基础上，一批有志之士走出胶东，在济南、北京、天津等地开办了近百家以海鲜为主的胶东特色餐企，海鲜味儿弥漫齐鲁大地。

净雅和倪氏最早进入济南，它们来自胶东半岛最东端的威海。那时候，你如果到这两个酒店吃饭，别人眼里透着羡慕和嫉妒。酒店里养着各种海鲜的大水箱，就像一个个微缩的海洋，撑大了省城人的眼睛。

净雅的创始人叫张永舵，一个出生于威海普通人家的“80后”。他做过毛纺厂的临时工，后在威海开了一家“净雅饭庄”，面积只有30多平方米，其特色起初是牛肉包子。后来他看到一个机会：整个威海没有一家经营活海鲜的酒店，净雅从此只做活海鲜，承诺“吃到死海鲜，赔偿100元”。1998年，张永舵携净雅进军济南。从开张之日起，净雅的人气就居高不下，一跃成为当地最大的海鲜酒楼。接着，张永舵投资8个多亿元，在北京开了3家店，其中的黄寺净雅人均消费超700元，一万平方米的经营面积创造一天100万元的销售神话。净雅一跃成为“京城美食头等舱”。

净雅进入济南之后的第三年，倪氏海泰集团落户济南。它的前身是一家路边小店——文登海鲜大酒店，由倪永军创办。英雄山路上的倪氏酒店，由一个很大的厂房改建而成，空间开阔，有服务员滑着旱冰鞋送菜，点菜采用“超市模式”，体验感强，厨房是全景式透明操作……倪氏的口号是“倪氏情，家体验”。为了这份情，他们从源头抓起，建起自己的海珍品养殖基地，构建自己的海鲜采购网络。据说，他们的海水是直接从大海中运来的，里面的鱼虾活蹦乱跳。倪氏也同样看准了北京市场，在北京开了4家酒店。20多年间，倪氏一路开疆拓土，完成了从经营范围、管理模式到创业理念的全新超越，2011年更是成为鲁系海鲜酒店第一品牌。

继净雅和倪氏之后，另一个进入济南的则是蓝海集团。它虽然来自黄河入海口的东营，其基因却是胶东，因为他的创始人张春良是莱州人。1984年，已经熟练掌握鲁、川、粤菜技艺的张春良，背着两把菜刀从家乡来到东营，靠一股不服输的劲儿，成为特一级厨师、区政府招待所经理。他的拿手菜“扒鱼腹”闻名黄河三角洲。2000年，他把政府招待所改造成蓝海大酒店，一年之后就跻身全国餐饮百强企业行列。2003年，是中国经济强劲起飞的一年，蓝海来到济南，开办“钟鼎楼食府”。2005年后，蓝海集团迈入扩张快车道，加速连锁酒店的布局和发展。在2013—2018年，蓝海连续开了30多家店，超过2012年之前开的20家店。作为山东唯一一家扎根于齐鲁大地、辐射全国的高端餐饮酒店，蓝海酒店集团屹立不倒，创造出自己的“蓝海”品牌……

这些胶东菜酒店成功的原因很多，但最根本的还是菜品好。20世纪90年代以后，新鲁菜传承老鲁菜注重汤料使用、重刀工等特点，但改变了色重、油大、偏咸的缺点，注重少油清淡、原汤原味。除了海参、鲍鱼、大虾等拳头产品外，以拌蜇头、拌海参、拌海螺、拌海肠为代表的“四大拌”，以生吃鱼片、生吃海胆、生吃海肠、生吃鸟贝为代表的生吃系列，以红焖海参、红焖海螺、红焖八蛸、渔家焖鱼为代表的酱焖系列等，再次提升了胶东海鲜乃至齐鲁菜系的品牌价值。

当时，作为新鲁菜盟主的净雅，力推“净、雅、新、鲜”的海洋餐饮。仅海参一道菜，净雅就有凉拌、蘸食、冰镇、原汁、葱烧、煲粥等多种菜肴。净雅在威海拥有千亩天然海产养殖基地，还采用黄、渤海的活海鲜，保证了原料的纯粹。对于传统鲁菜品种，净雅尝试融合进现代元素。鲁菜中鱼翅的传统做法，一般使用清汤和浓汤来做，燕窝传统甜味做法较多。而净雅的海鲜桂花翅，选用胶东野生大虾、自制海鲜桂花酱和鱼翅一起炒制而成；御品炒燕用胶东野生大虾和血燕炒制，口味偏咸。

葱烧海参

倪氏也以胶东菜为主导，形成独具风格的“倪氏迷宗菜”。其食材是不经任何加工的粗料、毛料，不使用一切防腐剂、食品添加剂、色素，用原始加工方法烹制而成，以咸鲜为主，兼融五味。有倪氏大碗翅、深海目鱼头、蚍管烧肉、金牌鲅鱼、葱烧海参等特色菜。倪氏“四大拌”保持着咸鲜口味，嫩滑脆香，颇具特色。

在经过十多年的快速扩张后，2013年，这些酒店走上不同道路。净雅庞大的餐饮帝国土崩瓦解；倪氏海泰向多个相关产业链发展，在海水养殖、度假型酒店建设、社会化餐饮服务、文化创意产业等领域有新拓展；蓝海构建六大产业板块，探索“一体两翼”立体化运营模式，一体即包括餐饮和住宿的酒店为主体，两翼是指农业和学校，实现了新的飞跃。

胶东人家一直在餐饮领域默默耕耘。成立20多年来，他们坚持“做好一桌饭”，保持初心，不断创新。向仁莲说：餐饮也是一片神奇的蓝海，向其他地区和产业发展是一种办法，在餐饮领域坚守阵地，始终把握好社会需求和大众心理，引领潮流，也是一种办法。

孔府菜：飞入寻常百姓家

王兴兰说：孔府菜今天能够成为鲁菜三大分支之一，关键在于它能够适应时代潮流，走出高墙大院，融入社会和民众。

孔府菜以儒家思想所具有的民族精神和气概，历时数千年，融宫廷饮食、贵族饮食、地方饮食等为一体，逐渐发展成为独具一格的菜品，经久不衰。

孔府菜的发展脉络极为清晰，其关键支撑是儒家思想在意识形态领域的统治地位，以及不断扩大的影响力。自孔子去世后，至今2500多年，孔府传承七十七代，是我国历史最久、也是最大的一个世袭家族。据《孔府档案》和北京故宫《曲阜典集》记载，孔府菜始于公元前272年。公元前195年，汉高祖刘邦经鲁，“以太牢祀孔子”，承认了儒家的正统地位，并建孔庙于孔子故宅处。唐玄宗时，封孔子为“文宣王”，其长裔孙封公爵；宋代又封其后裔嫡系为“衍圣公”，这个称号一直延续到清代。明清以来，孔府世袭“当朝一品官”。

宋代是孔府菜的滥觞期。这一时期，随着冶炼技术的进步，出现了炒菜用的铁锅，还有铁制的刀具，对中国烹饪的升级起到重要作用。更重要的是，宋朝皇帝封孔子第46代孙孔宗愿为“衍圣公”，可以世袭，并新建衍圣公府。到北宋末年，孔氏后裔住宅已扩大到数十间。至此，世袭罔替的衍圣公以及“天下第一家”的孔府都已形成，为“孔府菜”奠定了基础。

清朝是鲁菜最为辉煌的时期之一，乾隆皇帝八次到曲阜，不仅重修孔庙，祭祀孔子，还把自己女儿改成汉族人的姓，嫁入孔门，将宫廷的厨师、菜系和餐具带进孔府，孔府也经常派厨师进入皇宫，并在曲阜准备丰盛美味，为皇室服务。两个最富贵奢靡高端餐饮体系之间的对话，把鲁菜推向巅峰。儒家思想“四向辐射”，前来膜拜的达官贵人们，带来各地的山珍海味和烹饪技法，孔府频繁接待各级官员，饮食酒宴非常讲究，名馔佳肴荟萃一堂。

王兴兰说，奢华的孔府菜本身不封闭，它通过内外厨交流制度，吸收着民间的新鲜成分。内厨的服务对象是孔府主人和贵宾，外厨给勤杂人员做饭。内厨共有21个人，他们实施“三班倒”，每个月只上10天班，其余时间精心研究如何提高菜品。他们的待遇极高，3个月可以领到500斤小米，还免除72种苛捐杂税，如果某个菜做得好，主人会奖励10两银子。这就保证了他们把全部注意力集中到烹饪上。孔府还实行内外厨轮流制度，谁的厨艺高、状态好、服务优，谁就有机会进入内厨，这促进了孔府与民间的烹饪技艺交流。

新中国成立前夕，第七十七代衍圣公孔德成到了台湾，带走两个厨艺师，其他留守厨师的工作也停止了，后来一部分厨师改行。到20世纪80年代初，孔府菜的菜品、风格、技艺、程式、容器都濒临失传。抢救孔府菜的历史重任，落在王兴兰和她的团队肩上。她们开启了孔府菜走向社会之路。

1981年，王兴兰在济南商业学校任教时，接到一个来自商业部的任务，就是抢救孔府菜。那时候她甚至不知道孔府菜这个概念。她去曲阜寻找资料，博物馆里有食材和菜品的名称，有一些历史传说，但是没有具体做法。老一代的厨师还有葛守田和赵玉桂等人。葛守田是内厨的主要厨师，14岁就到孔府学厨，一干就是30多年，他善于做一品豆腐、御带虾仁、一卵孵双凤、烤花揽鳜鱼、神仙鸭子、一品锅等孔府名菜，曾经口述过孔府菜的制作方法。那一年，葛守田已经82岁，做起菜来手已有些哆嗦了。

王兴兰团队利用两年时间，在一无资金、二无设备的情况下，忘我工作。孔府菜的“玛瑙海参”以前用海参与猪肺一起烧制，不适应现代人的饮食习惯，她们把大虾捶成虾片，一片海参一片虾，再加上

1976年济南名厨巡回表演，王兴兰大师授课

新鲜食材，做出一道新孔府菜。除了改进传统孔府菜的做法和口味，小组还根据“鲁壁藏书”等历史典故，创造出一系列新的菜品。最后，她们研发出220多道菜品，开办了20桌宴会。1984年，新研发的孔府菜被国家科委认定为国家科技成果，获科技创新奖。济南商业学校的实习饭店被改造成政府接待场所，接待了日本和英国等多国客人。1984年，王兴兰担任全国第一家孔膳堂酒店总厨兼经理；她又到北京琉璃厂开办孔膳堂，任技术总指导兼总顾问。随着客流量的迅猛增大，济南市决定建设舜耕山庄，王兴兰成为早期建设者之一。她们用86天时间，仅花费1000多万元，就建起一个标准很高的综合性酒店，王兴兰主管的餐饮开始蜚声济南。

王兴兰之后创办了鲁菜文化研究会和兰儒孔膳文化研究院，将孔府菜作为展示孔子饮食文化的窗口。2011年，经国务院批准，孔府菜烹饪技艺列入第三批国家级非物质文化遗产名录。

最令王兴兰难忘的是，2018年6月，习近平在青岛宴请出席上合峰会的外方领导人，她带领团队创新孔府菜，奉献了四菜一汤，分别是孔府的一品八珍盅、焦熘鱼、神仙鸭、酱烧牛肋排和孔府蔬菜。一品八珍盅是一道汤菜，源自孔府传统菜中的当朝一品锅；焦熘鱼在软炸鱼的基础上演变而来，汁芡明亮、外焦里嫩、口味酸甜。孔府菜传统用的是鳜鱼，国宴上用的是银鳕鱼；神仙鸭整体用的是隔水蒸的技法；酱烧牛肋排源自一道名为“孔门牛方”的传统菜；孔府蔬菜包括豆芽、白菜、芹菜、青菜心、芦笋等时令蔬菜。

在王兴兰的办公室里，我看到两个小小的彩塑：一棵白菜，菜心像一朵金黄色的玫瑰花，正在绽放，白菜帮是翡翠般的浅绿；一个古代装扮的农夫，驾着独轮小推车，车上鲜嫩的香椿绑成小捆，他要把最好的原料送进孔府……

王兴兰正尝试着做一件事，就是让孔府菜实现可视化，直观而生动。

孔府菜和其他菜有什么不同呢？王兴兰说，孔府菜选料特别精细，原汁原味，注重养生；宴席气派恢宏，华丽富贵；制作过程精烹细做，造型完整，色彩鲜明，软烂柔滑；“器”和“意”独领风骚。“器”就是盛菜的器具，既大气又象形，千姿百态。“意”就是礼仪感、智能感和书卷气，每一道菜都有典故和含义。

同时，孔府菜的原料非常专业化、标准化、程序化，它们的来源也很丰富。除了全国各地达官贵人带来的奇珍异料，山东有海岸线，有内陆湖，有山有水，物产丰富。像“八仙过海闹罗汉”这道菜，采用鱼翅、海参、鲍鱼、鱼骨、鱼肚、虾、鸡、火腿等十几种原料，很多来自海边。在曲阜，还有很多专为孔府提供食材的种养殖专业户，大米、小米、白菜、豆芽、豆腐，香油、酱油、面酱等等，都有世代传承的家族承担。种植豆芽的家族已经传承了11代。他们已经和所生产的物品心神相融。每年春天，孔府要收购数百斤上好的香椿，储藏起来，供一年食用。那种像玫瑰花的白菜，叫“黄芽白菜”，只在曲阜一块很小的地块出产，土壤好，种子好，水质好，开锅就烂。豆腐好是因为豆子好，用来加工的磨盘来自尼山，含有大量微量元素。

“一日三餐，进席开宴”的孔府，宴席等级森严，名目繁多，但主要有两大类，一是宴会饮食；二是日常家宴。

宴席饮食包括迎接官府、族人和贵客的宴会，也有婚丧嫁娶和寿宴。明代以前的宴席已不可考，清代有满汉全席、全羊大菜、燕菜席、鱼翅席、海参席等。这些宴席还有更细的划分，像鱼翅席有四大件、三大件和两大件的不同规格。这些宴席一般都按“四四制”排定，如燕菜席就有四干果、四鲜果、四占果、四蜜果、四饯果、四大拼盘、四大件、八行件、四点心、四博古压桌饭后四炒菜、四小菜、四面食。头菜，是宴席中最重要的一道菜，它往往是以鱼翅、海参等某一肴品命名，是一桌宴席的主要依据；大菜，是一桌宴席中的主菜，一般由数道构成，种类丰富而稳定。“万”“寿”“无”“疆”燕窝、八仙鸭子、锅烧红鱼、清蒸白木耳、寿字鸭羹、红烧鱼翅、黄焖海参、神仙鸭子、绣球干贝等都是大菜；行菜随大菜陈列于席面，并与大菜构成宴席的一个个分组结构，首尾相连，构成宴席的节奏。溜鱼片、

孔府菜烤花揽鳜鱼

新派孔府菜：冰镇佛手海参

烩鸭腰、烩虾仁、熏鱼、盐卤鸭、海蜇等都是行菜；随行菜而来的是饭菜，即伴进主食的菜肴。炒茭白、芽韭炒肉、拌莴苣、海带、炒蒲菜、烹蛋角、拌芹菜、炒鸡丁、虾仁汤、蟹黄白菜、冬笋炖肉、鸡松等是饭菜。

清代最高规格的宴席是迎接皇帝和钦差大臣的“满汉全席”，它以满汉国宴规格设置，使用全套银具。乾隆皇帝赠送孔府的一套银具有404件，上菜196道，全部是山珍海味、名菜佳肴，驼筋、熊掌、猴头、鹿筋、燕窝、鱼翅等，以及“全羊带烧烤”，还有火锅、品锅、全盒之类的丰盛大件。

还有一种专门用于喜庆和寿宴的“高摆宴席”。孔子七十七代嫡孙女孔德懋在《孔府内宅轶事》中写道：最高级的酒席，每桌上菜130多道，这种酒席叫“孔府宴会燕菜全席”，又叫“高摆酒席”。“高摆”是燕菜全席上特有的装饰品，是1尺多高、碗口粗的圆柱形糯米食品，摆在四个大银盘中，上面镶满各种细干果，形成绚丽多彩的图案和文字，联起来就是这个酒宴的祝词。这种酒席还要用特制的“高摆餐具”，瓷的、银的、锡的各种质地都有，都是专套定做的，如果损坏一件，就无法配齐，因此每次都要安排专人照管餐具。据说，仅做成这四个高摆，从备料开始，一直到做成端到席上，有时甚至要12名老厨师，耗时48个小时才能完成。

孔府的家常菜具有浓厚的乡土风味，一般使用鸡鱼肉蛋、时令菜蔬制作，按照“粗菜细做，细菜精炒”的原则，经过精巧制作，成为独特菜品。一道普通的豆芽，掐去芽和根，只留下豆莛，滚油快炒，鲜脆爽口。孔府甚至还有专门的“掐豆芽户”，世袭相传。

王兴兰说，孔府菜善于用汤，尤以烧、烤、炒、炸、扒见长。宴席菜善用清蒸、清氽、清炒，注意保存原味、原色、原型。为提取烹调时使用的鲜汤，要用鸡、鸭、肘子清煮后，再用鸡肉茸清汤，用料多达三套，所以又叫“套汤”，需要煮8—12个小时，后沏出清汤，剩余的汤用来做菜。有时候为了海参、鱼翅、燕窝等能够入味提鲜，也要用这种套汤汆过，这种操作方法叫“渡”。“神仙鸭子”是一个大件菜，为保持原味，在鸭子装进砂锅后，上面盖一层毛头纸，隔水蒸煮。为准确掌握时间，就烧香计时，三炷香后即可完成，菜肴烂熟，又不耽误时间。

孔府菜里，烤菜很突出。传统的烤鸭、烤乳猪、烤排子，被称为“红烤菜”，菜品红润光亮。孔府还有一道独特的“白烤菜”，菜品与火不接触，隔物烤制，叫烤花揽鳜鱼。王兴兰说：这道菜，要将炮制干净的鳜鱼调味造型，先裹网油；把切好的八宝料上锅用中火炒制后，小心放到鱼肚内。用特级面粉加蛋清和面，均匀地擀成一个长条形面块，将鱼包裹好后，上烤箱烤制。小火烤15分钟后，在面饼表面刷一次蛋黄液，之后用150℃—180℃的中火烤一个小时。这道菜鲜美醇厚，营养价值高，很多人不知道是怎么做出来的。

中国烹饪大师程伟华曾经让葛守田制作过九道孔府菜，并拍摄了全过程，其中包括诗礼银杏、烤花揽鳜鱼、干崩肉丝、软炒鸡片、一卵孵双凤、八仙过海闹罗汉、万寿无疆燕窝、葫芦大吉翅子、孔府三套汤。干崩肉丝的原料是猪肉和豆腐丝。肉丝切好后，和豆腐丝分别过油，炸干水分，吃起来干爽略甜。

中国传统艺术有一个重要特点，就是注重表现“意象”，“象”是为了表达“意”；而“意”要通过“象”这一载体去抒发。孔府菜里“意象”十足，不光讲究色、香、味、形，还多了“器”和“意”。

“美食不如美器”，奢华的孔府菜必须由相对应的器具来承载，这些器物颇具象形意味。

孔府内宅分三个层次，第一个是前上房，是孔府主人接待至亲及族人的地方，也是举办家宴和婚丧仪式的主要场所。房间有两件东西非常珍贵，一是乾隆皇帝御赐的荆根床，盘根错节，古朴别致；一是

孔府满汉全席餐具

404件满汉餐具，又称“满汉宴·银质点铜锡仿古象形水火餐具”“满汉全席银质餐具”“孔府象形银质餐具”等，也是乾隆皇帝送的。

关于这套餐具的来历，有两种说法：第一，因为当时皇帝和官员不断到曲阜祭孔，孔府的接待规格逐渐提高。经筵官报皇帝批准，专门为孔府制造了这套满汉餐具；第二，乾隆皇帝的女儿下嫁给孔宪培时，特制了这套珍贵的银质礼食食器，作为嫁妆的一部分，带到了孔府。餐具上铭刻的“辛卯年”标记，证明是乾隆三十六年制造的。从器底钤字可知，器具出自广东潮阳潮城名店“颜和顺正老店”，匠师是杨义华。

这套满汉餐具分别有主、副、配和大小器皿组成，造型上可以分为两大部分。第一部分是仿古造型，主要仿制青铜礼食器的簋、彝、鬲、豆、鼎等，以示古雅别致，也显示出使用者的高贵；第二部分主要取象于鱼、鸭、鹿、桃、瓜、琵琶等，制作得逼真生动，客人看一眼器具，就知道上的是什么菜品。器身多以玉石、翡翠、玛瑙、珊瑚等嵌镶，或蝉狮头、鱼眼等作为装饰，并雕有花卉及其他图案；还镌刻许多吉祥祝福的词句，字体有楷、隶、行草、篆籀等。在这套满汉全席餐具中，最大的一件食器长36厘米，器身镌有“当朝一品”，只有钦差大臣、军国枢要、封疆大吏类或更尊贵身份的来宾，才有资格受用。

孔府的这套“满汉餐具”，除了造型古朴美观外，其实用性也是颇为讲究的。如盛肴器一般是上下两层，上面一层可盛菜肴，下面一层是容器，冬天可置热水用以保温，夏可置冰块用以降温。涮煮器有燃木炭的涮锅和燃酒的汤锅。果碟则分干鲜两制等等。就其器具的质地、形制、套数规制，还有工艺水平，均属举世无双的上乘之作。

王兴兰说，孔府还有一套“西厢记餐具”，高白瓷制作，晶莹剔透，从外面能看到菜品的颜色。餐具上人物的蓝衣服和红嘴唇，艳丽生动，而且永不褪色。

孔府是书香门第、圣人之家，传承诗书礼乐，所以孔府菜善于表

王兴兰大师的弟子们制作的一品锅

意，充满文化感和仪式感。明初皇帝赐衍圣公一品冠服，后世沿袭，很多孔府菜以“一品”命名。“清汤一品丸子”是在三套汤内放进氽好的丸子。汤如玉液琼浆，鲜香味醇，丸如粒粒白玉，赏心悦目；“一品豆腐”是将干贝、海参、口蘑、肥瘦肉、南荠、虾仁等，放入空腹的大块豆腐内，再放入砂锅炖煮而成，鲜嫩爽滑；用枣泥做成的甜味菜“一品寿桃”，是寿宴中的一种重要菜肴；最典型的是“什锦一品锅”，用十几种山珍海味，在特制锡锅内摆成匀称的花色图案，用三套汤调制，旺火蒸煮。有一次，王兴兰在举办活动时，让两个壮实的弟子，抬着一个巨大的“一品锅”走上舞台展示，让人赞叹不已。一品官上朝时腰缠玉带，孔府里的“玉带”菜也不少，“玉带猴头”是将蘑菇猴头中嵌入火腿；“玉带鸭子”是将鸭子以冬菇、冬笋缠绕，形似玉带；“炝玉带虾仁”除去虾的头尾，虾腰留一壳环，恰似玉带……这一幕幕仿佛让人看到孔府主人玉带缠身、光宗耀祖的情景。1894年，慈禧太后做寿，75代衍圣公夫人带着76代衍圣公进京拜寿，“带子上朝”由此而名，寓意辈辈为官，代代上朝。

中华五千年文明史上，圣贤伟人璨若星河，孔府一脉显赫百代，享尽殊荣。孔子后裔对历代帝王感恩戴德，并借助各种形式倾力表达。为了接待作为亲家的乾隆皇帝，他们更是用尽浑身解数，不仅以196道满汉全席来招待，也千方百计创新菜品，满足乾隆的新鲜感。有一次，乾隆面对山珍海味没有胃口，一道道大菜端上来又原封不动地撤下去。衍圣公让厨师想办法，恰逢初春，厨师让人采了一把杏叶回来，放到糖水里烫好献上，油亮鲜绿，起名“琉璃杏叶”，乾隆大加赞赏。厨师马上知道皇帝的胃口，把豆芽加上几粒花椒一炒，后又进行改良，将豆芽两端去掉，留下中间粗胖的部分，用竹签将其穿空后，塞入火腿肉丝等，再进行烹调。厨师还想出一道绿豆芽菜，把绿豆芽掐去瓣和根，先炒一下虾米，再把绿豆芽放上，叫“金钩挂银条”。后来还有了“油泼豆莛”，就是把绿豆芽掐头去尾放在漏勺内，以热油炸过花椒泼在上面淋熟。小小豆芽竟身价百倍，成为一道传统孔府菜。还有一次，乾隆在孔府吃了一道炒水萝卜，是一种梨的味道。回到北京还想吃，御厨却不会做，被赶出皇宫。这位御厨来到孔府，发现了孔府炒水萝卜的奥秘：先将水萝卜切成丝，在开水里一汆，再放凉水里浸去萝卜味，炒时加上梨汁，炒出来就是梨味。

孔府菜通过丰富多彩的形式，传达着优秀的餐饮文化理念，闪耀着儒家思想的光芒。诗礼银杏是孔府宴会用的名菜之一。孔子教育儿子孔鲤时说，“不学诗，无以言；不学礼，无以立”，其后裔自称“诗礼世家”。至五十三代衍圣公孔治，在孔庙内建了一座诗礼堂。堂前有两棵参天大树，一棵是唐槐，一棵是宋银杏，虽历经千载风霜，仍枝叶繁茂。特别是那棵宋代的银杏，春华秋实，至今硕果累累。树上的果实不但胖大饱满，而且香甘异常。孔府厨师将银杏摘下，趁鲜去除外壳及果内脂皮，将果仁放入开水锅中汆过，除去异味，放进白糖、

孔府菜“诗礼银杏”

蜂蜜调制的汤液中，煨至酥烂时，盛在盘中一本“书”上，这本“书”是由冬瓜洗净去皮、中间镂空，雕刻而成，如此成就了“诗礼银杏”。

阳关三叠是一道典型的孔府菜。唐代大诗人王维有“西出阳关无故人”的诗句，后人常在送别或家宴中使用，表达对亲友依依离别之情。这道菜是用精制蛋皮，加三鲜料和时令蔬菜，加工成三层方形的塔饼。

下篇　和美之道

第七章
“怎么吃”：一个艰难的选择题

写满全部身心的两个字：饥饿

我的大学同学马凤增，在酒桌上的一个“保留节目”，就是讲述自己“吃石灰”的故事。因为没有吃的东西，缺乏营养，在三四岁时，他竟然还不会站立。他带着一根细细的脖子，托着大头四处乱爬，一天到晚只希望能找到一点吃的。惊喜终于来了，那天，他在床底下发现了一小包白白的粉状物，以为是面粉，这可是许久没有见过的东西了。他快速爬过去，风卷残云般就给“消灭”了，吃完了还没品出味道来……但这是一包石灰粉，家里准备粉刷房子的。我们都见过加水的石灰粉，就像开锅一样沸腾冒泡，吃下去肯定要把肠胃烧坏。父母知道此事后，火速给他灌水洗胃，折腾半天才算救回一条命……

老马绘声绘色的讲述，让听者无不捧腹大笑，酒桌上的笑声掀起一波波高潮，那苦难的岁月，仿佛就是一道下酒菜，苦涩辛酸的味道已经老化掉，只剩下悠长的滋味。

和老马一样，饥饿的感觉，伴随着我们这个民族走过数千年的历史，以至于“吃”成为整个国家、民族、社会和个人的头等大事，成为潜藏在我们思想和意识最深处的一种文化基因。吃是中国最大的文化，汉语中和吃相关联的词语、典故比比皆是。可以这样总结：一是中华民族忍受饥饿的历史长，5000多年文明史，大部分时间都处于吃不饱的状态下；二是覆盖面广，除了极少数达官贵人，绝大多数老百姓吃不饱穿不暖；三是程度深，在灾荒到来之时，常常是千里无鸡鸣，遍地是尸骨。

1982年“中国紧凑型杂交玉米之父”李登海在玉米地里搞实验

近现代以来，山东至少遭遇过3次大的天灾人祸。

清朝光绪年间发生了一次“丁戊奇荒”，这是中国历史上最严重的饥荒之一。当时中国有4亿多人口，一半受灾，1300多万人死亡。山东是灾情最严重的五个省份之一。1876—1878年，山东、山西、直隶等省的县志，最常出现的一个词就是“旱”。由春至夏再越冬，一连数十月未见透雨，天干地燥，沟河断流，农田龟裂，颗粒无收。曾经的产粮大省，一时沦为千里赤地，白骨盈野……

1927—1930年，山东连续发生极为罕见的灾荒。据《山东近代灾荒史》记载：进入1927年后，山东的天灾异常严重，其表现有三方面：一是诸灾并起，水旱蝗接踵而至；二是持续时间长，自1927年起，迄1930年止，无一年不是重灾；三是灾情严重，有人估计，到1928年4

月，山东最困苦的灾民，总计逾千万以上，约占全省人数的1/4，非赈济不能活者有二三百万之多。

当时一些地方志书记载了灾情，其情状惨不忍睹。《中国救荒史》记载，1927年山东省有94个州县成灾，大量灾民逃荒到济南、青岛等城市。1928年，全省84个州县成灾。1929年，灾情加剧，全省有100个州县成灾。灾民们啼饥号寒，部分地方的草根都被吃光，人烟断绝。齐鲁大学一个牧师拍下当时的场景，白发苍苍的老人、羸弱的儿童、等待领取救济的灾民，还有简陋的窝棚……人们眼里充满了绝望、苍凉和冷漠。当时媒体这样记载："鲁灾区农民多食破毡、棉花、皮革，或自尽、饿毙，铜圆5枚可购一女。"

既然在故乡难以生存，山东人开始"闯关东"之路，本地人口急剧下降。《申报》报道：1927年9月初，据警局调查，济南人口由30余万下降至20余万，一年之中减少10万人。当年12月23日，《申报》再次报道：山东人"本年移往满洲，已达百万以上"。饥民从家乡逃出时，身上既没有钱也没有干粮，一路上只能靠讨饭活命，沿途饿死很多，"因不耐饥寒之苦，沿途倒毙者十之五六"。

离我们记忆最近的一次灾荒，是"三年自然灾害"时期，也就是从1958—1962年。我的父母经常回忆：家家户户砸锅卖铁，大炼钢铁，村村建起大食堂，猪肉炖粉条、大饼子、大馒头随便吃，吃不完就倒掉。"放卫星"不断出新纪录，一亩试验田生产粮食十万斤，一只母鸡一天下14枚鸡蛋，农田里"人间奇迹"让人瞠目结舌：南瓜嫁接红薯，上面长南瓜，地下长红薯；辣椒嫁接薄荷，长出又凉又辣的辣椒；桑树上嫁接棉花，洋槐树嫁接大豆，槐草上试接稻秧……都已经成功了。可是天灾无情，1959年，全国出现大旱，而且持续三年之久。1959年，全国出现前所未有的严重自然灾害，受灾面积达4463万公顷，且集中在主要产粮区河南、山东、四川等省区，山东缺粮情况严重。1960年，灾情继续扩大，北方持续爆发特大旱灾，面积达到9亿多亩，占全国耕地一半以上。进入1961年后，河北、山东、河南三个主要产粮区的小麦比上年最低水平又减产50%。

在“三年自然灾害”时期，山东至少出现过两次大的饥荒。一次从1958年冬天开始，全省16万个农村公共食堂中有37%缺粮，聊城40%的县缺粮，济宁有53%的县粮食告急。1959年春节后灾情日趋严重，3月份达到高潮，酿成当时闻名全国的“济宁事件”。在不到半年时间内，济宁专区14万人外出逃荒，62万人水肿，并且这一数字还在不断增加。一些村庄树头全部吃光，榆树皮扒光，并吃麦苗、豌豆苗，中毒事件很多，哄抢粮食、贩卖人口和抬高物价现象严重……1959年7月，“庐山会议”后，山东掀起“大跃进”第二次高潮，年底千万劳动力奋战在水利工地，也迎来第二次大饥荒，到1960年夏天，100多

1957年，农村公共食堂免费吃饭

万人外流，420多万人患水肿病，耕地和牲畜数量锐减。1960年，山东有19个县的人口死亡率超过30‰。1959—1960年，据济宁、曲阜、泗水、汶上、微山5个县市统计，有夫之妇改嫁者819人，人吃人事件10起；枣庄城关公社一位50多岁的老太太，5天吃了3个老鼠，后活活饿死；这个公社的一个生产队，原有710人，不到一年时间就死亡120人。人死了没力气抬，只好用牛车往外拉，全村无一人有力气从井里提上一桶水。

死猫、烂狗、老鼠、癞蛤蟆、苞米秸子、花生壳、榆树皮、槐树叶子……都成了人们赖以求生的果腹之物。有人饿极了吃“观音土”充饥，吃完排不出粪便，被活活憋死。各色树林的树叶被摘光，树皮被剥光，白骨般干枯的枝丫刺向天空，觅食的乌鸦站在上面“呱呱”地叫着，愈发显示出一片荒凉与死寂……饥饿和缺乏营养导致全身浮肿，开始的症状是全身发黄，软弱无力，颜色由浅黄到金黄，随之全身浮肿，尤以下肢和脚踝最为明显。轻轻往下一压，立即会出现一个深窝。很快开始流出黄水，腥臭难闻……这三年，难以计数的山东人，再次踏上“闯关东”之路。

老马出生在“三年自然灾害”时期，对于饥饿有着亲身体会，所以即使考上省城的一流大学，生活也极为简朴，在市内不坐公交车，到哪里都是徒步；每个月从20多元伙食费里挤出5元，寄给父母；两个人合伙吃一份菜，从不浪费一粒粮食。曾经嫌我啃过的烧鸡还有肉，他就“复习”着又吃了一遍……

饥饿问题，一直到改革开放前还在困扰着山东人。

新中国刚成立时，山东面临着“粮荒”。当时，农民刚刚摆脱“糠菜半年粮”的状况，很珍惜粮食。城镇居民因为身份不同，获取口粮的途径也不一致，但都处于极低水平。随着大规模经济建设的展开，城市人口激增，国家开始对粮食统购统销，控制粮食市场。1955年8

月25日，全国第一套粮票正式流通，拉开中国“票证经济”帷幕。6天后，山东省开始对城市居民买粮定量限制，供应标准共分9类21个等级。成年男性每月供粮32市斤，女性30市斤。特重体力劳动者最高，包括搬运工、掘煤工等，月供30公斤，轻体力劳动者、脑力劳动者、学生等也都有区分。办法规定，对所有熟食制作点及以粮食为原料的工商企业定量供应，包括单位食堂、饭店、作坊及油、酒酿造厂。对在养的骡、马、牛、驴甚至羊、鸡、鸭等畜禽也有具体的供粮规定，如规定一只跑长途运输的驴一天可得到1.75公斤的粮，跑短途运输的只能得1.25公斤。针对国家政策，山东人民积极响应，还有许多居民主动减少了自己供应量，如泰安城关的张继升一家10口人，按国家标准每月需供应308.5市斤，他却主动将全家月标准降到262.5市斤……

粮票，甚至成了比钱还珍贵的东西。它可以直接变成热气腾腾的大馒头、松软喷香的长油条、漂着几片肥肉的清汤面……这不是食物，

各种粮票

而是愉悦的精神享受。城市人的粮票由国家定期按月发放，而农村人的粮票则是用鸡蛋、粮食等换来的。要出远门的人们，会很小心地在衬衣或者内裤里面缝一个兜儿，里面装上钱和粮票。

供销社、粮店菜店、单位食堂都是热门的地方，大家从这里把各种票据换成食物。过年过节，还需要排长队，甚至找关系走后门。粮食按比例供给，主要以白面、玉米、大豆、地瓜、瓜干为主，细粮白面、大米比例极少。尤其是大米，由于当时山东不产大米，一般居民一个月最多一二斤。有些东西像鸡蛋等，有钱也买不到。由于种类较多，每次去粮店买粮食时要带几条口袋。副食方面，夏天可以见到绿叶菜和瓜果，大白菜和萝卜是一年四季的主打菜，大葱大蒜是日常佐餐必备。

这样的日子也没长久。“三年自然灾害”时期，山东机关干部月供粮食减少为13.5公斤，最困难时期11.5公斤；农村的地瓜秧、萝卜缨子、树叶、榆树皮等成了抢手货。吃遍一切可以吃的东西，有的也没有渡过这一难关。

“三年自然灾害”之后，整个社会迎来罕见的生育高峰。我在此时降临人间。大家想尽一切方法，从大自然中寻找人间美味：收获季节的麦穗、花生、地瓜、芝麻和绿豆粒，新鲜的黄瓜、西红柿、甜瓜、西瓜，路边的枸杞子、野酸枣、桑葚仁，野地里的苦菜、荠菜、马齿苋，树上的榆钱、槐花和“毛毛虫”，高能量的金蝉、蚂蚱、蚂蚁，雪地里觅食的麻雀和鸽子，河里的小鱼、小虾、小螃蟹，都是我的超级美食。还可以把玉米秸当成甘蔗，把形形色色的鲜花瓣当成佳肴。

诺贝尔文学奖获得者莫言出生于山东高密，其笔下的世界充满魔幻色彩。莫言不止一次说过，饥饿和孤独是他创作的源泉。莫言亲眼看到，村子里的孩子为得到一块豆饼，围着保管员学狗叫，丧失了起码的人格尊严。他写过一篇题为《粮食》的小说，素材来源于发生在

20世纪60年代高密东北乡的真实故事。一位名叫“伊”的母亲，为了不让孩子和婆婆挨饿，在给队里磨各种粮食时，会偷一大把放进口袋里，还会把一大把囫囵吞枣咽下去，不咀嚼，回到家用筷子捅到喉咙处，再吐出来……“伊就这样跪在盛了清水的瓦盆前，双手按着地，高耸着尖尖的胛骨，大张着嘴巴，哗啦啦，哗啦啦，吐出了豌豆、玉米、谷子、高粱……用这种方法，伊使自己三个孩子和婆婆获得了一些蛋白质和维生素。婆婆得享高寿，孩子发育良好。”

一直到改革开放初期，山东人都在为吃饱肚子而努力。那时候，不管是大人还是小孩，最盼望的事情就是过年，因为“年”是幸福生活的象征和缩影，只有过年才能吃到白面和肉，才能穿上新衣。吃饺

改革开放之前，为了一顿年夜饭，要去排队买肉

子是山东人过春节的第一大事。春节的饺子要一连吃3天，从初一早晨一直吃到初三。但是每一顿的内容不一样。初一早晨吃的饺子要包上各种馅，像硬币、花生、栗子、红枣等等。大年三十晚上，包完饺子要吃年夜饭。这是一年中最丰盛的宴席了，有肉，有鱼，有鸡，甚至连小孩也可以喝酒。年，就是一个吃的节日。

1984年以前，改革开放刚刚起步，且改革的重点在农村，城乡居民的生活条件相对较差，食品是居民消费支出的最主要方面。居民的粮本上，白面和玉米面各占一半，短缺情况比以前少多了。然而在一些贫困地区，“吃饱饭”的问题仍未解决。据新华社记者李锦介绍，1978年，鲁西南农村每个农民一年可以得到粮食105公斤，每天只有6两，不够就用糠麸糊口。“地瓜干子当主粮，鸡腚眼子是银行”是当时流行的顺口溜。在改革前，地瓜是山里人的主食，沂蒙山人以地瓜煎饼为主，还吃蒸煮地瓜、地瓜稀饭。当时，李锦见到很多吃不饱饭的人家。

改变饥饿和贫困面貌，是山东民众支持、参与和推动改革开放的最大动因。当年，菏泽地委书记周振兴下乡看望一位83岁的烈属，老人正患重病，周振兴问他有什么要求，老人回答：只想吃点猪肉，哪怕半碗也行。周振兴当即召开会议，含着泪说：“生重病的老人竟吃不上半碗肉，我还有脸当这个书记吗？”他突然给了自己一个响亮的耳光，以示痛心。1978年初春，菏泽大旱，周振兴支持东明县率先尝试联产承包，将10万亩撂荒地分给农民自种自收，这比安徽凤阳要早半年。

改革使粮食生产逐步实现供求平衡，农产品基本告别短缺时代，城乡居民的主食向以白面为主的细粮转变，副食品的种类也越来越多。整个20世纪80年代，山东经济走在全国前列，GDP一度跃居全国榜首。国家、集体、个人一齐上，传统老字号和小吃店遍地开花，社会

菏泽地委书记周振兴当年在基层调研

各界积极投资餐饮。80年代中期，国家取消了长达30多年的农产品统购派购制度，极大激发了农民的生产积极性，丰富了城市居民的“米袋子”“菜篮子”。

1980—1984年，我在济南上大学，除了小吃店、小饭店和老字号，这个城市里的大饭店极为稀少。我们三四个人，曾花十多块钱，在洪家楼电影院旁的一个小饭馆里，点了四菜一汤，还有一瓶葡萄酒，感觉已经很奢侈了。

从改革开放初期到1993年取消粮票等各种票据，山东民众还处于温饱阶段，城乡居民恩格尔系数均在50%以上。细粮占据主导地位，食品日渐丰富，但是冬季仍然吃不上新鲜蔬菜，无论是城市还是乡村，家家户户储存足够一冬的大白菜，成为那个时代独有的景象。在城市，只要载满大白菜的解放牌卡车开到菜店，家家户户都会冒着严寒，全家出动，排着长队购买“冬储大白菜”，地排车、三轮车、自行车，加上肩扛手提，把几十乃至上百棵大白菜拉回家。上班的人能从单位

山东居民冬储大白菜

领到大白菜，一人50斤左右，效益好的单位能到100斤。城乡处理大白菜的程序是一样的：先要揭掉外表的烂菜帮，再用草绳子拦腰仔细捆扎结实；放到太阳底下晾晒，等白菜表皮晒干了，开始储藏；楼房阳台、窗台、过道甚至屋顶上，农村的偏房里、屋檐下，处处都是大白菜，上面盖着麻袋片和小棉被。这之后，还要趁天气好的日子，把大白菜一棵棵搬出来，把最外面的一层残帮败叶除掉，放到阳光下晒，让白菜散热，免得“烧心”。到第二年春节，保存下来的白菜，一般只剩胳膊那么粗了。

1993年，是一个令人难忘的年份：我国粮食短缺问题基本解决，全国初步形成大市场、大流通的新格局；人们的饮食结构发生变化，一日三餐日益丰盛，个体饭店、快餐业开始发展。在这种情况下，粮票正式被废止，在此之前，1992年邓小平南行并讲话，十四大提出建立社会主义市场经济体制，农产品流通市场化改革全面推开，此后近20年时间，我国建立起市场经济框架，并得以逐步完善……

一个只剩下嘴和胃的微醺时代

有两件事，让我感受到1993年对于一个“吃货”的重要历史意义。

这一年，单位的同事骑着自行车，把我带到济南林祥南街一个叫“老转村”的川菜馆，品尝正宗的川菜。那时候大部分济南人还不太适应吃辣，只有个别勇敢者跃跃欲试。“老转村”只是外来餐饮业大举进攻山东的一个代表。

还是这一年，我第一次参加商务酒场。这是我人生历史上第一次参加如此奢华的场面，连坐在哪个位置也没搞清楚，一顿饭吃得满头大汗，只记住了一件事：当年济南流行喝莱州特曲。事后想想，感觉那个巨大的饭桌，就像一个大漩涡，吸引着我进入一种新生活。

就在这一年，中国出现第一次大规模的“民工潮”，山东人的活动半径越来越大，既把饮食习惯带到全国乃至世界各地，也把各地美味吸引到山东；由于落实小平南方讲话精神，山东经济步入快速发展的关键时期，医疗改革、住房改革、教育改革逐步展开，百姓开始向小康生活迈进。

1993年，山东城镇居民的恩格尔系数降至50%以下，虽然历经1997年的金融风暴，到20世纪末继续降至40%以下，到2012年降到30%，恩格尔系数一路下行，说明群众生活越来越富裕。一般城市人家，每顿饭炒几个菜，喝点小酒，其乐融融。家庭主妇们还把厨房变成一个个小型食品加工厂，自己制作面包蛋糕，对粮食粉碎破壁，变幻出千般花样。到世纪之交，人们开始走出家门，到形形色色的饭店吃饭，即使最传统的年夜饭也要预订，甚至到了一桌难求的程度……

随着开放型经济不断发展，“海上山东”建设向纵深推进，2000年，特别是2007年之后，胶东菜带领山东餐饮进入高端时期。净雅、倪氏、

改革开放之后，下馆子成为一种时尚

钟鼎楼、鱼翅皇宫、天外村、舜和、胶东人家、蓝海等大酒店人满为患。消费价格人均达二三百元以上。一位的海参汤单价最少在一二百元；还有各种高档海鲜，一顿饭下来，花几千块钱很正常……济南本土菜不甘落后，在竞争中提升着水平。不过，随着火爆的川菜和生猛的粤菜像台风般刮到齐鲁大地，鲁菜进入一个相对低调时期。

以连锁化、品牌化、集团化为显著特征的全国知名餐饮企业，窥视着山东庞大的市场，川菜、粤菜、湘菜、淮扬菜、云贵菜、东北菜，你方唱罢我登场，整个山东仿佛是一个大酒店，弥漫着酒气和菜香。

有一段时间，我喜欢坐在鲁能烧鹅仔酒店里，一边吃饭，一边看着泉城广场上的泉标，和朋友谈天说地。这个崭新的酒店，带着一股浓郁的“港台风”，改变了山东人的口味。我记得这里有两种菜，一是自助海鲜火锅，最早38元一位，后来涨价到68元。这里分中式料理、西式料理、日式料理、海鲜区、烧烤区、蔬菜区、水果区、蒸品区、卤水区等等。各色生猛海鲜、牛羊肉、蔬菜，摆在锃亮的不锈钢台子上，菜品十分新鲜，可以在小锅里涮。切羊肉的机器一刻不停，仍有人端着盘子在排队，海蛎子、北极虾上来就被抢空；二是粤菜，代表性的就是烧鹅，这是粤菜的一道传统名菜，以整只大鹅去掉翅膀和头部烤制而成，烧烤好了之后切成小块，其皮、肉、骨连而不脱，入口即离，皮脆，肉嫩，骨香，外观似烤鸭，蘸料像果酱，有点甜丝丝的味道……

餐饮的背后，是经济实力的支撑。就在1989年，广东超过山东，成为中国经济的老大。那时候，进出粤菜酒店，是一件令人羡慕的事。

粤菜的根在北方，思想渊源来自孔子。宋代汴京和“北食”齐名的“南食”店，就是粤菜酒店。南宋时，随着北方人大批南迁到珠三角地区，粤菜技艺日渐完善，到明清开始成熟，以至于有了“食在广州、味在潮州”之说。改革开放以来，得地利优势，开风气之先，广东在饮食上引领潮流，规模不断扩大。开遍各地的“大排档”展现了更有特色的城市文化。“大排档”成为“食在广州”的一个最好注脚，成了最早进入全国公共词语的粤语之一。粤菜还不满足于在本地发展，而是乘势北上，迅速抢占餐饮高地，在巩固上海老地盘的同时，抢夺了原属传统鲁菜占领的北京。一时间，粤菜、潮州菜在北方大行其道，吃广式早茶，喝老火靓汤，品蛇胆蛇血酒，送广式月饼等成为北方消费新时尚。

在粤菜馆，山东的暴发户和官员们一掷千金、挥金如土，站在水族面前指点江山，张牙舞爪的澳洲大龙虾，一只最少数千元，点起来眼睛都不眨，还有泰国燕窝、澳洲带子、马达加斯加鱼翅、墨西哥鲍鱼等等，什么贵就点什么。在烧鹅仔，二楼是平民喜欢的自主餐区域，三楼是粤菜区，在粤菜馆富丽堂皇的店面里，经常会看到供奉着的财神关公、弥勒佛和招财猫。有时候，我感觉到这个城市只剩下一只张大的嘴和一个囊括一切的胃了，我们的心和脑去了哪里？

粤菜店风光几年之后，开始销声匿迹。他们的理念和技艺，很快被包容性极强的鲁菜吸收，其精髓融合进鲁菜里。也有山东人开起粤菜店，凯瑞旗下的高第街56号是其中的代表之一。到这个酒店就餐，有到了香港的感觉，每一个房间都用香港知名文化景观做背景，还有巨大的镜子，倒影着古香古色的吊灯。在温暖的色调下，人们可以品尝到正宗的虾饺皇、白切清远鸡、锡纸鲈鱼、面包咖喱鸡、干煸粉丝煲、蛋黄焗南瓜、腊味煲仔饭等等。有一道大菜，叫鲍汁大盆菜，它以鲍鱼汁做汤底，放入鲍鱼、海参、藕片、竹笋等。经过鲍鱼汁的煨汤，每一种菜都特别香嫩，在保留自身食材味道的同时，饱含鲍汁的香味……不到20年时间，凯瑞集团在济南开了26家高第街56号餐厅。

粤菜走的是“阳春白雪”路线，而川菜则是大众的最佳选择。从老转村开始，山东大地掀起“川菜热”，小背篓、小草房、阿香婆，还有小天鹅、九宫格等，如“小家碧玉”，其火爆的性格很快征服了济南人的味蕾，很多人一改不吃辣的习惯，爱上了川菜。

川菜在全国的兴盛有几次高潮。一次是20世纪20年代，以川军为骨干的北伐军大举北上，带来革命火种的同时，也带来了巴蜀文化，这其中自然少不了川菜；第二次是1940年抗战时重庆成为陪都之后，“前方吃紧”“后方紧吃”，川菜又一次受宠；而20世纪80年代川菜的繁盛与上两次大相径庭，也与粤菜的高调崛起迥异，颇有些“润物细无声”的味道。

文史专家牛国栋说：川菜的包容性很强，即所谓“南菜北味，北菜川烹”。可能与秦统一之后以及清朝初年的两次大规模移民入川不无关系。其包容性还体现在“大雅大俗”上，既可雅到极致，又能俗到家。色、香、味、形诸多变化，一菜一格，百菜百味，是为雅；世间万物皆可入菜，三教九流都能品尝，是为俗。看川菜制作仿佛是在观摩一次军事演习，时而火光冲天，时而无声无息。品川菜的过程更像是一次洗礼，竟有一种脱胎换骨之感。川菜之味首以麻辣夺人，再以酸和甜抚慰，又以醇香相伴，悠长而缠绵。由此还演绎出怪味、鱼香、麻辣、咸鲜、家常等27种味型。很多人都有这样的体会，吃川菜极易成瘾，对其他菜品则有很强的排他性。吃惯了川菜之后，再品别的菜肴总觉得味同嚼蜡，即所谓“火锅是服药，吃了跑不掉”。这是否可以从生理层面上找到些答案，是否我们口腔中的味蕾和神经一旦受到“麻、辣、烫”的刺激就迅速地反应，而对清淡一些的味道及食物就麻木不仁了呢？

与店面豪华气派的粤菜馆有所不同，川菜馆刚刚进入济南市场时以小店居多，多用串红辣椒、茅草、绿竹等极富地域特色的元素。菜品定价经济实惠，深受大众的喜爱和认同。

除了粤菜和川菜等，一种前辈从未接触过的洋快餐融入古老的齐鲁大地，给山东人带来新口味。1993年，肯德基在青岛开出山东第一家店，1994年又来到济南。这是第一家进入山东的外资餐饮企业，餐厅门口那个白胡子外国老头塑像，炸鸡美好的滋味，包装食物的纸质

2005年，洋快餐受到市民青睐

盒子，冒着泡沫的饮料……处处透着新鲜和洋气。到2007年，山东肯德基数量达到100家，这差不多花费了15年时间。而在随后不到3年时间内，肯德基一口气又开了100家餐厅。这是山东餐饮业发展史上前所未有的纪录。肯德基在山东的发展带动了省内一大批供应商，形成一个规模庞大、良性循环的“经济圈”。在洋快餐引领下，世界各地的美食，如挪威三文鱼、澳洲和牛、日本料理、韩国烧烤、泰国大米、智利车厘子等，纷纷走入山东寻常百姓家。

从1993—2013年，山东餐饮进入一个快速发展时期。

老百姓逐渐把各种聚会从家庭迁移到大大小小的酒店，酒店宴请变成一种常态化现象。家庭餐桌上，先是过足了大鱼大肉的瘾，接着生猛海鲜、水果蔬菜品类不断增加，从南到北，从土到洋，从春到冬，人们张开大嘴，要吞噬整个时空。这一时期，开始出现超市这一新的购物模式，与之配套的废旧塑料袋，飘飞在城市和田野上空，成为一种新的污染源。

为了满足人们的胃口、赚取更多利润，慢慢生长的动物和植物被抛弃；地沟油、苏丹红、三聚氰胺、瘦肉精等各种激素和毒素，严重影响着食品安全。另外，城乡发展不平衡，城里人开始高消费，也有贫困农村和偏远山区在温饱线上挣扎；在公款消费带动下，奢靡之风蔓延，即使在农村，也可以看到被随意倒掉的馒头和米饭和剩菜……

第八章
鲁菜悄然复兴，王者何以归来

大众化：躬下身子，才会高大起来

在相当长一段时间内，鲁菜既被外省人讥笑，也被山东人自我嘲讽：鲁菜没有特点，鲁菜已经没有存在感，鲁菜沦为国民菜，已经失去辨识度，鲁菜没落了，鲁菜销声匿迹了……

事实果真如此吗？

其实，鲁菜正在以各种形式强力回归，它仍是中国的菜系之首，并且超越菜系的桎梏，成为一种生活方式，润物细无声地融化在所有中华美食中。

关于鲁菜的首领地位之争，可能还会继续下去，但是鲁菜像一个朴实的山东汉子，仿佛没有听到外界的嘈杂声，它自顾自地躬下身子，奋力前行，越战越勇。抛开空洞的理论之争，环顾四周，我们会发现，那些火爆一时的川菜、湘菜和粤菜馆，起码在济南已难寻踪影，即使还存活，也没有了当年的火爆场面，老转村、湘鄂情怀、烧鹅仔……这些知名的酒店随着时代发展已经销声匿迹，支撑济南乃至山东餐饮市场的，既有老当益壮的济南老字号，也有不断崛起的胶东新饭店，连藏在深宫大院的孔府菜，也推出“新孔府菜”。鲁菜三大

1980年，济南的街头小吃

主力军团全面发力，正以自己的理念和技艺推动着中华餐饮体系走向新时代。

有一些媒体综合了外界关于鲁菜衰败的主要观点，大致有几个方面：

一是鲁菜有着深厚的官府菜背景，用料讲究，吃法烦琐，内涵高贵，但是难学难做，价格昂贵，离大众远，难以推广。

一个“官”字，不仅道出鲁菜“豪华、讲究、有排面”的特点，也点破鲁菜的发展史。从明清时期到民国，作为重要政治、文化中心的北京，遍地都是山东菜馆。山东本土的济南、青岛、烟台、济宁等地，也是酒店遍地，但那是达官贵人、文人墨客的专属，不是老百姓能消费得起的地方。高大上的鲁菜严把选料第一关，像葱烧海参要选渤海湾野生刺参，汤用火腿、猪肘、老鸭、整鸡、排骨熬煮而成。就连山东平民美食“把子肉”，都不能随意为之。肉，得用三肥两瘦的带皮五花，用甜面酱、生抽、老抽腌好，放锅里小火慢炖，做出来的肉才肥而不腻。鲁菜共有50多种技法，其中常用的就有30种，无论数量还是难度，都是“八大菜系”之最。一个油爆双脆，为讲究口感，帮厨要花一个小时去掉鸡胗子上的一层薄膜。对厨艺要求极高，厨师要成为“功夫大师”，刀工和火工俱佳，鲁菜中常见的刀工技法有菊花花刀、蓑衣花刀、蝴蝶花刀等，一方面为火候和入味服务，一方面使得成菜造型更加大气典雅。厨艺界流行着一句话，“三年川菜，十年鲁菜”，意思是说学做川菜需要三年，而学做鲁菜却需要十年。一般来说，如果一个菜系，既需要非常复杂的做工，又对食材刀工有非常高的要求，肯定会相应推高价格，造成在平民阶层中流行困难。

二是现代各种调味品尤其是味精的发明，让鲁菜的“杀手锏”威力不再。

在没有味精的时代，只有鲁菜厨师可以做出鲜味来，福山大厨依靠一把海肠征服宫廷，鲁菜更大的秘诀来源于带鲜味的吊汤，由鸡、牛、猪、海鲜等熬制。有人说，调味品的出现，让鲁菜引以为傲的“汤”，一下子黯然失色，仿佛失去灵魂。在以前的鲁菜馆中，甚至有“一锅汤”的说法，就是说做菜之前必须要吊好一锅汤。吊汤并不简单，需要选用上好食材，经过炉火慢炖，期间还要加葱姜蒜等佐料，进行多次哨汤，以及适时的搅拌，因为难学，成为鲁菜调味的“杀手锏”。但自从日本做出了味精鲁菜坚守上千年的鲜味护城河，被击溃了。普通人的味蕾压根儿尝不出高汤和味精的差别，何必花费时间熬制高汤呢？鲁菜的味道全靠食材和烹饪，而川菜依靠调味取胜。所以早在二三十年前，就有公司研制了多种中国名菜的复合调味料，像麻婆豆腐的复合调料，只要几勺就能轻松做成名菜“麻婆豆腐”，即使技术比较一般也都会烹饪成功，而鲁菜中专门的调味包和调味系统则很少见。

三是当下山东的人口流动规模较小，不利于鲁菜的广泛传播；而喜欢走南闯北的四川人、广东人、浙江人、湖南人重新界定了菜系的概念。

一个菜系的大规模流行一般与劳动力人口的流动有很大关系，鲁菜统治北方源于山东人走南闯北、外出谋生的经历。但新中国成立后，山东经济发展平稳，山东人又安土重迁，所以外出务工人数变少了。有学者依据第六次人口普查数据对中国跨省人口流动的状况作了统计，结果显示，作为人口大省的山东，人口流出规模较低，不及河南的一半。与之相对的是，和山东人口数量相当的四川人口流出量较高，且流出地分散。更重要的是，以湖北、湖南、江西、四川、云南、贵州、重庆这七个主要偏好麻辣的地区，向外输出的流动人口，占据了中国流出人口总量的40%以上，麻辣就这样作为一种饮食文化被带到全国各地。而从人口流入来看，广东经济发展较高，人口流入规模最大，客观上促进了粤菜的流行。

四是很多人说鲁菜以“咸鲜”为主要特点，与当代社会“低油少盐”的健康饮食观背道而驰。鲁菜以肉食居多，有的厨师认为蔬菜类菜品制作简单，不足以体现自身实力，酒店为了追求利润最大化，主打肉食类菜品……有数据显示，2020年，鲁菜消费额在全国特色菜系中仅占4.1%，比川湘菜、江浙菜、粤菜都低。甚至连“顶流鲁菜”黄焖鸡，搜索量也被酸菜鱼超越……

鲁菜一蹶不振了吗？当然不是。

鲁菜站在巨人肩膀之上：它是全国唯一自发性菜系，影响了整个中国北方，数千年延绵不绝；它是官方菜的代表，种类齐全……这是其底色和气质。如果追本溯源，可以说北京菜、天津菜、山西菜、辽菜、东北菜等都是鲁菜的延伸；反过来，鲁菜又被北方饮食文化影响。鲁菜与华夏民族同步形成同步发展，穿上正装就成了高大上的宫廷菜，换上便装又能走入千家万户的厨房。在中国北方，今天的鲁菜馆其实很多，只是不太容易被发觉，比如北京的丰泽园、惠丰堂、同和居等老字号，包括新开的海参馆、京味馆等，都是以鲁菜为基础，只是有

大厨们在讨论菜品创新

人把它叫成北京菜了。北方还有很多中档餐厅，也多以鲁菜为主，只是从不炒作鲁菜概念，所以大家基本不会把它们和鲁菜联系起来。至于传播最广的“黄焖鸡米饭”，没人把它跟鲁菜联系到一起。

再来看鲁菜的技法，更是随处可见。比如在北方几乎只要葱、姜、蒜爆香的都是标准的鲁菜底子，如果菜名里有“爆炒”这样的字眼，那就是标准的鲁菜技艺了……在北方，几乎每一道家常菜，比如烧小白菜、熘肝尖、木须肉、拔丝地瓜、锅包肉、酱爆肉丁、炸酥肉等等，都带着鲁菜的基因。

就在外界感觉鲁菜端着一副“官架子”高高在上的时候，鲁菜坚定地走向大众化和平民化，在竞争激烈的餐饮市场杀出了一条血路。

走在济南街头巷尾，常常会看到一个叫“超意兴”的连锁快餐店，它是鲁菜大众化的一个代表性饭店。这个饭店的董事长张超，把“超意兴”办成了济南的“百姓食堂”。

鲁菜能够躬下身子，走向百姓，2013年是一个关键年份。

从2013年开始，山东餐饮业发生显著变化，以公款消费为动力的高端酒店降低姿态，或关闭或转型；普通民众开始关注饮食的绿色、安全、健康、营养、便捷，注重人性化、个性化、体验化；山东餐饮业呈现大众化、多样化、数字化特点，从一个传统产业，逐步发展成为国民经济的重要服务消费产业。

那一年，山东人发现高端酒店开始低下高傲的头颅，并对一般消费者露出微笑。倪氏、净雅、皇宫、舜和、蓝海等，纷纷取消最低消费标准，并主打婚宴、家宴、百姓宴。没过多久，人们发现，一些高端酒店如净雅、钟鼎楼、天外村等关门歇业了。那种奢靡的景象，像梦幻一样消失了。一个叫金钱豹的酒店，自称要填补山东高端自助餐的空白，无限量供应哈根达斯冰激凌、鲍鱼、鱼翅等高档食材，让不少人过了把瘾，然而生不逢时，开业一年多就关门了。

2013年，全国“促转型、调结构”，大众餐饮成为山东餐饮市场中增长最快、比重最大、拉动行业回暖的主力军。更多的人回归家庭餐桌，馒头、包子、水饺、米饭等传统主食，开始进行工业化制作，占比逐年提高，山东工业化食品占主食的30%左右。外出餐饮，成为普通山东人日常生活的一部分。越来越多的人告别传统的大场面吃饭，传统餐饮的“大而全”正在慢慢地步入“小而精”。20多万家中小型餐饮企业，对山东餐饮的贡献率达80%左右。特色民间小吃入驻商场成为大众餐饮的主流，很多新鲜、时尚、快捷的饮食店，成为家庭聚餐的首选；在社区、写字楼、医院学校，团餐规模增加，进一步规范化和体系化。人们开始喜欢去商场选择一家小店，吃火锅，吃烤鱼，吃各色山东名吃。

随着餐饮大众化趋势的加剧，山东居民的餐饮支出，在家庭总收入里占比越来越少，总额却不断增加。济南市市中区一居民通过记账计算出家庭恩格尔系数，1978年是45.1%，到新世纪以后降到10%左右，2017年只有6.5%。改革开放初期，山东人均用于餐饮的费用，每年只有几块钱，到2018年，至少达到四五千元。

“超意兴”的招牌菜把子肉5元钱一块，再配上炒土豆丝和四喜丸子等，四五个菜，十几块钱，还有免费的玉米粥可以喝，真是物美价廉。这里的环境干净整洁，而且是现炒快餐，以荤菜为主，菜式丰富。很多人是冲着把子肉到超意兴吃饭的。到目前为止，“超意兴”的门店已达400多家，仅在济南就有近300家。其快速发展，奥秘很多：

一是价格便宜，一个人吃顿饭十几块钱就够了，而且种类不少。他们深耕供应链，形成规模化效应，在东北建起稻米基地，并在当地进行加工，配送至中央厨房。从大米脱壳至送上餐桌，流程不超过15天。他们还采取密集开店的模式，降低管理成本。早期确定了精耕济南、辐射山东的战略目标，围绕以济南为中心的1小时城市圈开店；二是菜品品质好，有溢价效应。超意兴把子肉好吃，秘诀有二，一是真材实料不掺假，二是传统工艺做出肉的真香。他们坚持用“冷鲜肉”而不是“冷冻肉”；三是聚焦主业，突出特色，主打招牌菜把子肉。

济南百姓餐饮中有一种平民化传统。扎啤摊、烧烤、小龙虾和火锅的流行，就很好地说明了这一点。牛国栋说：没有四川火锅时，济南人就爱涮羊肉，无论春夏秋冬什么季节，能涮肉则涮。济南冬天冷得“酷”，夏天则热得“呆”，“气象性格”十分鲜明。但随遇而安的济南人从来不怕。数九寒天，雪花飘飘，正是涮锅的最佳季节。亲朋好友相约，围坐蒸腾的火锅边，又吃又涮，其乐融融。炎炎夏日，骄阳似火，饕餮们想着法子如

1987年，济南的火锅宴

何对付城市这个“大火炉”的同时，还没事找事地来到“小火炉”身旁，照样涮，照样吃。喝着拔凉的冰镇啤酒，或者干脆赤膊上阵，汗流浃背在所不惜，还美其名曰“以毒攻毒”。

济南的夏天，经常可以看到一个景象：赤裸着上身的男人们，在路边的小摊上喝着廉价扎啤，吃着羊肉串，或者什么烧烤，津津有味，乐此不疲。

正是像“超意兴”这样的餐饮企业，满足了山东百姓对于餐饮的大众化和平民化需求。

在走向大众化的道路上，鲁菜还以积极的姿态，向兄弟菜系学习。以平民方式、重复菜单、霸道口感席卷中华大地的川菜，就是鲁菜学习的对象之一。

地处干燥的北方，过去山东人似乎不太喜欢麻辣味道。早期，在老转村等饭店带领下，山东人爱上川菜，不仅到酒店过“川菜瘾”，还在家庭火锅中加入麻辣因素，川菜口味火爆一时。

川菜为什么会在齐鲁大地盛行？

一是因为川菜属于平民菜系。川菜起源于江边的船工，他们的收入低，生活苦，需要御寒，就把别人废弃的下脚料比如动物内脏等，当作食材，加上辣椒制作佐食。辣椒明代传入中国，未被北方首都和江浙等南方文化中心区域接受，但在西南和中南偏僻潮湿地区流行。过去中国菜的主流讲究饮德食和，反对使用过多调料，主张淡味、养生。百姓的川菜，有一个显著特征，就是“廉”。食材取自身边寻常物，且可以一物多用，家用禽畜，全身皆可入菜；不同材料可以综合利用，比如四川的面，浇头千变万化，肉块、肥肠、鸡杂、豆花、甚至脑花，可以随意搭配……食材价格低廉，川菜推出的是适合大众的普通家常菜，如麻婆豆腐、宫保鸡丁、水煮鱼、鱼香肉丝等。

二是川菜简洁易学。鲁菜需要专业的大厨来完成，培养一个合格的鲁菜师傅，需要漫长的时间和程序。而川菜除了一些高端菜品，对食材不太讲究，普通川菜对制作者基本功要求不高，民间有人调侃，川菜撒上一把辣椒和佐料，味道就全了，鲁菜要求千菜千味，用料、刀功、烹饪技法处处讲究。同时，鲁菜天然的属性是官府菜，做一道高端菜少则一天，多则两三天。

三是川菜天生具有跨越地域边界的属性。在我国，最早吃辣椒的时间是在清朝康熙年间，贵州土民缺乏食盐，以辣椒代替。辣椒传入四川则是在嘉庆年间。到清末，吃辣成了四川人普遍的饮食习惯。直到近代，辣味成为川菜的重要特征。现代川菜基本味型为麻、辣、甜、咸、酸、苦六类，达27种之多。川菜既辣又麻，这是两种痛苦的感觉，辣椒给人以刺痛感，从嗓子到肠子再到胃部，火辣辣的；花椒带来一种轻微的触电感，甚至会有短暂的麻木，口腔会瞬间颤动……改革开放后，受西方文化影响，一些人重感官享受，味蕾转向追求刺激，川菜恰恰迎合了这一需要。

四是因为川菜集百家之长，兼容度高。从古至今，四川起码经历过7次大移民，使得川菜既有独特风格又有广泛的适应性，为其成为全国最受喜爱的菜系打下基础。川菜起源于古老的巴蜀大地，秦始皇统一中国后，灭巴蜀，移民万人入四川，民间菜肴融合始见雏形；西晋末年，五胡乱华，大量陕甘地区的人进入四川；两宋时，川菜进入东都洛阳并为世人所知……特别是明末清初，“湖广填川”，川菜味道更加丰富，晚清以后，逐步形成地方风味极其浓郁的菜系；抗日战争时期，各大菜系名厨云集重庆，更使川菜得以“博采众家之长，而善用麻辣著称”。新中国成立后川菜得到创新发展……

在山东，除了形形色色的川味饭店，一些高档鲁菜店里也兼营川菜。知名的伊尹海参，就是鲁菜和川菜、重庆火锅的混合体。火爆一时的鱼翅皇宫大酒店，川菜也是一大特色，代表菜品有川香回锅肉、鱼香肉丝、麻婆豆腐等。

有人说鲁菜促进了川菜的形成，有一道名菜，架起鲁菜和川菜交流的桥梁，它就是“宫保鸡丁”。丁宝桢是清朝咸丰年间的进士，于同治二年（1863年）任山东按察使，次年迁布政使，同治六年（1867年）任山东巡抚。在山东巡抚任上，他曾因诛杀慈禧宠爱的宦官安德海而名震海内。丁宝桢曾被奉为“太子太保”，简称“宫保”，所以被后人尊称为“丁宫保”。丁宝桢还是一个美食家。他在山东巡抚任上，曾经调用济南城内名厨数十名作为家厨。他最喜欢其中两位厨师炒制的“酱爆鸡丁”，在认真研究了“酱爆鸡丁”的菜谱后，改酱爆为辣爆，又将鸡丁、红辣椒、花生米下锅急炒，而成为一款新的美味佳肴。因为是丁府的私房菜，所以这道菜被称为“宫保鸡丁”。离开济南后，丁宝桢奉调任四川总督，把这道菜带到四川，“宫保鸡丁”由此同时成为鲁菜和川菜的经典菜品。

标准化：一只鸡征服世界的奥秘

杨铭宇黄焖鸡的创始人杨晓路说，鲁菜要真正走出去，必须推行标准化。这种标准化又不是天然标准化、机械标准化和绝对标准化，而是一种动态的、创新的、有机的标准化。以此为依托，鲁菜要走品牌化、规模化、产业化和国际化的振兴之路。

杨晓路的姥姥90多岁了，仍然穿戴整洁，头发油亮，思维清晰。她喜欢到各大酒店品尝鲁菜，又常常失望和感慨。杨晓路喜欢听姥姥唠叨，姥姥是他事业的引路人。“不是人教人，是菜教人”，这是姥姥的经典名句。姥姥就是从黄焖鸡这道传统鲁菜，教会杨晓路做事做人的。

目前，黄焖鸡和兰州拉面、沙县小吃被很多人称为“三大国民小吃”，起初很少有人知道它来自济南。

在济南，关于黄焖鸡的传说很多。

有一种说法是，这道菜最早出现在1927年的“吉玲园”饭店。当时，吉玲园是鲁菜名店之一，名厨薄林将鸡腿肉炒出糖色，再加入酱油，与几十种香料一块儿炖煮，淋上酱汁，发明出这道“百草黄焖鸡”。杨晓路说：同一时期的名店“福泉居”，招牌菜就是黄焖鸡，而姥姥就在这里做黄焖鸡。20世纪50年代，原“福泉居”“泰丰园”“四仙村”合并而成“泰丰园”饭店，黄焖鸡仍为“泰丰园”特色菜之一。

小时候，因为深得姥姥宠爱，杨晓路和表妹路晓娜经常到姥姥炒菜的地方玩，品尝到各色精品鲁菜，特别是黄焖鸡的味道，通过烟熏火燎，慢慢渗入他的骨血和灵魂，使他对鲁菜充满亲情和感情。长大成人后，他学了烹饪专业，并在几个国有酒店工作。骨子里不安分的性格让他走向社会，自己创业，先后开办了几家酒店，有成功的经验，也有失败的教训，就这样跌跌撞撞地来到2010年。

杨铭宇黄焖鸡创始人杨晓路和姥姥在一起

此前，杨晓路自己开办了一个酒店，名字也叫福泉居，经营经典鲁菜。他把小时候记忆中的味道加以改良、融合、创新，推出一系列新鲁菜，经营了六七年，效益不错。黄焖鸡作为一道招牌菜，卖得相当不错。母亲经常到酒店看望儿子，看到杨晓路酷夏满头大汗，就心疼地在一边拿着毛巾给他擦汗。善于观察的杨晓路发现，很多顾客来了就点一份黄焖鸡，配的主食基本是米饭。他自己品尝了一下，大米粒浸透在鸡汤汁里，爽滑顺口，更能凸显鸡肉的原汁原味，还能用勺子舀着吃，完全符合现代人对快餐的想象。黄焖鸡拌米饭，真是完美结合，绝配！不过他的目标是干一个更大酒店，而不是做快餐，暂时就放下了黄焖鸡米饭。2010年，由于店面遭遇拆迁，杨晓路的事业进入一个低谷，在家中静静思考了两三个月，他决定把在心中埋藏了很久的黄焖鸡米饭拿出来，再去征战天下。

有一天，在济南周公祠街，杨晓路偶然发现一间很小的店铺，面积只有18平方米，且转让费高达三万八千元，他召集亲戚朋友，凑齐这笔钱，和合伙人动手粉刷装修，这个只有四张原色木桌的黄焖鸡店，一周之后开始火爆，最多摆过100多张桌子，中午吃饭的时候，排出的长队把整条街堵得水泄不通。之后，他来到济南竹竿巷，在一个30多平方米的二层小楼上，依靠一张办公桌，一部电话，构建起杨铭宇公司的雏形。杨铭宇是杨晓路的大儿子，他要像呵护亲生儿子般去对待自己的公司，做成百年老店。

每天早晨公司开门，外面已经有人在排着长队了。他开始组建团队、制定标准、培训人员、开拓市场。截至目前，“杨铭宇黄焖鸡”全球门店超过6000家，店面日营业额超过3000万元，日消耗鸡肉500余吨，就业人员3万余人。一个济南品牌，用“中国味”征服了“世界胃”。

其实，这还是标准化带来的结果。酱料标准化是杨铭宇黄焖鸡的核心秘密，其配方来自杨晓路姥姥的“秘制酱料”，经过不断提升，最终达到一个鸡和米饭最融洽、最完美的搭配。2012年底，它们在济南泺安路建起第一家标准化调配料加工厂，可以供给1000多家门店的需求，后来，为了满足6000家门店的配送，又专门建了一个产业园，生产秘制酱料；主料鸡腿来源于各个区域在当地的指定鸡肉工厂，且经过严格检验。"主料当地化"和"酱料统一化"，让杨铭宇黄焖鸡的口味具有普适性，其主要食材是鸡肉、香菇、青椒和土豆等。此外，黄焖鸡米饭对选址的要求也极低，不需要昂贵的地段和富丽堂皇的装修，大大降低了加盟成本。对于每一份菜需要的鸡肉、配菜、米饭、佐料数量，以及酱料和水的比例，杨晓路都进行量化，做到标准化配比。原本中餐烦琐的流程变成"1+1=2"的简单程序。不需要专业厨师，就可以开一个门店。对于加盟商，杨晓路手把手培训，倾心传授所有制作技巧。对私自串料、配料，更改或添加菜品的加盟商，一旦发现，公司会做出严厉惩罚。杨晓路成立了监管部门，定期对6000家门店进行监控，并经常开会讨论抽查情况，加以规范，以保障每个顾客都能吃到安全、纯正的黄焖鸡米饭……

2017年，杨晓路怀着忐忑的心情，携带黄焖鸡在美国洛杉矶开办了第一家门店，整个餐厅占地约140平方米，餐厅内只提供一道菜——黄焖鸡米饭。美国人惊叹：一只鸡怎么可能做出如此复合性的醇香滋味？太奇妙了！目前，杨铭宇黄焖鸡已在美国开办30多家店面，预计5年内美国市场店面将突破百家。而这已经并不是黄焖鸡米饭第一次踏出国门了，早在此前就已经"进击"新加坡、澳大利亚等地开设分店。

标准化是鲁菜走向现代化的必由之路。其价值在于把古老的烹饪技艺，转化为现代技术的可控标准，让手工操作的经验变成人人可以掌握的范本。在山东，从官方到酒店，都在为鲁菜标准化而努力。

在王兴兰的倡导下，经山东省原质量技术监督局批准，山东省鲁

王兴兰的弟子们在交流技艺

菜研究会组织有关专家、学者共同启动鲁菜标准化工作。王兴兰的弟子、舜耕山庄餐饮总监黑伟钰是其中的骨干。

黑伟钰说，他积极推动鲁菜标准化，内因是社会大气候到了，各方支持；外因则是由于自己的一次经历。2005年，黑伟钰去韩国进行餐饮文化交流活动，韩方热情接待，当地华人协会专门请他吃了一次九转大肠。当菜品摆上桌时，黑伟钰有些不太相信自己的眼睛：油炸过的大肠，蘸着大酱，卷在生菜叶子里……这就是九转大肠吗？再过几十年，鲁菜会变成什么样子？回国后，黑伟钰坚定了推动鲁菜标准化的决心。经山东省政府同意，2006年，山东省质监局印发《山东省标准化“十一五”发展规划纲要》，把鲁菜体系列入“十一五”期间地方标准修订项目汇总表之中；同时，也将“鲁菜标准体系框架”列入2007年第一批山东省地方标准修订项目计划之中。为保证鲁菜标准的科学性、实用性和各项技术新要素的全面严谨，舜耕山庄集团组建了由黑伟钰负责的鲁菜标准化研发团队。

此前，中国四大菜系没有一个开展过标准化工作。环顾国内，只有国家标准委和国家市场监督管理总局在2008年联合发布了《小麦粉馒头》国家标准。黑伟钰团队制定了一个鲁菜标准化“三步走”计划：制定基础标准，达成业内共识；请老师傅把关，品尝菜品质量，要做出鲁菜的老滋味；以烹饪教科书为蓝本，但比教科书更细化，更具操作性。例如，以前的教科书上经常会出现“盐少许，葱、姜末适量”，鲁菜标准里面要写清楚“盐多少克，葱姜末多少克”。

黑伟钰下决心先把九转大肠这道经典鲁菜标准化。规定了九转大肠的原料及要求、烹饪器具、装盘程序、质量要求、营养指标、最佳食用时间和温度等。在烹饪技法方面，他们首先定义了“烧”法：就是将经切配加工熟处理的原料，加适量汤汁和调味品，先用旺火烧沸、定味、定色后，再用中小火烧透至浓稠入味成菜。有时候为了测量一个准确的油温，一道菜要反复做几十遍。油温准确到度，工夫精准到秒。最终，舜耕山庄推出葱烧海参、清汤鱼翅、清汤燕菜、九转大肠、红扒肘子、清炸赤鳞鱼、油爆鱼芹、锅塌黄鱼、拔丝山药、糟溜鱼片这十道鲁菜的标准，最后扩大到二十道，由山东省质量技术监督局发布，成为山东省地方标准，后被确定为国标，获得2010年度中餐科技进步奖，填补了山东省乃至我国鲁菜经典代表菜品缺乏标准的空白。

2010年4月29日，山东省正式发布《鲁菜标准体系》地方标准，完成了200余款鲁菜菜肴和150种鲁菜面点及地方小吃的产品标准制定。这次发布的《鲁菜标准体系》分析了鲁菜烹饪涉及的各个环节，实现从原料到餐桌的标准化和流程化操作，包括综合标准、烹饪原料标准、烹饪工艺标准、鲁式菜品标准、烹饪设备使用标准。

根据地域和文化的不同，这个标准体系将鲁式菜品分为五大类，包括鲁东菜（胶东菜）、鲁中菜（济南菜）、鲁西菜（运河菜）、孔府菜和清真菜（回族菜），在每一类菜品中都附有每一道菜的详细名称。这五大类菜品中还分别确定了传统菜、民间菜和创新菜。比如鲁东传统菜包括油焖大虾、熘鱼片等，鲁东民间菜有胶东一品锅、大虾烧白菜等，鲁中创新菜则包括温拌活鲍鱼、蛤蜊焖鸡等。

“制定鲁菜标准，不是为了消灭个性，而是在共性的基础上发扬个性，更重要的意义在于促进鲁菜走标准化、产业化道路。”参与标准起草的山东省鲁菜研究所所长孙嘉祥说：“推行鲁菜标准化，不能简单理解为‘口味统一、菜式一样’，而是将共性的东西记录下来。当然，大味是不能改的，比如鲜咸口味的不能做成辣的或甜的。标准再难制定还是要制定，鲁菜要更好地发展，走出山东、走向全国、走向全世界，就需要形成标准化、产业化的东西……”

青岛市旅游饭店业协会秘书长吴元吉说：鲁菜近年来出现颓势，除了受到其他菜系的冲击外，与自身因循守旧、品质下降不无关系。缺少标准，鲁菜的口味就不稳定，这是鲁菜相比其他菜系长期以来的一个问题。他举例说，像粤菜的咕噜肉，无论在什么饭店，用来做调汁的调味都是统一的，主菜做好后，浇上一勺就好了。川菜独有的麻辣味非常稳定，而鲁菜却很难做到口味稳定。

山东旅游职业学院营养烹饪系副主任赵建民说，《鲁菜标准体系表》的出台，是鲁菜烹饪工艺的再造，这样有助于确立统一的菜品质量标准，规范产品的生产模式，而下一步是怎么把创新之后的鲁菜发扬光大，将鲁菜的牌子重新立起来。

黑伟钰表示：用标准规范鲁菜的制作过程和工艺流程，能提高鲁菜制作质量。舜耕山庄的南风阁鲁菜馆，在制作中坚持原料配比的规范数据，严格执行标准菜单配比，使鲁菜的工艺流程容易掌握，易于推广。舜耕山庄举办过为期一个月的“标准鲁菜美食节”，推出精美的标准鲁菜，并迎来丰厚回报，南风阁鲁菜馆经营收入同比翻了一番，舜耕餐饮的收入增长10%以上。

各食品和餐饮企业也在探索标准化之路。益海嘉里兖州粮油有限公司总经理郭经田是山东农业产业化促进会会长，他不仅积极推动全省的农产品标准化，还借集团公司在全国打造100个高标准中央厨房之机，推动孔府菜、济宁甏肉、临沂（米加参）汤、孔府煎饼等的标准化。玖九同心食品公司董事长李允文说，要实现产品的标准化，必须实现人和企业的标准化，因为标准化产品是由人去实施的。他们有标准化的原料选择程序，有标准化的生产流程，有标准化的食品生产线，但是，他坚持用人工生产饺子，人有了标准化理念，包出的饺子口感肯定比机器好得多。

在鲁菜带动之下，川菜亦尝试走标准化之路，建设川菜产业化基地，出台《中国川菜烹饪工艺标准》等。随后，湘菜、徽菜、渝菜、粤菜、蒙菜等也纷纷加入标准化行列中。

只有实现了标准化，鲁菜方可走向产业化。餐饮业上连农业，下连消费者，从“菜园子”到“菜篮子”，再到“菜盘子”，是一个完整产业链。鲁菜实现了产业化，就能带动农业、畜牧业、种养殖业、水产业、副食品加工业、服务业等相关产业的发展，真正成为一个支柱产业。

目前，山东正通过实施源头提升行动、培育新型农业经营主体、提升精深加工综合水平、建设全过程冷链物流体系、提升高端装备水平等举措，推进食品全产业链协同发展，打造“美食山东”“好品山东”。

实现产业化，必须有政府的强力支撑。山东单县发展羊肉汤产业的探索，说明了这一点。

单县县长魏传永说，一个好品牌就是一个大市场，可是过去几十年单县羊肉汤一直没有发展壮大起来。为什么呢？就是因为没有实现标准化、品牌化、规模化和产业化。

单县羊肉汤的历史最早可追溯到1807年。经过两百多年的传承和发展，成了单县的一块金字招牌。在单县的大街小巷，随处可见羊肉汤店，其中不乏三义春、三盛和、头一锅等老店。20世纪80年代，单县羊肉汤曾被收录进中国名菜谱，是全国唯一一道以汤入谱的菜肴。时至今日，打着单县羊肉汤招牌的小店全国最少有三四万家。单县羊肉汤一直在有意无意寻求向外扩张。单县百年老店三义春先后搬了7次家，店面从200平方米扩至现在的2000多平方米，并开了直营店和加盟店。早上六点天还没亮，三义春羊汤店的师傅就开始起锅煮汤，到了7点左右，就有顾客来店。除了羊汤外，店里还有丰富的菜品，属于典型的酒店式经营。在省城济南，单县羊汤也开拓出一片天地，成为人们竞相品尝的美食。

然而，在沙县小吃、兰州牛肉拉面，乃至山东黄焖鸡遍地开花、攻城略地的时候，单县羊汤始终没有做大做强，甚至还有萎缩迹象。县政府在经过认真调研之后，认为建设标准化的羊汤连锁店，应该是一个很好的突破口。

从养殖端到屠宰加工，再到中央厨房和餐饮，从前端到末端，羊肉汤产业链条靠单个企业的力量难以建立，而单县由政府主导和牵头，汇聚资金、项目、技术、标准等要素，全面推动产业化发展成为共识。

在顶层设计方面，单县高度重视农业产业化，将羊肉汤文化产业作为全县重点发展的特色产业，纳入全县产业布局，列为四大“县长工程”之首；成立了单县羊肉汤产业发展工作领导小组，为产业的发展完善顶层设计；先后出台了羊肉汤产业发展的多个政策，实现了羊肉汤产业发展从由民间协会主导上升到县委、县政府主导；不断强化科技支撑和创新，投资建设2万平方米的青山羊保种育种基地，力争在羊肉汤产业高端化、标准化、品牌化、产业化发展上打造新亮点，着力将农副产品加工产业打造成为百亿元级产业集群。

位于单县郊区的“单养千秋”保种育种创新示范基地，占地300余亩，有养殖厂棚26个，饲料投喂、消毒降温、粪便处理等都可实现自动化。养殖基地养殖着3000只单县特有的青山羊品种，正在培育生长快、个头大的青山羊杂交新品种。

单县羊肉汤文化产业园一期工程主体已封顶，屠宰车间和中央厨房即将投产加工。未来产业园可以实现保种育种、绿色养殖、生产加工、冷链配送、餐饮连锁、生态旅游六位一体的产业链条布局。中央厨房建成后，可满足300家以上门店之需。

在羊肉汤产业运营上，单县成立了专门的国资企业，探索优化运营模式；2021年8月成立了单县羊肉汤产业发展联盟，由政府相关职能部门、专家顾问团等组成理事会。

据单县羊肉汤产业发展联盟会长贾成立介绍，他们正在制定一整套的养殖技术方案，模拟羊的生存环境，今后对单县羊的定义就是用单县技术标准养出来的羊。单县水同样如此，将研制符合单县水标准的水机。羊汤熬制要根据顾客喜好，在传承传统手艺的基础上进行创新，比如少油化。对于单县人的问题，他们准备通过标准化做到去厨师化。只要通过标准技术培训，掌握了整套标准化技术，无论谁熬出

山东的青山羊；小尾寒羊集市

来的汤都是单县羊肉汤。这样无论是本地人还是外地人，都能做“单县羊肉汤”的生意。

济南已经营业的两个小店，代表着单县羊汤产业化迈出的第一步。

负责此事的单县综合开发建设有限责任公司董事长刘振说，虽然有很多人要求加盟，但模式还不成熟，需要更多尝试。在济南，他们想先开设10家直营店，到2022年底，发展连锁店100家以上。在这样的连锁店里，主营羊汤、凉菜和烧饼，不需要很大场地，甚至不需要专业厨师，口味标准统一，但是简单易行，可以快速复制。

可能魏传永的目标更为远大，他想开的店，何止百家千家?

时尚化：餐饮是时代的一面镜子

这些年来，为了让大家吃上安全、健康、绿色、有机的食品，胶东人家大酒店董事长向仁莲一直在奔忙。

到2021年，我国已经全面建成小康社会，人们不再为温饱问题发愁，山东民众对饮食的各项要求在提高，如何吃得好、吃得精、吃得安全，成为新的时代话题。

山东一直是食用农产品和食品生产大省，农产品总产量占全国1/4，食品产量占全国的1/6，保证食品安全任重而道远。前几年，山东提出“食安山东”建设口号，建立健全源头可溯、去向可查、风险可控、责任可究的质量安全保障体系，严把从“农田到餐桌”每一道防线，守护老百姓“舌尖上的安全”，主要农产品质量安全和食品安全整体合格率要在98%以上。目前，山东省无公害农产品、绿色食品、有机农产品和农产品地理标志“三品一标”产品近万个，“食安山东”示范单位9000余家，建成全国首个“出口食品农产品质量安全示范省”。济南、青岛、烟台、潍坊、威海等五市被命名为首批国家食品安全示范城市……

以韭菜为突破口，山东建设农副产品追溯体系，规范生产、市场行为，实现食用农产品“来有影、去有踪”，确保产销链条清晰、各环节主体责任明确，精准监管和市场倒逼共同发力。

作为一个面向广大消费者的酒店，胶东人家选择优质安全绿色食材的过程，经历了从茫然走向自觉的演变，最终成为一个优质食材的汇聚和链接平台。

向仁莲说，最初，为了让济南人吃上美食，她从威海老家运来海鲜、白菜、地瓜，也经常往烟台、日照、大连等地跑，就是为了抢到时令海产品，但这不是长久之计。在数番闯荡之后，胶东人家摸索出两条路子：一是在山清水秀的济南南部山区和蔬菜之乡建起两处种养殖基地，改良土壤，有机施肥，绿色生产，家禽散养，天然鱼塘养鱼。稍有闲暇，向仁莲就会到基地干活儿，看着满目苍翠，听着鸟语花香，心中充满愉悦和幸福。为了达到有机生产的目的，她还和劲牛集团董事长张子毅合作，用微生物技术解决生活垃圾和污水问题。撒下一把

“食安山东”引领全国

菌种，污水就可以灌溉农田；用好一个发酵罐，农业废料就可以变成优质微生物菌肥……二是与十几家企业进行战略合作，直接把优质食材从工厂和田间地头运到餐桌。向仁莲会对每家企业亲自把关，不光要看产品质量，还要看生产环境、过程，乃至考察老板的人品和企业文化。考察好了，再把人家请到酒店，举办签约仪式。近年来，不少人见证过胶东人家和“乔府大院”五常有机大米、济南安普瑞鸡蛋、金锣集团、禹王集团、临清陈宝峰有机蔬菜、德州扒鸡、汶上芦花鸡、平阴玫瑰等多个企业的签约仪式。

向仁莲常常乘车一个小时，到位于马山和五峰山交界处的长清区马山镇的安普瑞禽业公司考察学习。这个公司的董事长丁惠东原是省畜牧部门的公务员，后下海建起这个“山东富硒第一蛋”公司，并以此为依托，打造“凤凰部落”蛋鸡公园。丁惠东和安普瑞禽业市场总经理张昕凌带着向仁莲参观养殖场、车间和科普长廊。在这里，六栋蛋鸡鸡舍一年可产鸡蛋4000余吨，日产12万吨。一栋鸡舍上下四层，有三万五千只蛋鸡，采用机械化养殖，一个人就能管理整个鸡舍。鸡喝着地下180米深处的矿泉水，吃的饲料由39种原料构成，包括玉米、豆粕、鱼虾，还有万寿菊，所有鸡蛋都通过传输带运出。安普瑞坚持生产到餐桌一站式连接，每天生产的鲜鸡蛋，存放时间不超过24小时，人工挑选，即捡即发，保证鸡蛋在最短时间内送到用户餐桌上。向仁莲觉得，这里的鸡蛋零抗生素、零重金属、零农药，口感嫩滑，无腥味，无异味，富含硒元素。

于是，胶东人家的饭桌上多了一道菜：在特制的器具里，用一个打蛋器从高处落下，三次敲碎鸡蛋壳一端，用小勺撬开顶端蛋壳，挖着蛋黄和蛋清，优雅地咽下。此时，蛋黄金黄黏稠，蛋清嫩如果冻。张昕凌介绍说，要用75℃的水，悬浮着煮一会儿，七成熟即可。

在金锣集团，向仁莲行走在长廊里，俯视一头头生猪的完整宰杀过程。山东有17家国家级生猪屠宰标准化示范企业，占全国1/5。

全国生猪屠宰量50强企业中，山东省有12家，临沂金锣连续多年保持全国生猪屠宰量第一。向仁莲注意到，这里有一个密闭的排酸车间，动物在宰杀时，由于紧张会产生大量乳酸，冷却排酸工序就是将这部分乳酸排出去，要在屠宰后24小时内，使胴体温度降为0℃—4℃……生产成本提高了，但是猪肉的新鲜度和口感更好了。

她还专门到临清，拜访宝丰有机蔬菜合作社社长陈宝峰。陈宝峰从1970年开始当生产队长，领着大伙儿种菜；1986年承包60亩地开始建大棚；目前，他建有17座各式大棚，日产各类蔬菜约1000斤左右。城里居民为了品尝小时候的味道，都骑着电动车来买菜。为了养地，陈宝峰把地分区进行划块，轮作轮休，养肥地力，改善土壤。他实施“强化营养有机栽培”，不用化肥，不打有机磷农药，用红糖水煮豆子发酵作为肥料，不浇污染水，不上城市垃圾，用物理或生物办法杀虫。他种的西红柿，里面全是沙瓤，酸味足，皮厚汁浓……

绿色有机食品特点之一，就是生长缓慢，所以口感好、味道香、营养全。过去鸡的寿命是5—7年，公鸡打鸣，母鸡下蛋；农家饲养的猪，一般要喂养一两年。现在一切都是速成，鸡还没见过太阳，猪追求“四月肥”。目前我国仅心脑血管病人就接近5个亿，这多么可怕啊！

寿光的果蔬时装表演

绿色有机食品消失的背后，是诗意乡村的

消失。人文精神是一个健康乡村的魂魄。从传统的自然景观来看，乡村该有清澈的小河、甘洌的井水、一棵或几棵灵魂似的古树，有袅袅炊烟、青青菜地、游动着的牛羊。蔬菜水果应该带着自然的味道，猪牛羊肉应该散发生长的醇香，古老的水井里，应该有清澈甘洌的凉水……

向仁莲的女儿张晓丽是胶东大酒店总经理，有着在国外和上海工作过的背景，更关注网络化、数字化和智能化时代餐饮业的出路。

2020年初，新冠疫情突然爆发，餐饮行业遭受重创。胶东人家通过网上订餐和电话订餐，尝试推动外卖方式。敏锐的张晓丽感觉到，这是酒店的新机遇和新挑战。从此她迷上了互联网餐饮，尝试着酒店自身产品的网络化营销，并通过对胶东人家的研究分析，写了一篇专业论文，论证“5G”移动互联网的后疫情时代餐饮业如何转型与再升级……

山东人口老龄化趋势正在加剧，“互联网一代”成为消费主力军，餐饮消费出现两个趋向：一是习惯于外卖，二是选购预制菜。

无论是寒冬还是酷暑，外卖小哥穿行在大街小巷，感受着寒冷、酷热、饥饿、焦急、迷茫、孤独，成为城市新的风景线。根据中国餐饮业年度报告显示，2020年，山东餐饮业收入达到4430亿元，蝉联“吃货大省”。即使在孔孟之乡，新型餐饮、网络餐饮、网红餐饮逐渐生根发芽，不断推出新业态。外卖平台盛行，在线支付成为餐饮支付的主要手段。“互联网+”在餐饮的半成品、准成品、食材采购、系统管理、线上线下营销、交易以及预订、点菜、排队、支付、点评等方面深度扩展，正在朝着专业化和品质化方向发展。山东餐饮企业借助“私域流量运营”“大数据画像分析”“线上线下营销活动”“分众传媒”等形式实现获客，提升营业水平。

“懒人”们足不出户，就可以吃遍美食。有媒体做过统计测算，

2018年，山东17个城市中，网上订餐数量前三名分别是青岛、济南、威海；单价最高的前三名分别是青岛、济南、烟台。

青岛的外卖大数据显示：有人一年下单215单，购买蔬菜；一个菜市场的摊主，每年接到的外卖订单流水达到五六十万元；一个叫作“梅花轩重庆鸡公煲”的餐厅，网店月销量超过8000单；一位青岛消费者购买了超过2000元的食材订单，其中包含2斤超大基围虾、10只石甲红、10只大闸蟹、2条鳗鳞鱼和各色蔬菜在内共75件菜品，这是一顿海鲜火锅大餐……青岛消费者买得最多的食物是西红柿。茭瓜、鳗鳞、石甲红、苔菜、蛎虾、蛤蜊、蒲公英、八带和鲅鱼等区域特色明显的菜品，是青岛人的最爱。

山东食客对辛辣等重口味食物情有独钟。15个地区销量第一的菜品是盖浇饭、麻辣烫等。其中，潍坊、淄博、泰安等10个地区用户多订购麻辣烫，淄博、聊城、威海的用户喜欢订购香锅和砂锅；枣庄、菏泽的用户订购最多的则是地方小吃。

年轻人为什么选择外卖？一是因为方便快捷，适应快节奏、高强度的生活。坐在办公室，打开APP，各种美味、各色餐厅就在眼前，想吃什么，动动手指，美味就在自己想吃的时候送上门来；二是因为经济实惠。网上订餐比餐馆便宜不少，而且各大平台经常有优惠举措。一个普通工薪阶层，通过外卖每月能节省数百元；三是因为年轻的上班族充满个性，喜欢尝试新鲜事物，愿意分享，追求互联网带来的自由感、交互感。

互联网加速了山东餐饮业的“供给侧改革”步伐。青岛市饭店与烹饪协会会长杨岩说：餐饮业曾经有几年时间持续低迷，特别是中高端餐饮呈现持续萎缩势头。互联网资本的涌入，特别是互联网订餐平台力度巨大的补贴优惠，好比一条鲶鱼，把餐饮业搅活了。杨岩认为，餐饮业的当务之急就是要降成本，去产能。互联网为供需双方提供了直接而有效的通道，有利于餐饮业优化产品结构，让供需更加匹配。

此外，运用互联网对传统流程进行改造，网上订餐减少了对促销员、点餐员、收银员、洗碗工的需求量，可以有效降低人力成本。

就在外卖平台风生水起的时候，预制菜行业又悄然兴起。春节期间，张晓丽搞出一个“团团圆圆”预制菜，把饺子馅、饺子皮，各种清洗干净、切割到位的半成品食材，打包推出，一家人美美满满的年夜饭就备齐了。

山东省饭店协会秘书长王新说：相关数据显示，2012年，我国涉及预制菜肴加工的企业仅有1400家；2021年4月，预制菜企业达到7.19万家。仅2020年，新注册预制菜相关企业就达到1.25万家。目前我国预制菜市场规模为3000亿元，预测2025年预制菜市场规模将达上万亿元。

山东凯瑞集团董事长赵孝国表示：“中国餐饮业一定要在供应链上发力，满足居家养老、社区养老、年轻上班族、中小学等社会团餐的市场需求。”

在山东，预制菜行业风生水起

山东肉类食品企业得利斯公告称，2020年度及2021年前三季度，该公司预制菜相关产品营业收入占公司整体营收比例的11.22%和9.79%；凯瑞集团推出“宅蔬鲜配”项目，为消费者提供居家新零售系统解决方案。在凯瑞集团中央工厂蔬菜车间，专业工人将通过层层把关的蔬菜，进行规范分解、清洗、分类、独立包装，然后将时令蔬菜、水果、蛋类等十几种食材配上适合家庭烹调的调味品，组合成可满足三口之家一周烹调所需的套装，通过专业物流配送到消费者手中；山东老转村饮食集团从川菜转向预制菜，围绕即食、即热、即烹、即配四种呈现形态，开发完成了鲍鱼烧鹅掌、樟茶鸡、蛤蜊鸡、红烧肉、干烧金鲳鱼等百余道预制菜产品，已形成完备的产品体系……

餐饮几千年来以人力为主的生产方式几乎从未改变，但是在今天的山东，由于互联网、人工智能和大数据的快速发展，机器人成了“新大厨”，炒菜机器人、送餐机器人、无接触配送等推动餐饮行业迈向工业化、智能化、自动化。

早期的炒菜机器人其实就是一口黑乎乎的大锅，只是被智能化机器操纵。在碧桂园总部机器人餐厅里，有36个机器人“大厨”，每个机器人只炒一道菜，都是粤菜大师根据自己多年的经验输入程序，反复调试而成，所以炒出的菜口感极佳。在山东，很多酒店都能看到送餐机器人，它们会发出悦耳的声音，提醒大家避让，并轻盈地把菜品送到房间门口，再由服务人员端上餐桌。德州一家餐厅的机器人，会炒800多种菜，但不知口味如何……

以后的餐厅会不会是机器人的天下？

在山东济南，第一个推出机器人智慧餐厅的，是山东凯瑞集团。他们最早打造的机器人餐厅，叫“味想家”。早期的机器人只会炒饭，在凯瑞的智慧餐厅里，机器人用两三分钟就可制作出一份炒饭。机器人通过模拟人体力学的形式，高频率翻炒，机体中有十三根装着不同调料的管子，通过管子进行水以及调料汁的输出。如果使用人工，一个炒锅至少占用一个师傅，炒制一道菜同时要有炒锅、总配、砧板等三到四个人配合，而在智慧餐厅，一个人可以同时看三口锅。有了炒菜机器人，原本需要十几个人的后厨，留下四个人就足够了。有人认为，机器炒制出的饭没有“灵魂”。餐厅负责人回答说：“中餐中的‘锅气’是火和锅通过烹饪食材产生的气体，是食物的灵魂。”机器人使用的是燃气，恒定流量的燃气和锅进行“碰撞”，烹调出来的锅气，灵魂十足。餐厅采取顾客自主点单、下单、取餐形式，并采用炒菜机器人制作美食，质量恒定，最大限度保证无接触供餐及纯正菜品味道，品种则包括西贡黑椒蒜香牛肉炒饭、伊犁番茄炒乌冬面、麻辣香锅炒麦香面等……

在即墨经济开发区科创中心，一个名为“味来逸站”的机器人餐厅内，常常座无虚席。大厅内一侧，数台美食机器人“一”字排开，外观酷似冰箱。客人点完餐后，餐厅员工将相应菜品和作料配比好，

寿光的采摘机器人

"交给"美食机器人，而后扫描食材餐盒上的二维码，关上门，点击"系统启动"，美食机器人就开始"烹饪"，不到10分钟，鱼香肉丝、腰果翡翠虾仁、麻辣小龙虾等菜品就烹制完成。

数据显示，蔬菜从农田到餐桌，大约有三成损耗在物流过程，另有约两成在制作过程中损失，机器人餐厅直接将蔬菜由田间地头运送到工厂加工成净菜，再按照订单需要进行配比，减少食材损耗，同时把下脚料集中处理成动物饲料，大大减少了食物加工环节的浪费和后端垃圾分类处理的压力。

中国农业大学教授李全宏表示：随着人工智能技术向餐饮行业加速渗透，"无人餐厅""智慧餐厅"等新运营模式涌现出来，进而重塑餐饮行业产业链，变革以餐厅加工为主的传统餐饮模式，使餐饮业的主要加工环节转移到食材产地、食材加工基地。因此，适应餐饮工业化、规模化、智能化趋势，培育特色标准化种植食材基地，已成为实现产业融合发展的重要抓手。

第九章

文化自信：新鲁菜的“根”与“魂”

胃里故乡：鲁菜还是要姓“鲁”

曲水亭街是济南的老城区，明清时期留下的老房子，锃亮的石板路，轻轻流淌的泉水，里面还有水草像女人柔发般摇曳，还有那保留着老济南生活范式的百花洲……走着走着，你就会回到过去的岁月。在那些悬挂着名人楹联的一扇扇大门中，有几个老济南四合院，每个院子里都有一个汩汩喷涌的泉眼，泉水中有鲤鱼游动，荷花盛开，还有浸泡着的啤酒、西瓜和饮料。如果是在盛夏，你的暑意顿消，胃口大开，让你喜出望外的是，这里有纯粹的老济南菜，糖醋鲤鱼、九转大肠、爆炒腰花、奶汤蒲菜等……

这里是李致庸等人打造的老济南四合院连锁餐饮店，它们专营济南风味菜和泉水宴，已经成为济南的一张名片。

李致庸是商河人，小时候生活很苦，高中毕业后考入济南大学，学的是烹饪专业。“大旱三年，饿不死厨师”，他要解决生计问题，却走上一条传承齐鲁饮食文化之路。大学期间，除了学习专业知识，他还苦练刀工、火工，切烂了很多旧报纸和旧课本，为了练习“大翻勺”，他在炒勺里装上沙子，前后左右翻转，还像练武术一样，站桩练马步。大学毕业后，他到当时风头正劲的净雅工作，从一个普通厨师，在8年时间内成长为总厨，还参与了净雅的国际标准体系认证。2010年开始，李致庸开始艰苦的创业历程，有一天，他在曲水亭街一带发现了燕喜堂和老济南四合院，眼前一亮，这里储存着山东人的记忆，味蕾和肠胃的记忆，不就是鲁菜的“根”和“魂”吗?

这是2014年，李致庸40岁。燕喜堂周边，有明朝的德王府和王府池子，有咸宜钱庄，有燕子李三的旧居，住过大户人家的如云美女，到处飘荡着文化气息。李致庸要以餐饮的形式，找回老济南的记忆，找回鲁菜的“根”与“魂”。他相信，有了文化自信的鲁菜，一定会再现当年的辉煌。

怎么经营燕喜堂和老四合院呢？李致庸在寻找自己的定位。他说，面对快节奏的生活，工业鲁菜大行其道，我们就要做工匠鲁菜，慢工出细活，让大家体验精致优雅的慢生活。他找回邓君秋等燕喜堂的老师傅，征集到一些老物件，用老手艺推出一系列经典鲁菜，并将其置于传统场景之中，生意一下子火爆了。

李致庸的工匠鲁菜，是守住鲁菜皇冠上的明珠：用传统工艺，道地食材，匠心精制，传承并呈现鲁菜精髓。李致庸公司的旗下，运营着数十家老济南四合院、泉水小院，以及百年老字号燕喜堂饭庄和皎然茶馆。

李致庸致力于传统鲁菜的创新，把菜品的构成改为“三三制”，1/3是传统经典鲁菜，1/3是济南百姓家常菜，1/3是创新的融合菜，力争适合更广泛群体的口味。他还把一个老四合院开在印象济南，与鲁菜博物馆形成一个关联的文旅产业链。他还在探索沉浸式就餐新模式。在老四合院的房间里，餐桌上是老济南的亭台楼阁、小桥流水、轻舟漂泊，三面墙体上，趵突泉三股水腾空而起，娇艳的荷花竞相绽放，一座座青山和一条条长河，像一幅画卷慢慢打开，扑面而来，你可以听到潺潺的流水声，听到鸟儿翅膀飞翔的声音，甚至感觉闻到了花香，触摸到青山绿水……

李致庸在济南四合院里

李致庸在老济南的传统场景里激活鲁菜之魂，李建国在宽厚里坚守传统经典鲁菜，赵孝国则在大街小巷推出“城南往事”“高第街56号”“皇城根儿”“泉客厅”“味想家”等各色酒店。

城里人的味蕾里保存着老饭店的味道，而乡村长大的城里人，灵魂还被另一根无形的丝线牵动着，这就是家乡的味道。吃是我们的乡愁，是我们的归宿，是我们的精神原乡。

王兴兰说：鲁菜要发展，必须发挥自己的特长，记住鲁菜是养生菜、健康菜、长寿菜。山东人长寿和鲁菜有直接关系。

中国文化的底色就是食文化，以食为天。吃不仅要解决温饱问题，还关乎精神。山东人自古以来就注重通过吃来实现身心平衡，达到健康养生之目的。

山东省烹饪协会副秘书长李志刚认为，鲁菜里包含着三种思想，这就是天人合一、取象比类和阴阳五行，有着深刻的文化渊源，所以才能健康养生。古人相信，二十四节气与人的身体密切相关，鲁菜在每个节令都会推出时令菜品，进补人体。食材的颜色，对应着金木水火土，这是阴阳五行学说在餐饮领域的具体反映。鲁菜厨师还要观察食材的生长地域、习性、形态、状貌，来确定其食用功能，这叫“取象比类”。

春在五行属木，色青，对应肝脏，适宜吃青绿色的食品。北方人喜欢吃春卷春饼，就是古人遗风。春天适合吃的高端食材是鱼翅，因为原生鱼翅是青色，入肝经，能够生血还阳。夏在五行属火，色红，在济南行走就像烤火，适宜吃西瓜红辣椒等红色食品。鲁菜中有一道荷香酥鱼，荷叶辛苦微涩，消暑利湿，鲤鱼可以清热解毒，利水消肿。夏秋之间，有一个长夏，在五行属土，色黄，适宜吃黄色或者深埋土中的食物，像橙子、南瓜、玉米、黄豆、山药、脆藕、地瓜、土豆等，还可以喝黄酒去湿，黄焖鸡米饭、黄花菜、土豆丝、琥珀炝藕这时纷纷登台。适宜的高端食材有鲍鱼等，红烧鲍鱼是鲁菜名品。秋在五行属金，色白，对应肺腑，适宜吃辛辣食物和筒子鸡等白色食物，像润燥利肺的蜂蜜、莲子、银耳、山药等。鸡经过一年的生长，已经开始肥美，老母鸡可以做筒子鸡，加上芥末可以做芥末鸡。秋季适宜食用的高端食材是官燕，鲁菜名品有清汤燕菜等。冬在五行属水，色黑，需要养肾，适宜吃黑芝麻、黑豆和海参等黑色食品，以及温补食品。鲁菜的“葱烧海参”最适合冬季进补……

即使同一种食物，每个季节的吃法也不一样。赵建民认为，鲁菜的所谓顺应自然，是指食材的选择、菜肴的烹饪、宴席的组合都要根据四季不同而变化，即孔子说的“不时不食”。鲁菜宴席中常用一道“肘子”菜肴，四季菜肴运用都有区别。夏季天气炎热，则以“水晶肘子”的凉爽、清淡平抑火热的天气；秋季则食用“冰糖肘子”，以冰糖、蜂蜜的滋润抵消秋天的干燥；冬天则适合用“红烧肘子”的充足脂肪与热量，增加抵御寒冷的能力；春天一款“清炖肘子”或“白扒

1998年，一济南老人过百岁生日

肘子”不仅清爽不腻，且有化解油腻开胃振食的作用。通过菜肴的搭配达到适应季节变化、平衡阴阳的效果。

鲁菜从原料选择、烹饪技法到搭配调味，每个环节都体现了丰富的养生思想。

鲁菜善于选用原生态的高档原料，都是养生补益的，如燕窝、鱼翅、灵芝等，多为高蛋白、低脂肪，具滋补、美容、健脑功能；鱼、虾、海参等多为养阳温热之品，多食有生热之嫌，燕窝、贝类、螃蟹多为滋阴冷凉之物，常食有积冷之弊。鲁菜将它们结合，配以蘑菇、豆腐、时蔬等，营养与保健价值得以均衡。鲁菜厨师喜欢使用辛香食物和药物进行调味，能避腥腻，去异味，赋予菜肴新味，防止食物腐败。鲁菜用料荤素兼用，口味浓淡适宜，烹法变化多样。鲁菜善用各类补益原料，搭配按照食疗配伍规律进行。油爆双脆用鸡肫和猪肚为原料爆炒而成，两者皆为健脾养胃、益气补虚之品，各有所长，共奏补益功效；孔府一品锅由海参、鱼肚、肘子、鸡、鸭、鱼卷、玉兰片、山药等原料烹制而成，食品多样，用料珍贵，汤汁鲜美，细腻爽口，所用原料皆为补益养生佳品，既各具本味，又能在口味与保健效果上完美结合。

鲁菜的烹饪方法体现着“公道”二字。鲁菜大厨们根据原料特点，运用公道方法，既保证菜肴有一流的感官特点，又考虑到养生价值。“爆”是鲁菜最重要的烹调方法之一，急火快炒，能够避免新鲜原料的营养成分被破坏。对于蛋白质、脂肪含量较高的原料，多通过烧、焖等技法使其软烂，易于消化。“炖”则可以把食物中的营养、香味溶出，有利于人体的吸收消化。“蒸”法讲究保持新鲜原料的本味，保持食物本身固有的营养，最大限度减少营养成分的流失。现代健康烹调推崇的大火、少油、快炒，与鲁菜的烹调技法不谋而合。鲁菜善于制汤，汤液能使多种原料的有效成分充分溶出，各原料的补益效果有机融合。

我国古代特别是明清时期，从宫廷到官府贵族，均选择以健康养生为目的之食馔烹制体系，把养生作为头等大事的鲁菜，自然成为四大菜系之首。

现代人要保持身心健康，必须研究鲁菜的养生功能，突出鲁菜的养生价值，推广“食育”和“食疗”，以食疗身，以食养生，以食助疗。

九转大肠是鲁菜最为独特的发明之一。看似难登大雅之堂的猪大肠，反复搓洗收拾干净，经过氽、煮、炸、烧四大烹饪手法，辅以酱油、糖、醋等多种调料及香料，每段大肠层层叠叠，口感独特。

王义均的弟子大董如此描述这道菜的口感：“大肠入得口来，轻合双齿，顿觉汁液汩汩沁出，酸溜溜，甜沙沙，咸滋滋，柔和香醇。食之快意，嗅之美妙，与味之神奇糅于一体，满口幽香。嚼至过半，有胡椒丝丝辣味，从舌底涌出。砂仁、肉桂面的香苦也不甘示弱，此时真是酸、甜、苦、辣、咸五味俱全，却又逐次递出，妙趣横生……”

五种味道，均保持着鲜明的个性，却又能浑然一体，成就了这一个“九转大肠”。它“五味均善、唯中唯和”，鲜明地体现着儒家“中庸”“和谐”的思想。在青岛举办的一次中国饮食文化论坛上，学者白玮说：中国美食哲学有五大基本系统，即时令美食哲学系统、阴阳和合美食哲学系统、五味调和美食哲学系统、本味哲学系统，食疗养生哲学系统。而这五大基本系统相互联结，互为因果，共同构成了中国美食哲学的庞大体系。他说：中国美食思想应该放在古老的阴阳哲学、五行哲学、节气哲学、中医养生哲学以及儒家思想和道家思想等诸般哲学体系中，相互对照参考。说得通俗一点，就是将古老的中国哲学思想搬到灶台和餐桌上。不管是时令、阴阳、五味调和，还是本味与食疗养生，中国美食哲学的核心便是和谐，顺应自然，追求天人合一的境界。中国人的终极饮食价值就是“天”与“和”——以食为天，以和为美。一个是为了求得基本生存，一个是为了从食物中获得快乐。

一个“和”字体现了中华民族的饮食观。而五味调和、平和适中、顺应四季、中正不倚是鲁菜的灵魂所在。鲁菜讲究平淡鲜嫩、软烂香醇、原汁原味，尊重优质原料自身具有的鲜美味道，在此基础上加以升华，在大气与内敛，张扬与蕴藉，调味与本味，至味与无味间寻找平衡点，达到中和、纯正之味，体现烹调艺术的真谛。

平和适中，是鲁菜“五味调和”的具体表现。鲁菜其实是一种“淡味”的菜系。《管子·水地》称“淡也者，五味之中也”。因为水味极淡，才能融合众味，从而起到调和得宜的效果，所以淡味是大味，是至味。这里的“淡味”不是指菜肴没有味道，而是恰当的、调和适中的味。而厚味、浓味本身没有办法融合其他的味，达不到品味的艺术境界。济南菜善于用汤，胶东的海鲜讲究原汁原味，都是鲁菜的奥妙。烹饪之道，还在于把百味杂陈的味料，通过各种调味手段，达到人人都可以享用的境界。还要把本味浓淡不一的食材之味进行调和，做到“有味使之出，五味使之入”，从而达到“和”的效果。

根据中医理论，无论是药物还是食品，五味与五脏均互相通应。《黄帝内经·素问》记载，“五味进胃，各回所喜，故酸先进肝，苦先进心，甘先进脾，辛先进肺，咸先进肾，久而增气，物化之常也”，说明五味与五脏关系密切，五味的太过、偏嗜等均会对机体造成损害，而通过五味的精心调和，则可强身健体、治疗疾病。所以鲁菜堂堂正正，不走偏锋，这是鲁菜平和适中的进一步表达。在鲁菜中，咸就是咸，鲜就是鲜，辣就是辣，甜就是甜，即便是复合味道的菜肴，酸甜、咸鲜等也是一品便知，分明自然，因而具有味道纯正的特点，尤其没有过于辣、酸、怪、奇等偏嗜之味，这也正是导致鲁菜缺乏个性的原因所在。但平和的饮食，既能平衡膳食，又能平和阴阳，也可以平抑滋味，最终达到“致中和”的养生目的。

“中庸”是儒家的核心理念之一。《中庸》云：“喜怒哀乐之未发，谓之中；发而皆中节，谓之和；中也者，天下之大本也；和也者，天下之达道也。”中者，不偏不倚；和者，和谐而无所乖戾。鲁菜“五味均善”，能够在包容外来饮食特色的同时保持独立品格，体现了“中和”品格，也透露出“正统”气派。

从古至今，有两种烹饪方式代表了山东饮食的特点，从中可以品出鲁菜“和”的味道。

“羹”是一种古代流行的烹饪方法。上古的“羹”，一般是指带汁的肉，而不是汤。中古以后，“羹”就是汤了。古人的主要肉食是羊肉和猪肉，“羹”就是“美”字和“羔”字放在一起，表示肉的味道鲜美。人们在大锅里煮肉，放上五种调味品和青菜，做成带汁的食物就是“羹”。《说文》里说：“五味和羹。”“阴阳五行说”是传统思想所设定的世界模式，人们不仅把味道分为五种，产生了“五味”说，而且还把谷物、畜类、蔬菜、水果分别纳入“五谷”“五肉”“五菜”“五果”的固定模式。五味调和才做成了“羹”。

炒菜出现以前，看一个人的厨艺如何主要看她会不会调制羹汤。正如唐代诗人王建咏在《新嫁娘》里所说：“三日入厨下，洗手作羹汤。未谙姑食性，先遣小姑尝。”正是这个意思。《古文尚书·说命》中说，要做好羹汤，关键是调和好咸（盐）酸（梅）二味，以此比喻治国。

孔府菜“带子上朝”

有了炒菜，羹在中国人饮食中的地位大大降低。“炒”这一烹饪技术最早记载于《齐民要术》，成熟于两宋，普及于明清。明清以后炒菜成为老百姓的最佳选择，人们把多种食品，不论荤素、软硬、大小，一律切碎，混合在一起加热，并在加热至熟中调味。欧美、日韩都没有“炒”的概念，只有中国有炒菜。炒的特点大体有三：一是在锅中加上少量的油，用油与锅底来作加热介质；二是食物原料一定要切碎，然后按照一定顺序倒入锅中搅动；三是根据需要把调料陆续投入，再不断翻搅至熟。炒菜的发明使我们这个以农业为主、基本素食的民族得以营养均衡。

山东胃：该从西餐中吸收哪些营养?

如果选择两种食物来代表中西方文化的差异，应该选什么?

最恰当的是饺子和披萨。饺子包容、含蓄、混沌，把一切包裹起来，深藏不露，是一种集体行为；披萨简单、外露、精准，把所有东西都体现在面上，一目了然，是一种个人主义。饺子追求天人合一的大团圆，披萨讲究效率和结果，追求快捷与营养。

但在餐桌上同时出现这两种食品已成为很正常的现象。从排斥、隔膜、羡慕到习以为常、平等看待，乃至作为一种饮食选择，山东人对西餐的态度越来越理性，越来越宽容，越来越平淡。

山东人接触西餐，已有100多年的历史。青岛应该是山东最早有西餐馆的地方。《清稗类钞》说："国人食西式之饭，曰西餐，一曰大餐，一曰番菜，一曰大菜。席具刀、叉、瓢三事，不设箸。"19世纪末，随着德国人入侵青岛，西餐随之而来。20世纪二三十年代，青岛西餐进入一个快速发展阶段，仅西餐馆和咖啡馆就达数十家，一是这里具有浓郁的高雅气氛。清末民初，食用西餐、遵从西餐礼仪成为上流社会彰显身份的重要标志。1933年，作家柯灵来青岛时曾写了一篇《咖啡与海》，描述青岛咖啡饭店的场景："白衣侍者含笑相迎，跑过甬道，来到大厅……大理石的圆柱，精巧的座位，骄矜的微笑，指甲涂着蔻丹的纤手，高脚杯里是殷红的葡萄美酒。"到2004年，青岛咖啡饭店在香港中路重新开业，改名为"青岛饭店"；二是这里有独具异域风味的饮食。德国人佛劳塞尔在中山路开了一个西餐馆，从1902年开始经营到20世纪40年代。梁实秋在《忆青岛》中写道："德国人佛劳塞尔在中山路开一餐馆，所制牛排我认为是国内第一。厚厚大大的一块牛排，煎得外焦里嫩，切开之后里面微有血丝。牛排上面覆以一枚嫩嫩的荷包蛋，外加几份炸番薯。这样的一份牛排，要两元钱，佐以生啤酒一大杯，依稀可以领略樊哙饮酒切肉之豪兴。内行人说，食牛肉要在星期三四，因为，周末屠宰，牛肉筋脉尚生硬，冷藏数日则软硬恰到好处。"

1904年6月1日，胶济铁路全线开通，西餐从青岛杀入济南。在此之前，济南有一家"宜宾馆"西餐店，山东巡抚、济南知府等常在这里宴请洋人。济南一个说唱艺人这样描述纨绔子弟的生活：“一听炮台烟，两句二黄板，三顿饭里有西餐……”胶济铁路开通后，一个叫石泰岩的德国人，在经一纬二路开了一家西餐馆。到过这里的柳亚子有诗曰：“一树棠梨红正酣，紫丁香发趁春暄。明窗净几堪容我，暂解行滕石泰岩。”石泰岩的西餐部以德式大菜为主，能承办大型宴会，擅长煮、炖、烤，其名菜有煎牛排、红炖牛肉、咖喱牛肉、铁扒鸡、鸡茸鲍鱼汤、牛尾汤等，制作的黑森林火腿肠、红肠、血肠、生肠也很有名。这个店有着德国人的严谨，制作牛排的原料，需要专人去段店集市购买小牛，店内有一个专门宰牛的房间。制作出的红炖牛肉鲜嫩味美，吃完一份可以续添两三份，不再加钱，所以颇受欢迎。冷餐中有一道奶油栗子，沙甜香软的栗子粉，盛在一只糖塑花篮里，上面点缀着几颗晶莹剔透的红樱桃，让人食欲大增。1945年，这个酒店歇业。

20世纪20年代之后，济南的西餐馆多了起来。一时间，咖喱牛肉、西米布丁、冰激凌成为时尚食品。这里非常静谧优雅，空气里飘散着奶油和煮咖啡的味道。客人一入座，侍者会客气地摆上不锈钢刀叉……

这期间，一群青岛人合伙开办的“式燕番菜馆”，成为济南西餐馆的后起之秀。这个菜馆可以容纳100余人同时就餐。“刀叉耀眼盆盘洁，我爱香槟酒一觞。”名厨烹制的烤牛排、煎鱼排、烤小鸡、炸大虾、熏猪肝肠、什锦蛋卷、鸡茸鲍鱼汤等，鲜美清香，每天顾客趋之若鹜。

作家范烟桥在《历下烟云录》中，以各色女子比喻当时各色西餐馆：“青年会如东瀛女子，不施脂粉，良妻贤母；仁记如西班牙女子，其媚在眼，其秀在发；式燕如久居中国之侨妇，渐受同化，又如华妇侨外，亦沾夷风。大多数番菜系德国派，每色材料丰富，牛排大如人掌，非健胃者不能胜也。”

20世纪30年代，济南的西餐馆有所增加，商埠除原有的石泰岩、

1992年威海一家朝鲜饭庄顾客盈门

式燕、美记等六七家外，还新开了亚美番菜馆、新亚大菜馆、同利食堂、明记西餐部、五大牧场西餐部等，都有固定的客户。在经六路纬一路交界处，有一个俄国人开的“新亚大菜馆”，拿手菜有罐焖鸡、炸虾托、奶油蘑菇汤、乡下浓汤等。当时，法式大餐为西菜之首，烹调考究，菜品丰富；俄式大餐称西菜经典，喜欢用油，口味较重。

20世纪50年代，西餐馆在济南绝迹；20世纪60年代中期和70年代初，聚丰德两度增设西餐部，西餐又在济南短暂亮相。直到改革开放之后，西方饮食才又一次席卷齐鲁大地。

与热气腾腾的传统宴席不同，麦当劳餐馆里明亮的玻璃、红色条纹衬衫的侍者、光洁的座位、托盘和罐装饮料形成了一种简洁的快餐风格。

到2007年，山东肯德基达到100家，这差不多花费了15年时间。而在随后不到3年时间内，肯德基一口气又开了100家餐厅。这是山东餐饮业发展史上前所未有的纪录。很快，洋快餐发展成西式大餐，在济南，索菲特意大利餐厅、贵和皇冠西餐厅、王品台塑牛排、1904小广寒、喜来登和清水海的日本料理，舜和的韩国生鲜等，都是吃西餐的高档场所……其中王品严选牛的第六至第八对肋骨，一头牛6块排骨仅供6位客人，成为高档牛排的代名词。鹅肝、牛排、烤肉、三文鱼、意面、海鲜浓汤等，既出现在西餐厅的大餐里，也出现在鲁菜的菜单里，成为一道独特的风景。

在济南，一个中文名字叫“费腾”的瑞士小伙儿，经营着一家西式“鲁菜餐厅”。他最初想把正宗西餐分享给济南人。于是开了法餐店、披萨店。后来，他萌生了将鲁菜推广到世界更多地方的想法。在费腾鲁菜馆200余道菜中，超过一半是中西融合制作而成，比如受顾客欢迎的鱼子酱烤鸭等。在国外推广糖醋鲤鱼时，他们会把刺去掉；迪拜等部分国家不吃猪肉，也会尽量避免相关菜品。

鲁菜的美味能否征服世界的味蕾？杨铭宇黄焖鸡的董事长杨晓路对此充满信心。“杨铭宇”黄焖鸡在美国洛杉矶第一次亮相时，杨晓路亲自下厨，做了一个月的饭。原本以华人为目标群体的黄焖鸡米饭，却赢得美国人的喜爱。美国人日常饮食比较简单，主要吃汉堡、墨西哥肉卷、披萨，做菜的手法除了生吃，就是煮、煎、拌。他们吃到黄焖鸡米饭后，激动地冲进操作间，问杨晓路鸡肉怎么能做得这么好吃？杨晓路说，因为鲁菜独特的做法，他们难以想象。

在最近的一次全国两会上，政协委员王宜说：从文化和社会角度看，中餐是一种软实力，在满足人们美好饮食生活需要、塑造文化品牌形象、传承中华文明、中国文化、中医药文化，在增强国际传播能力等方面有着独特的优势。她建议，要多措并举，充分发挥各方面的积极力量，推动中华饮食文化“走出去”。

在每个历史阶段，随着自己的不断成长，鲁菜都在以各种形式，影响着整个国家的饮食文化，并成为世界饮食文化的有益成分。

日本和韩国拉面的源头在烟台福山。至今，福山大面已经传承到第三代。老北京的炸酱面，是福山大面的分支。明朝时宫廷御厨多是福山人，其精湛的制面技艺经过宫廷洗礼，在北京扎根落户。韩国仁川拉面传承了福山大面的精髓，今天，不少韩国拉面馆还以福山大面作为招牌。日本拉面同样脱胎于福山大面，且至今仍保留着福山大面的形与神。

王兴兰讲了一个日本女子的传奇故事：

抗日战争胜利后，一个名叫佐藤孟江的日本女子被丢在济南，她怕暴露自己的真实身份，就隐姓埋名，辗转多个场合，最后女扮男装，来到鲁菜名店泰丰楼，拜师学艺，从切菜开始，再学炒菜，直到20世纪50年代才回到日本。佐藤孟江对鲁菜念念不忘，于1969年在东京新宿开设了一家主营山东料理的菜馆，取名“济南宾馆”。几十年间，佐藤孟江夫妇坚持举办“济南烹饪教室”，培养了千余名鲁菜爱好者和厨师。改革开放之后，佐藤孟江先后50次访问中国，山东省烹饪协会授予她“鲁菜特级厨师”“正宗鲁菜传人”的称号。2005年5月，佐藤孟江夫妇撰写的《济南宾馆物语》被译成中文，以《鲁菜情缘》为书名，在中国正式出版发行。

改革开放以来，鲁菜走出去的步伐更加铿锵有力。

山东凯瑞集团瞄准的是国际化大都市，在上海的核心地段连续开了数家城南往事，房间布局颇有明府城的气韵。酒店都以烤鸭和糖醋鲤鱼为核心元素。烤炉里炉火正旺，时有游客驻足，想一睹烤鸭是如何新鲜出炉的。赵孝国说：上海、杭州是国际化大都市，外国友人很多，而烤鸭是一种古老的鲁菜，外国友人非常认可，所以用烤鸭作为鲁菜的国际代言者最合适不过。

2010年5月上海世博会期间，山东在世博园内专门开设了一个鲁菜馆，根据上海人的口味，微调菜品，端出“孔府宴”，迎来很多食客，鲁菜馆常常要在夜间补充食材。这个菜馆的建筑面积400余平方米，其中厨房128平方米，就餐区260余平方米，装修设计以孔门辉煌家世和儒家精深文化为主创元素。菜品设计上则以“孔府菜、济南菜、胶东海鲜”为主，其中以孔府菜为主打，展示“福、寿、喜”宴等传统餐饮文化内涵，游客们能品尝到山东水饺、大包、清油盘丝饼、单县羊肉汤、武大郎炊饼、蓬莱小面等山东风味小吃。鲁菜馆创下世博园的销售记录。

青岛上合峰会国宴上的孔府菜

山东本土也有世界舞台，2018年，在上合组织青岛峰会欢迎宴会上，王兴兰联手山东大厦行政总厨胡宗强等再度献上孔府菜。呈现在各国领导人面前的是“四菜一汤”。王兴兰说：所有上桌的菜品必须做到极致。比如说一品八珍粥就需要经过八个小时的炖煮，加上两个小时的调试，十个小时以后方可上桌。为了尊重各国的不同文化习俗，晚上进行的是全清真国宴，体现了对多元文化的尊重。

三个月后，在北京外交部山东全球推介活动上，以胡宗强为首，山东大厦抽调中西餐、冷菜、面点等各分部厨师8人，并从全省各地招募精英，组成一支38人的厨师团队。在有限的筹备时间里，根据山东地方特色名吃，创新研发了28道菜品。

2022年，北京冬奥会期间，中国的传统美食饺子成为各国运动员喜爱的网红食品。这些饺子的生产商就是山东玖九同心食品股份有限公司。公司董事长李允文说，冬奥会对食品企业的选择标准可谓苛刻，他们能够一路过关斩将，顺利入围，得益于既绿色安全健康又新鲜可口味美的食品。这一次，他们严选37种原辅料，赶制出12个单品、137吨、750万只产品，保障了各国运动员们的饮食需求。美国运动员茱莉亚·马里诺称自己的最爱就是中国饺子，天天都在吃。中国运动员谷爱凌夺得这届冬奥会首金后，兴奋地咬了一下金牌，又吃了一口包子。一名马耳他女运动员在比赛中出现失误，摔倒在地，却从兜里掏出半个吃剩的豆沙包，微笑着对准镜头晃了晃，大吃起来……她每天最少吃6个豆沙包。李允文说，中国饺子可以成为国际食品，关键在于口感和保鲜。口感好源于原料好，原汁原味，严把食材关，为此，他们把蔬菜生产基地选在“济南菜篮子”唐王，统一种植，统一管理，统一回购；把面粉生产基地设在内蒙古巴彦淖尔，这里昼夜温差大，日照时间长，河套面粉品质优良。看似一个普通的饺子，李允文琢磨了一辈子，他在传统工艺上进行多项改进，使饺子馅

2002年龙大集团加工出口蔬菜

保持颗粒均匀、肉质鲜嫩的特色。他坚持用手工包饺子，但是包好之后，使用双螺旋速冻机，在30分钟内，将饺子的中心温度快速降到零下18℃，堪称一绝。他提供给冬奥会的，还有馄饨、豆沙包、鲜奶馒头等等。其集团旗下已经有玖九同心、佰饺汇、饺滋哥等十大品牌。

高炳义说，近年他带领中国各个菜系的大师们多次“出征”世界各地，走进纽约、华盛顿、维也纳、巴黎……作为总厨师长，他出国做菜时间最长的一次，是连续12天，一直盯在厨房里，丝毫不敢马虎。他说，国际宴会，有很多礼仪必须重视，首先，在菜单中不能有明令保护的动植物原料；其次，选用的材料避免太高档、太名贵；再次，需要尊重各国客人的饮食习惯。在中国美食走进联合国活动中，他先后设计菜品600余个，最后经筛选，3/4的品种被淘汰。在外国做菜，大厨们要克服很多难以预料的困难，没有中餐厨房，中餐宴会只能在西餐厨房里做，中国菜爆、炒、扒等烹饪技法很难实现。在国外制作中餐宴会，一般分为桌餐、分位餐、冷餐自助等多种形式，冷餐自助要将数十个品种的中餐装盘在中型餐盘内，每一道菜必须保持色、香、味、形、器的一致性。对于分位餐等高端的精品宴会，每盘菜都是以分钟来计算上菜时间。高炳义和名厨团队曾面临过一个“复杂”的高端宴席。27个嘉宾中，有9种完全不同饮食习俗要求和口味。但是每次他们都能圆满完成任务。

英国姑娘扶霞·邓洛普写了一本《鱼翅与花椒》，是关于中国美食的畅销书。她来到齐鲁大地，结识了王兴兰等鲁菜大师，名贵的海参配上山东大葱烹炒，是她的最爱之一，她还尝到之前从未听说过的甜沫、酥锅，现场学做糖醋鲤鱼……她希望让更多的西方人了解鲁菜的魅力，把一些烹饪方法简单又不需要很多中国当地食材的山东美食介绍到国外，比如山东煎饼、牛肉烧饼、烤鸭、糖醋鲤鱼，还有炒焖饼等。

山东禹王集团董事长刘锡潜有一个鲜明的观点：多吃大豆，少吃肉，不但能够救自己，还能够救地球。

中国人吃了几千年谷物，在最近几十年里才能大块吃肉、大碗喝酒，特别是西餐里的肉类，块头极大，东方人难以消化。在经过“无肉不欢”的发展过程之后，人们的胃口渐渐出现对西餐不适应的症状，加之连锁化、大众化、个性化的中餐品类竞相崛起，分走了西餐的一部分客流。清一色的牛排、意面以及海鲜浓汤等主打菜品，辅以红酒、甜品，会让人们的新鲜感保持多久？

中西方餐饮文化确实有着巨大差异。中国重和合，西方重分别。中国是大陆性国家，形成内向型思维方式，注重感性，饮食过程中强调主观感受，食物不仅是一种物质享受，还有精神上的愉悦和慰藉。中国菜注重色香味形的有机融合和统一，尤其是把“味”放在第一位。台湾美食家朱振藩说，西方是“盘文化”，菜品放在盘子里让人看得见，吃得下；中国是“锅文化”，所有精华蕴藏在一个锅里，需要吃到嘴里才直冲脑门，惊喜万分。因为把美味放在第一，营养价值就放在次要位置了。所以鲁菜重油、重盐、重糖，川湘菜突出麻辣。西方是海洋文明，倡导冒险精神，注重理性和实用，食物的功能性最被看重，讲究饮食的合理搭配和营养价值，会仔细研究食物所含热量、蛋白质、维生素等，以及每天的摄入量等等，好吃就在其次了。西方人可以长期吃同一种食

农村妇女和面雕塑

物。中国人注重集体，喜欢围着一张大圆桌聚餐；西方人注重个体表达，每个人独享一份餐食，拿着刀叉各吃各的……

食材的选择，既有历史的传承，又有现实的考量。中国的文明起源于大河流域，适合农业灌溉，种植格局是“北麦南稻”，加之季风气候的影响，我国物种呈现多样性特质，物产丰富，以各种植物的果实、根茎和枝叶为主，配以少量的肉类，荤素搭配；西方许多国家是温带海洋性气候或是地中海气候，有利于牧草生长，畜牧业发达，饮食以肉类、鱼类或者乳制品为主，素食只占一部分，西餐主食通常为牛排、牛奶或者奶酪等。

中国是一个烹调大国，菜品的最大创新，是把肉类和蔬菜等不同种类的素材，通过调和，在一起炖煮。中国不论是荤还是素，都叫“菜”，可见对菜的重视。中国烹饪方法多得让人眼花缭乱，还要根据不同烹饪需求对食材外形进行加工，块、丝、条、片轮番上阵，厨具的材质和形状千姿百态；西方人烹饪方式比较简单和固定，只有煎、烤、炸、煮等几种，最常用的厨具是电烤箱、平底煎锅和微波炉，而且食物的素材分得很清楚，不同的菜品不放在一起烹饪。西方人吃的是肉食、冷食、生菜。另外，西餐也各有风格。意大利菜用西红柿、橄榄油等直接调味，突出食物本味；法国菜是西方菜系的代表，讲究色、香、味、形的配合，制作考究，用料广泛、新鲜，调味喜欢用酒；德国菜以酸咸为主，喜欢食用生鲜，菜肴通常用啤酒来调味……

山东同乡季羡林在一篇文章里说，中餐与西餐是世界两大菜系。前者是把肉、鱼、鸡、鸭等与蔬菜合烹，而后者则泾渭分明地分开而已。大多数西方人都认为中国菜好吃。那么你为什么就不能把肉菜合烹呢？这连一举手投足之劳都用不着，可他们就是不这样干。文化交流，盖亦难矣。到了今天，烹制西餐，在西方已经机械化、数字化。这同西方的基本思维模式，分析的思维模式，紧密相连。而在中国，从来没有见过掌勺的大师傅手持钟表，眼观食谱，按照多少克添油加

美国投资家罗杰斯在济南品尝美酒和美食

醋。他面前只摆着一些油、盐、酱、醋、味精等佐料。只见他这个碗里舀一点，那个碟里舀一点，然后用铲子在锅里翻炒，运斤成风，迅速熟练，最后在一团火焰中，一盘佳肴就完成了。据说多炒一铲则太老，少炒一铲则太嫩，运用之妙，存乎一心，谁也说不出一个道道来。这是东方基本思维模式，综合的思维模式在起作用。有“科学”头脑的人，也许认为这有点模糊。然而，妙就妙在这点模糊上。

中西方餐饮文化在碰撞中融合，在交流中发展。中餐向西餐学习，开始注重食物的营养性、健康性和烹饪的科学性，讲究就餐的环境，营造高雅的文化氛围，注重现代礼仪；西餐也开始向中餐的色、香、味、意、形的境界发展。

但刘锡潜还是强调：大豆孕育了黄皮肤的东方民族，大豆蛋白培育了东方人的体质和智慧。他认为，中国人历来以谷物为主食，谷物的蛋白质和脂肪含量偏低，能够补充这一不足的，恰是富含蛋白质、碳水化合物、脂肪等的大豆。人类如果食肉过多，过度放牧，会导致土地和草原沙化，而且全球畜牧业养殖排放的温室气体，占全球温室气体总量的51%。获取同等数量的蛋白，畜牧养殖所排放的温室气体是大豆蛋白的18倍。如果人类少吃肉蛋白，多吃豆蛋白，将遏制全球气候变暖趋势……

文化“双创”：打造舌尖上的新山东

目前，百年变局叠加世纪疫情，使我们处在一个新的历史坐标上，山东餐饮业应该向何处去？

答案应该非常清晰明了，就是要通过当代山东人的共同努力，弘扬优秀的鲁菜传统文化，吸收西方饮食的科学成分，发展鲁菜的产业体系、理论体系、标准体系和人才体系，打造舌尖上的新山东。

2020年上半年，新冠疫情突发，延续了几千年的生活方式遇到新挑战。讲究仁义道德的山东人，喜欢“团团圆圆”，一个大家族按照长幼尊卑，围坐在大圆桌边，桌上有美味佳肴，丰厚食物。这个家是一个同心圆的内核，向外逐渐扩展，就是国家。围桌合食，体现着国人的集体主义观念与和谐理想。但是疫情却带来新的问题。

为应对疫情，山东省政协文史委主任杜文彬和舜和酒店集团董事长任兴本，疫情期间研发了用于分餐的用具，制定了全国第一个分餐制标准。在饭桌上，一套崭新的分餐用具已经摆上：一把公用勺子、一双公用筷子、一把公用叉子，它们与平常用的餐具有两点不同，就是尺寸明显放大，柄部是醒目的红色。杜文彬说，饮食是人的日常行为，具有思维定式和惯性，本来是公用的餐具，吃着吃着可能就忘了，会不由自主地往自己的嘴里送，不过勺子刚好比嘴巴大一点，这就限制了公勺私用，而且大小适度，用起来很方便。鲜红的颜色，对大家也是一种强刺激，从而起到提醒的作用……

远古时期，齐鲁大地的人们饮毛茹血，且食物有限，只能实行分餐制。进入阶级社会一直到秦汉时期，吃饭时席地而坐，每个人面前会放上一个小的食案。在山东多地出土的汉墓壁画、画像石和画像砖上，餐饮时人们席地而坐、一人一案，看不到许多人围坐在一起狼吞虎咽的场景，说明当时分餐制流行。从汉末、魏晋南北朝再到隋唐时期，民族大融合，少数民族带来的胡服、胡食和胡床等为汉人所接受，山东地区的生活方式发生颠覆性变化。高足家具如桌、椅等兴盛，低矮案几渐渐不再适用，古人席地跪坐的分餐习俗被逐渐抛弃，围桌案而进食的方式自然就出现了。据家具史专家们研究，古代家具发展到唐末五代之际，在品种和类型上已基本齐全，其中桌和椅是最重要的两个品类。到中唐时期，合餐制已经出现并传播开来。至唐后期，高椅大桌的会餐十分普遍，分餐制逐渐演变为合餐制。具有现代意义的会食出现在宋代的饭馆里。陆游的《老学庵笔记》说北方民间有红白喜事会食时，有专人掌筵席礼仪，谓之“白席”。白席人是会食制的产物，他的主要职责是统一食客行动、掌握宴饮速度、维持宴会秩序……

在西方人看来，围桌合食是一件极其不卫生的事儿，容易导致疾病的发生。根据世卫组织统计，在疾病的各类传播途径中，唾液是最主要的途径之一。共用餐桌、菜盘和筷子，使得幽门螺杆菌轻易突破人的口腔，引发胃溃疡等疾病，造成胃疼、口臭、反酸和胃灼热。甲型肝炎病毒也是通过粪口进行传播的，如果人们和甲肝感染者共用餐具，就会使病毒进入消化道，进而感染上甲肝。另外，一个桌子吃饭还可以导致慢性病的传染……导致新冠疫情传播的一个重要原因，就是亲朋好友聚餐。

面对新的形势，如何让大家在保持精神“合食”的前提下，有效分餐，避免疾病的传染？

杜文彬、任兴本提出“分餐位上”“公共餐具分餐”和“自助分餐”三种形式，推动分餐制实施。任兴本解释说：按位分餐，就是按照就餐人数将菜品分成单份端到每个人跟前；公共餐具分餐则用分餐餐具分开盘子里的共享菜品，比如他们研发的公用勺子、筷子和叉子等；自取分餐是使用独立餐具并由用餐者自取或服务人员协助实现分餐。

2020年春天，积极复工复产的山东餐饮企业开始分餐制探索。舜和酒店与蓝海御华大酒店的“分餐位上”，凯瑞餐饮的分餐公勺在全国率先启动。山东推出分餐制地方标准，随后向国家标准委提出制定餐饮分餐制国家标准的申请，获得批复。地方标准主要解决了餐饮理念、共识的问题，但有的表述过于专业，专家在评审国家标准草案时认为，国家标准要有更细致的制度安排。标准起草人之一、山东省市场监管局标准化处副处长马晓鸥表示，在制定国家标准时，表述要更加考虑消费者的想法，比如把“分餐位上”改成了“按位分餐”，也做出更加细化的分餐路径和方法。标准草案经过20多次讨论修改，才

1979年，荣成渔民在船上午餐

获得评审专家的通过。中国饭店协会会长韩明认为：标准的发布实施为疫情防控常态化下的安全用餐提供了技术遵循，同时，将逐步把分餐制由理念转化为常规性的餐饮礼仪，进而引导人们形成健康文明饮食的新方式。

山东率先向沿袭已久的围桌合餐习俗“宣战”，在全省餐饮企业推广分餐制，迈开改良餐桌文化的重要一步。山东省饭店协会会长、蓝海酒店集团董事长张春良表示，分餐位上模式既阻断了病菌传播，也减少了“舌尖上的浪费”，有助于推动形成健康、卫生、文明的餐桌新礼仪。疫情刺痛了公众的意识，是推行分餐制的窗口期。这年春天，新浪微博发起一项关于分餐制的投票调查，超过80%的网友表示“支持”“要养成习惯”，全社会基本形成分餐的共识。目前学术界认为实行分餐制应该分步骤进行，将使用公筷公勺作一个过渡，加强宣传引导特别是对城乡接合部和农村地区的卫生教育。

济南绿地中心的最顶层，是凯瑞集团联手绿地集团打造的“泉客厅”。

它在303米高的60层楼上，济南的风光能尽收眼底。外面是花灯璀璨的世界，明府城、商埠区、新城区如一幅新山水画铺展开来，黄河、千佛山、华山携历史余韵扑面而来……这里的菜品中西融合，又用山东本土的理念加以创造，所有味道都被“鲁菜”的灵魂统领。凉菜是前奏，已经带给食客前所未有的新鲜感，樱桃般的鹅肝、法式香柠果、百香果皇后等陆续入口，口腔里仿佛有一个百花齐放的春天。大菜更是惊艳脱俗，商埠富贵鸡、葱烧关西参、香柠汁烤银鳕鱼、伊比利亚火腿配肥城桃，雪花牛肉配藕尖……在菜品的背后，是来自米其林厨师、蓝带甜品冠军和本土厨师的思想碰撞。

山东餐饮的道路，到底该怎么走？

其实像蓝海、舜和、杨铭宇、凯瑞、胶东人家等餐饮企业，已经探索出不同的成功模式。中国餐饮的未来是资本化、产业化、品牌化、标准化、连锁化、智能化。有人预言，餐饮行业的“头部效应”会明显高于其他行业。餐饮企业必须完成品类品牌化、产品标准化、供应链保障化、管理数据化、财税规范化、顾客粉丝化等六大工程，才能够将一门挣钱的生意做成一个杰出的企业。

赵孝国说，未来餐饮行业将进入“品质餐饮”和“刚需餐饮”的双赛道时代，可以借鉴白色家电行业的发展，迎来从“百家争鸣”到“头部引领”的重新洗牌。以山东和京上广的餐饮市场为例，现在人均从几百元到千元的个人品质餐饮消费崭露头角，消费者主要来自从“60后”到“80后”的第一代创业者，他们大多完成原始财富积累，需要更多的品质型消费；另一赛道则是以居家养老、都市白领用餐、学生团餐等组成的刚需市场，这一市场将由预制菜、共享厨房、中央厨房等形式来满足。

鉴于此，凯瑞正通过细分用餐场景需求打造餐饮品牌，走出一条中餐正餐跨品牌、跨地域、跨业态连锁品牌发展的新路径。“城南往事”致力于讲述老济南人的美味故事；“高第街56号”主打香港味道；“老牌坊”着力于挖掘天南地北山东菜；“皇城根”重点讲述北京胡同里的美食故事。还有“非尝锅气”“牌坊里”“味想家”“长安巷”……都有不同的市场定位和消费群体。

凯瑞还非常注重拉长餐饮产业链，加快预制菜、中央厨房、供应链的发展，改变传统经营模式。他们在长清投资建设了一个共享中央厨房。这是一个全国示范性的区域加工配送中心，占地面积80余亩，投资近4亿元，预计年产值50亿元；凯瑞还计划在全国22座城市布局共享中央厨房网络，形成以济南为核心，辐射周边多个省份，集食品加工、物流配送一体化的现代化供应链体系。

餐饮企业在努力满足每个人的胃口，普通民众该怎么办？

在安普瑞禽业科技有限公司，总经理张昕凌做过一个有趣的实验。

她把公司生产的“眼黄金”鸡蛋和社会上的土鸡蛋，分别磕碎，放在两个盘子里，两种鸡蛋呈现出不同观感。安普瑞的“眼黄金”鸡蛋营养分为三圈，最外层的稀蛋白透亮均匀，中间的稠蛋白酷似果冻，蛋黄坚挺饱满；而一般的土鸡蛋只有一层蛋清，蛋黄干瘪。她用手去触碰，“眼黄金”的蛋黄像有弹性，而一般鸡蛋的蛋黄一捏就碎了。她还用手提起“眼黄金”鸡蛋，非常黏稠，有拉丝般的效果，普通鸡蛋则像一汪清水，根本提不起来……

她说，社会上一些人很迷信土鸡蛋、土鸡，认为它们散养在大自然中，口味更佳，营养更好，但是试想一下，土鸡饥一顿饱一顿，保证不了营养素的合理摄取，自身就营养不良，怎么可能给人供给优质蛋白质？安普瑞的鸡，虽然住的是“集体宿舍”，但喝的是地下深泉水，一顿饭的饲料有39种营养配比，温度自动控制，粪便自动清理，鲜蛋当日配送到消费者家门口，这样的鸡蛋是不是营养更丰富？

疫情之后，营养学者、济南大学教授张炳文提出，山东人必须树立以“科学”为导向的餐饮观。比如，要建立起“只有规模化的种植与养殖，才能最大化的规避风险”之理念。明确认识到，标准化、规模化生产的产品才是安全可靠的，所谓的野生、散养，可能会存在未知的风险；盲目追求所谓野生的、纯天然的做法不可取。野生蜂蜜、产地直送的野蕨菜、野葛根粉、厂家直销的压榨菜籽油……这些“原生态”食材安全性未必高。原始土法采集的野生蜂蜜，难保不含有毒生物碱，轻者中毒，重者会导致死亡；而古法木榨菜籽油，也可能存在有毒物质超标；不使用化肥出产的果蔬安全系数就高吗？未必！化肥是植物生长所必需的氮元素的来源。少量的虫害可以人工捉，病害又如何防治？有虫子的蔬菜被人食用后，照样危害人体健康。不用化肥也许存在更大的安全问题，规范使用农药、化肥才是食品安全管理的重点……

他还主张从餐饮的角度，逐渐改变国人的生活方式。

从社会层面讲，要加强对传统烹饪方式的营养化改造，研发健康烹饪模式。创建国家食物营养教育示范基地，开展示范健康食堂和健康餐厅建设，推广健康烹饪模式与营养均衡配餐。要倡导桌餐分餐改革、自助餐取餐改革，禁止百家席、千人宴，万人同食蛋糕同食火锅等行为。要加强与食品工业的融合，推动中式餐饮供应链的改革创新。要做好中餐科学性、安全与营养的评价与解读，使之深入人心。要从法律层面禁止捕猎、贩卖、烹食甚至驯化饲养野生动物等……

从个人层面讲，“平衡膳食”可以改善人体免疫状况，提高身体体质，增强对疾病的抵抗能力。第一，食物多样，谷类为主。不同食物中的营养素种类和含量不同，只有多种食物组成的膳食才能满足人体需要。每天的食物多样，应当达到12种以上，包括谷薯类、蔬菜水果类、畜禽鱼蛋奶类、大豆坚果类等。第二，吃动平衡，健康体重。要定时定量进餐，以避免过度饥饿而引起的饱食中枢反应迟钝，进食过量。提倡分餐制，根据个人的生理条件和身体活动量，进行标准化配餐，记录自己食物的份和量。每顿少吃一两口，适当限制进食量。减少高能量食品的摄入。学会看食品标签上的“营养成分表”，了解食品的能量值，少选择高脂肪、高糖含量的高能量食品。天天运动，令呼吸变快、心跳加速，保持健康体重。第三，多吃蔬菜、奶类、大豆。蔬菜水果是平衡膳食的重要组成部分，

一位山东老大爷把昆虫当作美食

奶类富含钙，大豆富含优质蛋白质。应尽量做到餐餐有蔬菜，天天吃水果。第四，适量吃鱼禽蛋瘦肉。优先选择鱼和禽，吃鸡蛋不弃蛋黄，少吃肥肉、烟熏和腌制肉制品，尽量用鱼和豆制品代替畜禽肉。第五，少盐少油，控糖限酒。应培养清淡饮食习惯，少吃高盐和油炸食品。成人每天食盐不超过6克，每天烹调油25—30克。糖每天摄入不超过50克，最好控制在25克以下。每日反式脂肪酸摄入量不超过2克。足量饮水，成年人每天7—8杯，提倡饮用白开水和茶水；不喝或少喝含糖饮料。第六，杜绝浪费，兴新食尚。选择新鲜卫生的食物和适宜的烹调方式；食物制备生熟分开，熟食二次加热要热透；学会阅读食品标签，合理选择食品；多回家吃饭，享受食物和亲情……

在经过数千年素食为主的演化之后，我国已经进入一个“肉食社会”，人们的胃和舌发生着深刻的改变。我们该如何面对？

有人说，鲁菜的主基调类似“美学”，也是“形式主义”的。它的两大要素是形状与口味，强调色香味形器五大要素俱佳。在这五大要素中，颜色、形状、器具都是“外在形式”，香属于味的范畴，是一种“在外”气体的散发，都统一于“形式”。高端鲁菜都是“美”的，像蝴蝶海参、芙蓉鲍鱼、油爆海螺等，就连实惠的葵花豆腐和滑熘肉片也像一个个盛开的花朵。

这种说法有片面性。山东人的饮食，不仅看“色香味”，更深究“意形养”。在衣食住行的一点一滴中，传承我们的血脉，延续我们的文明。一座城市的味道，不仅仅是厚重的文物和沧桑的历史，更是妈妈亲手做的一顿饭菜，亲人相聚时的一杯喜酒。胃里藏着我们的另一个故乡，精神的故乡。

站在一个新时代的地平线上，我们能否赋予这个“故乡”以崭新的内涵、全新的意义？

创新，是鲁菜作为一种文化形态的当务之急。

在一次名为“探寻之旅·美味山东”的活动上，山东省旅游饭店协会会长何庄龙说，鲁菜文化必须在传承中创新，重在探寻、重在发现、重在宣推；同时要重建新的鲁菜体系，重塑鲁菜形象，最终重塑鲁菜辉煌。他简称这是三重（zhòng）与三重（chóng）。重在探寻。覆盖全省16市136个县区，遍及乡村街头巷尾，把散落在民间及烹饪大师、工匠手中的传统鲁菜、非遗小吃、技艺技法的根和魂，梳理和挖掘出来，形成经典的鲁菜文化资源库。重在发现。要在梳理挖掘传统鲁菜的基础上，创新一批新鲁菜，推出更符合新时代、新格局下，人民大众对美好生活消费需求、绿色健康的新鲁菜。重在宣推。要在传承创新的基础上，在发现新鲁菜的格局下，做好新鲁菜的宣传推介工作，使鲁菜文化走进百姓之家，走进大众消费者，走向全国，走向世界。

要在“三重”上做足大工夫、下大猛气力。重建体系。从山东历史文化的渊源、山东独有的食材、山东烹饪大师、山东鲁菜烹饪技艺技法和广大消费者的新需求这五个维度，来建立一个面向新时代、面向消费者的新鲁菜体系。重塑形象。要改变消费者对鲁菜的偏见，树好形象，使博大精深的鲁菜文化以崭新面貌展现在消费者面前，耳目一新，品味纯正，使大家更加喜欢鲁菜，更加青睐鲁菜。重创辉煌。鲁菜一定能重创辉煌，一定能立足于世界民族之林！

对鲁菜文化的梳理、挖掘、传承、创新、重构，的确到了一个非常关键的时期。形势逼人，山东餐饮要独领风骚，唯有从根本上解决问题，这就是文化创新和思想解放。

儒家思想奠定了山东人的饮食指导思想，以及衣食住行中的道德观念。山东人以饮食之“礼”，表达着儒家之“仁”，散发着浓郁的文化气息。鲁菜对食材、厨师、制作工艺有着严格要求，上菜也有严格程序，过去大的宴席，要先上凉菜，之后上主菜，再陆续上酒菜、炒菜、烩菜，最后一道菜是鱼，接着还有汤菜，汤菜之后是点心、主食……旧时服务员被称为堂倌或者跑堂儿的，他们也是一个礼仪大师和艺术大师群体，需要记忆力好，谙熟顾客心理，口齿伶俐，反应能力强。他们胳膊上搭着一块白色老粗布，要用脑子记住顾客点的菜名、价格、上菜程序等等，再到厨房“唱菜单”。菜单的顺序，都是先唱冷菜，后唱热菜，热菜中一唱炸的，二唱炒的，三唱烩的，最后唱汤菜。当年聚丰德饭店的王玉章师傅，操一口流利的京腔，报菜声音特别洪亮清脆好听。鲁菜还对顾客有极高要求，新中国成立前，在青岛和济南的饭店和茶馆里，进进出出的都是大学教授、商号老板、艺术名流。徐志摩在王统照的陪同下，到济南专门品尝过“糖醋黄河鲤鱼”，盛赞“外焦里嫩，香酥酸甜，鱼肉嫩美，是一道难得的美味”。乡土文学家台静农在青岛山东大学任教期间，常和老舍去品即墨老酒，他称之为“苦老酒”。台静农在文章中写道，普通的酒味不外乎辣和甜，苦老酒却是焦苦味，而亦不失其应有的甜与辣味；普通酒的颜色是白或黄或红，而这酒却是黑色，像中药水似的。梁实秋在青岛喜欢上了“西施舌”这道菜。他在《雅舍谈吃》中说：上天生人，在他嘴里安放一条舌，舌上还有无数的味蕾，教人焉得不馋？馋，基于生理的要求，也可以发展成为近于艺术的趣味……鲁菜的味之魂，鲁人的仁之器，鲁商的义之道，齐鲁文化的礼之蕴，在融众家之长的鲁菜里，在令人喜悦的杂陈五味中，得到融合与升华。

在“好客山东”与“好品山东”的旗帜下，山东各大酒店在学习借鉴西方营养理念、环境理念和文化理念的同时，突出齐鲁文化优势，文旅融合，营造文化氛围，打造文化主题餐饮酒店。在孔子故乡济宁，已拥有儒家文化、运河文化、水浒文化、孟子文化、曾子文化等50多家文化主题酒店。在济南，蕴含着情怀与文化的复古风大行其道，撩拨着年轻人的消费欲望。位于泉城大酒店三楼的山东文旅鲁菜馆，突出儒家文化、陶瓷文化、海洋文化、丝绸文化，房间里既能感受泉水的灵动，还能感受泰山的雄奇。身穿旗袍的女服务员，给你现场讲解

山东文旅鲁菜馆里，一个小伙在表演山东快书，介绍烤鸭制作过程

清汤、乌鱼蛋和红头虾酱菜片片等菜品故事，一个说着山东快书的小伙儿，配合着厨师介绍烤鸭的来历……贵满楼酒店讲述老济南开埠时期的故事。在老济南府城，官府菜、泺口菜、运河菜、老北园湖鲜菜百花齐放，并应运而生了中西融合的开埠融合菜。很多高档酒店里，有老锅老灶、土墙土碗带来的乡土气息，有雕花窗棂、精美屏风带来的古风古意，有黑白电视机、二八大杠自行车带来的儿时回忆，也有留声机、老爷车带来的复古美感……每个孔府菜馆，都在讲好孔子故事和儒家故事，每一款孔府菜都有一个动听的故事，每一道孔府点心都有一段轶闻趣事……凡此种种，客人的体验由单一饮食发展到饮食、文化、审美、营养、情趣相融的综合性体验。

新一代鲁菜大师已经成长起来，他们开始对鲁菜进入深度研究和创造，并著书立说。崔义清的弟子崔伯成，擅长食材雕刻，喜欢学习理论，曾先后担任过十几家大型饭店的技术顾问。20世纪90年代初，崔伯成一头钻进《红楼梦》里，先后将《红楼梦》看了十几遍，边看边琢磨书中的菜名，并熟记在心。他根据书中描述的故事背景、季节时令和每个人物的身份特点，经过3个月研究试制，向社会推出“红楼宴”。崔伯成还与崔义清合著了《鲁菜》《鲁菜100例》《中国鲁菜》《南北大菜》等书籍，推出孔府宴、红楼宴、山东风味宴、鲍翅宴、海参宴、黄河口八大碗宴等几十个展台。鲁菜烹饪特级大师李培雨是从部队成长起来的鲁菜名厨。在部队，他凭借创新的九转大肠，获得全国第二届烹饪大奖赛金牌，在国内烹饪界一战成名。年逾七十后，他开始对鲁菜进行系统研究，耗时4年，出版了《鲁菜探源》一书，书中详尽介绍了各种鲁菜的做法。全书共分十三个章节，介绍相关鲁菜菜品600余种，包括传统菜、凉菜、创新菜、孔府菜等。对于鲁菜特色菜品之一的孔府菜，李培雨在书中也做了详细解释：孔府菜菜品40余种，其中，传统菜27种，创新菜13种……

2021年底和2022年初，山东举办鲁菜创新大赛，主题是“新时代，新鲁菜”。主办方提出“四个结合”：与当地历史文化特色结合、与当地食材特质结合、与营养健康结合、与艺术审美结合。在此思想指导下，“新鲁菜”应运而生：济宁的“诗礼银杏”，完美契合独特的孔孟文化特质；菏泽的“花开盛世”，突出牡丹之都的雍容华贵；淄博参赛菜品“管鲍之交”讲述了齐国宰相管仲和鲍叔牙之间一段流传千古的故事；德州的“草船借箭”，演绎了三国时期的历史典故；潍坊的“金齑玉脍”源自《齐民要术》，这道已经流传了一千多年的菜品，焕发出新风采。大赛中的创新鲁菜还有很多。“明湖美景”是一个花色拼盘的组合，中间的花色拼盘是“门面担当”，完美展现了大明湖的夏季之美：山与湖交相辉映，清波之间，荷叶顶着朝露，怒放的荷花吸引来蜻蜓，清澈水中游来成群的蝌蚪……四周，如众星捧月般，骑马香肠、五香酥鱼、雪花山药、珊瑚脆藕4道不同风味凉菜环绕其中，动与静、虚与实、疏与密完美结合。“东平湖桑葚芝麻鱼”由东平湖小黄鱼搭配黑芝麻制作而成，个体型似桑葚，色泽油亮，墨色如

新鲁菜：明湖美景

漆；合而观之，整体又似群鱼聚首，灵动鲜活。“低聚糖大黄鱼”，用低聚糖调配的糖酥料汁，浇在香喷喷的海生大黄鱼上。另外，孔府糕点“庆丰年”在馅心用料和外观造型上进行了创新，“鼓”的形状，能鼓士气抒情怀。“百鸟归巢”利用蒸、汆、酿的烹饪方法，将鱼丸盛进面条制成的“鸟巢”中，融入山东游子的思乡情怀……

姓“鲁”的鲁菜，调和古今，兼容中西，被赋予全新的意义，终成洋洋大观，并再度强势崛起。在味道之外，一种文化的馨香，弥漫在齐鲁大地。“舌尖上的山东”，已经进入“新鲁菜时代”了。

后 记

想不到会写这么一本关于吃的书。

2019年，山东人民出版社委托我主编一本名为《光影山东70年》的书，从衣食住行四个角度，图文并茂地反映新中国成立70周年山东取得的辉煌成就。这本书从小切口反映大主题，带入感强烈，我本人也撰写了“食”等部分，每一部分文字不多，大约1.5万字。“食”的部分，分为历史的跨越、菜系之首、山东餐饮走向何方三大板块。此后，我认为对山东饮食已了如指掌，就萌生了写一本《山东味道》的想法。朋友开玩笑说，你已经写了《山东人的酒文化》和《水墨山东》，中间正缺一本饮食的书，有酒有菜有书画，这日子就太滋润了。组合起来，你可以命名为“山东人三部曲”。

我把这件事当真了。2019年底开始，我就开始琢磨，从什么角度去反映山东人的饮食，以及鲁菜文化。我是一个土生土长的山东人，在莱州长大成人，在济南接受高等教育，在西藏度过最美好的青春年华，三十而立回到济南，恍惚间又过去30年了。这一辈子尝尽酸甜苦辣，饱经人间沧桑，但是我始终保持一颗善良之心，胸中永远涌动着一股股暖流。这种善良和温暖来自哪里呢？也许来自从小被母亲的美食呵护的胃。小的时候，我觉得眼前总有一束光亮，火焰一般跳动，牵引着我前行，这束“光亮”过于现实，就是对美好食物的追求。我的嗅觉极其敏锐，母亲会把好吃的藏在各个角落，都会被我及时发现，并吞入腹中。对此，母亲好像从未发觉。后来想想，母亲怎么会不知道啊，家中就那么一点点食物，她是心疼自己的儿子啊。善于勤俭持家的母亲，把每一个民间节日都变成美食节，尽量让我在吃饱的同时吃好。她自己则吃着最为粗劣的食物，每一颗粮食，每一粒剩饭，哪怕是发霉了，她也要捡起来塞进嘴里。在母亲熏陶下，我从小对粮食充满敬畏和感激之情。一颗种子，埋在地下，它就可以破土而出，开花结果，这是多么神奇的造化啊。而人类的生命又是多么相似……

2020年初，我想好了《山东味道》一书的架构，并开始写作。此时，新冠疫情突发，对于饮食文化的反省和反思显得更加迫切。我仿佛回到几千年之前，行走在历史的长廊之中，去对和饮食相关的事物一一探寻。写作酷似考古，一个人置身于旷野之中，躬下身子，耐着性子，一点点去挖掘历史的真相。社会上有人在唱衰鲁菜，我却发现了它辉煌的历史、高贵的品质、巨大的潜力；饮食是一种双向交互的活动，仅有制作者不行，还需要有高品位的鉴赏者、美食家……我沉醉在山东人的味觉世界里，独自前行。在该书写到10多万字的时候，山东省委宣传部和省文旅厅委托我写一本《沂蒙山》，我放下手头的写作，忍痛割爱，从山东味道中走出来，奔赴沂蒙山和全国各地，采风写作，直到2021年春节后，完成了《沂蒙山》的写作任务，再次转入《山东味道》的创作之中。当时在文旅系统任职的朋友，准备建一个全产业链的鲁菜博物馆，这也启发了我，能不能搭建一个“文字版鲁菜博物馆”？

这些年，我接触过很多和齐鲁饮食相关的鲁菜大师、酒店老总、食材生产商、文化学者、党政领导，还有形形色色的酒徒食客，他们的一言一行，就是这座“文字版鲁菜博物馆”的一砖一瓦。我们共同搭建着这座辉煌的殿堂。杜文彬、李光璧、何庄龙、王乐义、王兴兰、向仁莲、李建国、张春良、郭经田、张令泉、张训照、任兴本、赵孝国、杨晓路、王平、黑伟钰、李致庸、于建洋、张晓丽、李允文……我的眼前常常会出现这些师友的身影，他们的精彩故事，幻化为书中的一个个方块字，所以这些文字才充满温度、情感、筋骨和力量。齐鲁大地确实为中华民族的饮食做出了巨大贡献，孔子确立了中国人的餐饮观和价值观；由济南菜、胶东菜和孔府菜等构成的鲁菜体系，影响了整个北方，成为中国唯一的自发型菜系，有官府菜之称；山东处于温带黄金线上，物产丰富，“五子登科”，是中国最大的菜篮子；鲁菜大师辈出，他们是真正具有工匠精神的“食神”；因饮食而衍生的文化，构成一条精神的长脉，绵延数千年，滋润山东人。当然，齐鲁饮食在走向现代化、走向世界的过程中，也遇到极大的挑战和问题，我们必须认真思考，积极行动……

在写作过程中，我明显感觉到知识储备的不足、思想水平的浅薄，所以书中参阅、引用了相关专家学者、鲁菜大师、媒体同行的文章，在此一并表示感谢。山东人民出版社高度重视本书的出版发行工作，把它作为“山东人三部曲”之一去精心打造和打磨。山东省政协原副主席陈光百忙之中为本书作序，山东人民出版社副总编辑王海涛、编辑谭天，特邀编辑张延庆、戴恩厚，认真审阅，提出了很好的意见和建议，著名画家李学明为本书封面提供了精美画作，新华社记者吴增祥等为本书提供了大量精美图片，再次道一声“衷心感谢”！

今后我将按照两条主要路径进行创作：一是山东优秀的传统文化，二是齐鲁大地的红色故事。如果精力许可，还要去研究遥远的西藏文化……《山东味道》，是一段路程的终点，更是一个新的起点。

作者2022年3月12日于济南